# 貝と文明

Spirals in Time
The Secret Life and Curious Afterlife of Seashells

螺旋の科学、新薬開発から足糸で織った絹の話まで

ヘレン・スケールズ 著
林 裕美子 訳

築地書館

①――嚢舌《のうぜつ》類の成体と渦巻状（アルキメデス螺旋）の卵塊
②――外套膜をもの言いたげに輝かせるダンゴイカ
③――重なり合う八枚の殻を持つアオスジヒザラガイ
④――大きく口をあけるオオシャコガイ

④

⑤

⑥

⑦

⑧

⑤—棘《とげ》のあるカキの仲間のスポンディルス属（*Spondylus*）
⑥—セムシウミウサギ
⑦—紀元前八〇〇年から四〇〇〇年のあいだにエクアドルのマナビ州でつくられた大きなスポンディルスの貝殻の仮面
⑧—トルコ石、赤いスポンディルス、白いホラガイでつくられたアステカ族の双頭の蛇の一方の頭。一六世紀に使われた衣装の一部と考えられる
⑨—イギリス、ウェールズ地方マンブルズのスウォンジー湾へカキを投げ入れるアンディ・ウールマー
⑩—これから海に撒かれるヨーロッパヒラガキ
⑪—ヨコバサミ属（*Clibanarius vittatus*）のヤドカリが使っているエビスガイ属の貝殻には外側に刺胞を持つヒドロ虫の房飾りがついている

⑫

⑫—ガンビアのカキ殻の貝塚

⑬—ガンビアのカキ祭りでレスリングをする女性に声援を送るファトゥ・ジャンハ

⑭—カキ祭りの祝賀会

⑮—カキ祭りの衣装の一例

⑯—トライ女性カキ漁業者協会のメンバーがカキむきをしているところ

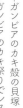

⑰——カミング博物館（コレクション名）の貝を使ってロベル・オーガスタス・リーブが一八四三年に『コンコロジア・アイコニカ』に描いたホラガイ

⑱——電子顕微鏡で見たセイヨウカサガイの歯。これまでに知られているもっとも硬い生物素材でできていて、餌となる藻類を岩からかき取るのに適している

⑲——昆布の葉状体に群がるコビトボウシガイ

⑳——ミクロネシアのパラオの島の沖を泳ぐオウムガイ

⑰

⑱

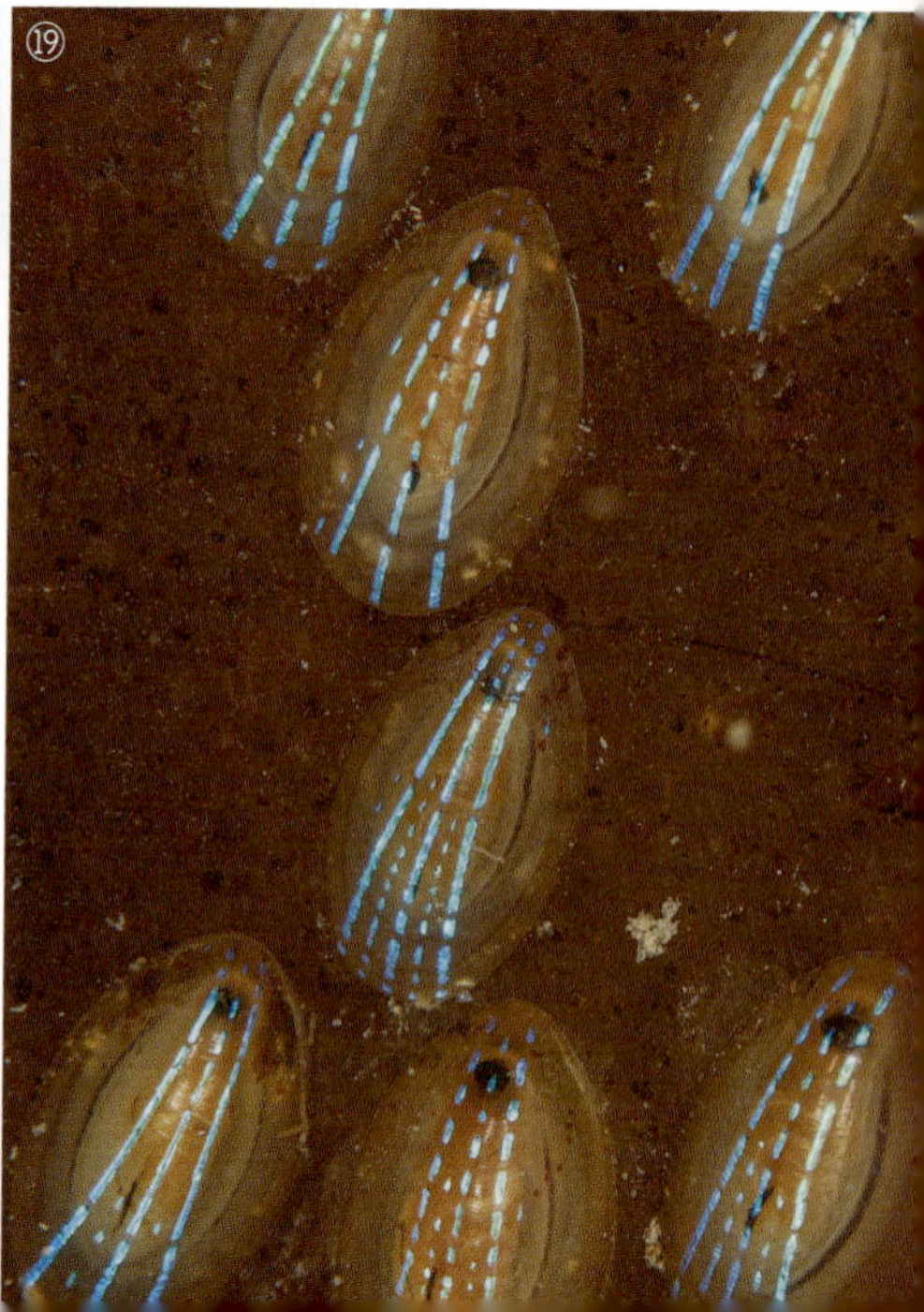

⑲

㉑――地中海の海底から高くつき出すシシリアタイラギ

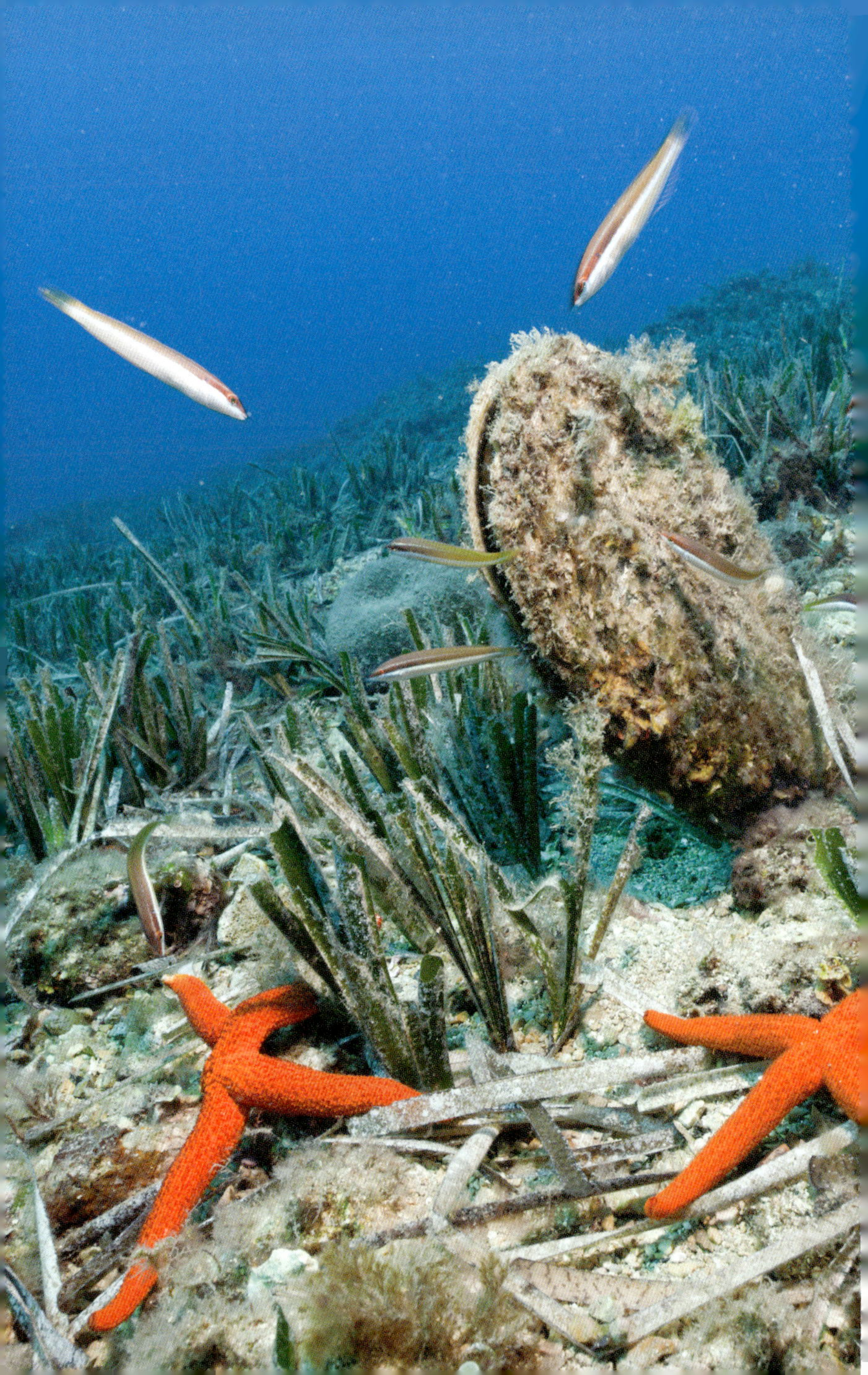

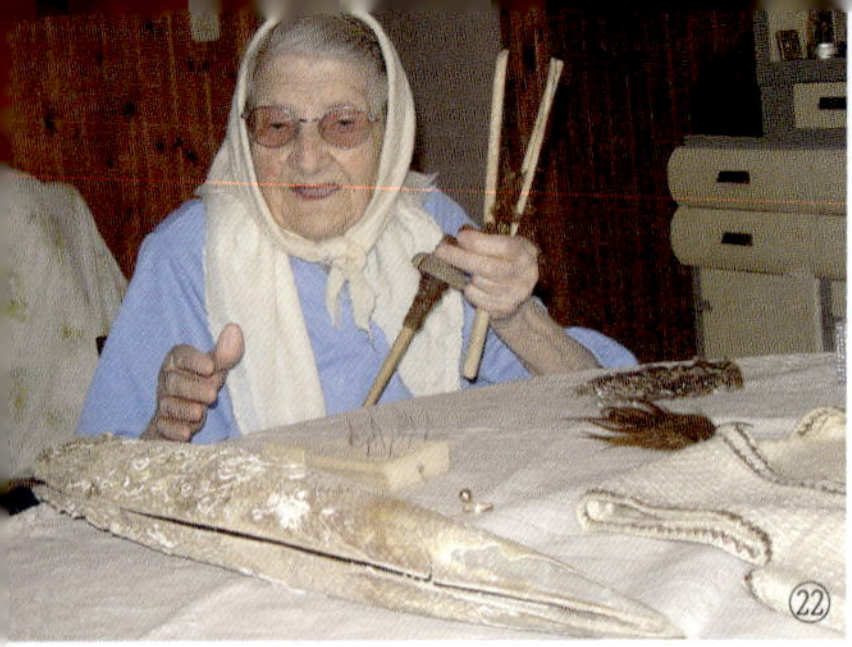

㉒——海の絹の織物の製作者エフィシア・ムローニ
㉓——一個のシシリアタイラギからとれた未処理の足糸
㉔——アスンティーナとギウセピーナ・ペス姉妹作の海の絹の刺繍
㉕——サンタンティオコ島の民俗誌博物館で、かつてシシリアタイラギを採集するのに使われた道具を説明するイグナチオ・マーロク

㉖

㉗

㉘

㉖——小さな羽と左巻きの殻を持つ海の蝶

㉗——海の天使（本性は見た目ほど天使ではない）。殻のない泳ぐ腹足類は海の蝶の怖い天敵

㉘——グラン・カナリア島の海洋実験施設「キール沖合海洋未来予測メソコズム（コスモス）」。海の酸性化が進行する影響を外洋で見るための研究に使われている

㉙――泡の筏《いかだ》で水の表面に浮くアサガオガイの仲間。青紫の殻と足は外洋の海の色に溶けこむ
㉚――孵化したばかりの体長一ミリメートル前後のアオイガイ
㉛――隠れ家に使っている二枚貝から外をうかがうメジロダコ
㉜――殻の中から目を出すアオイガイの雌。殻は浮力調整用の道具として、あるいは幼ダコを育てる携帯容器として使う

㉛

㉜

㉝——パプアニューギニアの海で新たに見つかった軟体動物。発見者はフィリップ・ブシェの研究チーム

# 貝と文明——螺旋の科学、新薬開発から足糸で織った絹の話まで

ケティとルースに捧ぐ

*SPIRALS IN TIME*
*The Secret Life and Curious Afterlife of Seashells*
by
Helen Scales

This translation of *SPIRALS IN TIME, First edition* is published
by Tsukiji-Shokan Publishing Co., Ltd.
by arrangement with Bloomsbury Publishing Plc.
through Tuttle-Mori Agency, Inc., Tokyo
Japanese translation by Yumiko Hayashi

# 日本の読者のみなさんへ

『Spirals in Time』の日本語版が出版されることになり、私はとても喜んでいます。英語以外の言語に初めて翻訳されるので、日本のみなさんが国際版の最初の読者になります。

軟体動物という不思議な生き物は、森の木のてっぺんから波打ち際はもちろん、未知の深い海の底まで、地球上のあらゆる場所に生息しています。私は、貝殻と、それをつくり上げる軟体動物の世界を広く紹介したいという熱い思いから本書を執筆しました。古代から人が自然とのあいだに築き上げてきた密接な関係にも思いをめぐらせてもらえるかもしれないと思っています。

貝は、昔から世界各地の文化に深く根を下ろしてきました。文明の初期の装飾品に貝殻が使われ、最古の貨幣としても利用され、海を越えて宝物や交易品として扱われてきたのです。しかし、そうした古くからの価値観はいまや薄れつつあります。本書によって、貝からつくられた美しい貴重な品々に、少しでも興味を持っていただけたら幸いです。

今ほど、自然界について知ることや、かかわりを持つことが求められている時代はないでしょう。貝殻や軟体動物を見れば、現代の人間がさまざまな方法で自然を傷つけていることがわかります。乱獲、海洋汚染、気候変動、生息地破壊が原因で見かけなくなったものもいます。いまだに新種が見つかる一方で、絶滅していく種類も多いのです。

私たちのまわりの自然界は常に変化していますが、それに気づく人はほとんどいません。多くの人は街に住んで自然とは無縁の生活をしているので、人が自然にたよって生きていることを忘れてしまいがちです。しかし貝殻は、人と自然をうまくつなぎなおしてくれます。貝殻をつくる動物が進化しては消えていった太古の時代を想像する手助けをしてくれることもあります。カキ、イガイ、アカガイ、ハマグリを食べれば、それは私たちの遠い祖先と同じものを食べたことになり、美しい貝の螺旋《らせん》や模様を読み解くことができれば、それをつくった小さな動物が残したメッセージを知ることにもなるのです。

そしてなにより、自然が美しいものであることを貝殻は私たちに教えてくれます。貝や自然界の多様性についてほんの少し知識が増えるだけで、私たちの生活は豊かになり、日々のストレスから解放されるでしょう。

私が本書で言いたかったのは、もう少し気をつけて自然を見つめてほしい、誰にでもわかる小さなことがらに気づいてほしい、見る目を持てば誰にでもそれができる、ということなのです。

本書を手に取ってくれて、ありがとう。ここで紹介する話を楽しんでいただけることを願っています。

ヘレン・スケールズ

# 目次

## Chapter 3 貝殻と交易——性と死と宝石



## Chapter 4 貝を食べる

Chapter
## 5 貝の故郷・貝殻の家



Chapter
## 6 貝の物語を紡ぐ――貝の足糸で織った布



Chapter
## 7 アオイガイの飛翔

Chapter 10

## 海の蝶がたてる波紋――気候変動と海の酸性化

# プロローグ

出かけるときには必ず貝を持っていく。トリトンが自分に課した最低限の決まりだった。トリトンは上半身が人間で下半身が魚という男の人魚で、ギリシャ神話では半神半人として登場する。一人前の神ではなかったが、各地で熱心に自分のホラガイの貝笛を吹いてまわった。笛は巻貝の先端を切り落として吹き口にしてあり、耳をつんざくような音が出る。これで怒り狂う巨人を退散させたり、海をしたがえたりすることができた。

両親が海の神と女神としてあまりにも有名なポセイドンとアンフィトリテで、ほかの兄弟も名の知れた神であったためトリトンは影がうすい。ポセイドンには並々ならぬ能力を持つ子どもがたくさんいた。島を飲みこむような渦を発生させて人を飲みこんでしまう海の怪物、おしゃべりな雄馬《おすうま》、荒れ狂う波を鎮めることができる海の妖精（一〇〇〇の手と五〇の頭を持つ巨人と結婚した）などがいる。

こうした同胞の中にあってトリトンはホラガイを吹いた。義兄弟も含めた兄弟姉妹の特異な能力と比べるとトリトンの特技は見劣りするかもしれないが、トリトンもまたふつうの人ならかかわりを持ちたくないたぐいの存在だった。トロイの町に住む人間のミセヌスとの逸話がある。ミセヌスは自分を貝吹

きの天才と称し、トリトンに勝負を挑んだ。ミセヌスのあまりの自惚《うぬぼ》れに怒り心頭に発したトリトンは、ミセヌスを海につき落として溺死させてしまった。ホラガイを吹くことについてトリトンはかなりこだわりを持っていたといえる。

このような神話や逸話だけでなく、貝は昔から人間界では大切にされ崇《あが》められてきた。先史時代から人は貝を探しては拾い、感嘆の念を持って眺め、貝の美しい形に不思議な何かを感じてきた。貝を育む未知の海の世界に思いを馳せ、貴重な宝にもした。ヒマラヤの山々では何世紀にもわたって貝笛の哀愁をおびた響きがチベット仏教の僧に祈りを促してきた。インド洋で採れる貝笛用の巻貝は、数百キロメートル内陸の山奥の高地へと運ばれると、緻密な模様が彫りこまれ、宝石や希少金属が埋めこまれ、色とりどりの布帯で飾られた。寺院の屋根のてっぺんに立った僧侶は、この貝笛の音色を空に響かせて、近づいてくる嵐を退けたり、厄を祓《はら》ったりもした。

しかし残念なことに、貝殻に対する畏敬の念は時代が下るにつれて失われてきた。その壮麗な姿かたちに対する評価よりも、洗練されているとは言い難い評価が幅をきかせるようになっている。

インターネットで「貝殻」とか「小さな置物」といった言葉を検索しながら、私はこのことについて考えてみた。パソコンのディスプレイには、海のものを使ったありとあらゆる装飾品のガラクタが表示されたが、その中の小さな貝殻の人形が頭にこびりついて離れない。体には大きなタカラガイを使い、その上に少し小さなタカラガイを載せて頭にしてある。口に見立てた貝の開口部が間抜けな笑いを浮かべ、頭にはサルボウガイの殻を帽子にしてかぶっている。そして腕と脚には螺旋《らせん》に巻いたキリガイダマシをてんでの方向に四本取りつけ、ヒトデでつくった象に乗っていた。ヒトデは一本の足を空高く持ち上げて象の鼻に見立ててあり、耳には二枚貝が使われていた（ヒトデは好物の貝を与えられたから満足かもしれない）。貝製品でもとびっきりの安物をもう一つ紹介しよう。安っぽいのにこんな値段で売れるのかというような高価な値がついていた。人の頭をかたどった陶製の置物セットで、貝殻だけでなく、真珠をつなげたもの、サンゴのいかつい枝、ピカピカ光るラインストーンなどでゴテゴテと飾り立てられていた。こうした哀れなマネキン人形たちは、年代物の宝箱の中にしまってあった似合わない衣装を身につけて現われた人魚たちのように見えた。

その後も思いがけない場所で貝殻を使った紛《まが》い物に出会った。ロンドンの自然史博物館の展示物をしまってある地下の保管庫には、目を見張るような貝のコレクションが保管してあり、それを見せてもらいに行ったときのことだった。博物館が所蔵している無数の貝の標本は種類別にていねいに図録をつくって分類してあるのだが、地下に足を踏み入れて私が最初に目にしたガラス戸の棚には奇妙な品々が雑然と収められていた。博物館の学芸員はこれを「恐怖の棚」と呼んでいた。

そこには、長年にわたって博物館に寄贈されてきた、貝を使ったさまざまな小物が並べられていた。本物の貝殻を使っているものもあれば、プラスチックの貝もある。さまざまな身のまわりの品に混じって、ホタテガイを帆に使った帆船の置物や、巻貝の形をした電話もあった。人間の耳が貝殻に似た螺旋形をしているという、ヴィクトリア朝時代の言い伝えをもとにできた「あなたの貝殻のような耳に話しかける」という英語の表現をもじってつくられた電話だった。ほかにも、全面に貝殻を貼りつけた小さなピアノや、タカラガイにプラスチックの目と針金のメガネを取りつけて、物知りなカメに仕立てた物も並んでいた。タカラガイにくるくると動く目玉を貼りつけるのは許せるとしても、敬意と哀悼の意を表して死者と一緒に貝殻を埋葬した人たちの嘆きを代弁するにはほど遠い。昔のように墓に貝殻を埋葬すべきだと言っているわけではないが、貝殻のとらえ方がときとともに奇妙に変化していくさまが嘆かわしい。

見るに堪えないような装飾品でなくても、砂浜や海を連想させる手軽な小道具として貝殻を使うことはめずらしくないだろう。都市部に住んでいる人の多くは自然と接する機会がなく、生活は常にデジタルの世界に組みこまれている。だから、タカラガイがちりばめられたサンダルや、貝のネックレスや、ステンドグラスのようなカキの一種の殻でつくったランプシェードを買ってきても、素材になった貝がどこで採れたか知ろうとすることもなければ、それが生きていた野生動物を使ってつくられたことにすら気づかないのも無理はない。

このような悲しい現状ではあるが、貝殻には、忙しい生活の中で不思議の世界に思いをめぐらせるひとときを与えてくれる力がある。砂浜で貝殻を見つけて手に取って感触を楽しみ、耳にあてて波の音が貝殻に閉じこめられているという話がほんとうかどうかを確かめてみる。そしてそれを家へ持ち帰って本棚や浴室に並べ、海岸での心穏やかな日を思い出したり、海とかろうじてつながっていることを感じたりする。貝殻は見ているだけで心が癒され、自分だけの小さな宝物を手に入れたという満足を与えてくれるのだが、同時に魅惑的な問いも投げかけてくる。これほどたくさんの貝はいったいどこからやって来るのか。誰が、あるいは何がこのような模様を刻むのか。形はどのようにしてつくられるのか。そしていちばん不思議なのは、なぜ貝殻がつくられるのか。

本書ではこうした疑問や、それ以外にも貝にまつわるさまざまな疑問についての答えを探していきたい。わかっていることを整理して取るに足らない珍奇な話を省き、さまざまなことを教えてくれる素晴らしい貝の真の姿を描きなおしてみたい。はるか昔の人間の先祖が何を考えていたのか、地球の生き物の美しさ、形のおもしろさ、命の不思議さなど、貝殻が教えてくれることを紹介したい。貝に人生を捧げた人たちの逸話もあれば、貝が残した殻をびっくりするような素晴らしい形で活用した人たちもいる。そして殻だけでなく、殻の製作者である貝という動物のたぐいまれな生態も見ていく。

たとえば英語で「ジャイアント・トリトン」と呼ばれるホラガイは、ギリシャ神話の半神半人だったトリトンにちなんで名づけられ、貝笛として利用されてきた。インド洋や太平洋では、ホラガイが大きな殻を背負ってサンゴ礁をモゾモゾと移動しているのを目にすることがある。縦長できれいな螺旋の殻は、磨き上げた鼈甲《べっこう》のようなつやがあり、トランペットよりも大きい。大きさといい見栄えといい、貝の中でも立派な部類に入る。殻の下からはヒョウ柄《がら》の筋肉質の足を一本と、黄色と黒の縞がある触角を二本出し、触角には小さな目がある。敏感な触角でまわりの水の味を調べ、ふつうのサンゴ礁の生き物ならば決して遭遇したくないと思う危険なオニヒトデのかすかなにおいを感じ取る。

オニヒトデは車のタイヤほどもある大きなヒトデで、毒のある棘《とげ》に覆われている。群生するサンゴに這《は》いのぼり、口から胃を反転させて出し、下敷きになった不運な生き物を消化液で液状にして、すすって食べてしまう。だが、恐ろしい野獣のようなヒトデもホラガイには手も足も出ない。水槽にオニヒトデを入れて、ホラガイを洗った海水を注ぐと、悠長な動きをしていたヒトデは飛び起きたように活発に動き出し、水槽の壁をよじ登って逃げ出そうとする。海の中では、逃げるオニヒトデにホラガイが追いついて襲いかかるのだが、ホラガイはなぜだかヒトデの毒針にはやられない。大きな足で獲物に覆いかぶさって締めつけ、ヒトデの厚い皮膚をかじって穴をあけ、そこから唾液を送りこむ。これがヒトデを麻痺させるらしく、ヒトデがおとなしくなるとホラガイの食事が始まる。

ホラガイはサンゴを食い荒らすヒトデが大好物なので、サンゴ礁の生態系を健全に維持するために重要な役割を果たしているらしい。かつてオーストラリアのグレート・バリア・リーフでオニヒトデが大発生したときには、ホラガイの生息数が減ったせいだとみなされた。貝の蒐集家や貝笛をつくる業者が美しい殻目あてにホラガイを採りすぎたのだろうか。捕食者がいなくなってオニヒトデが増え、やがてサンゴの上に群れをなすようになり、オニヒトデが通り過ぎたあとには破壊の爪痕が残されるのだろうと考えられた。何百何千という数のオニヒトデが大発生してサンゴが甚大な被害を受けたのは確かだ。色とりどりの生きたサンゴ虫が食べられてしまい、白いのっぺりとしたサンゴの骨格が無残な姿をさらした。ところが初期のサンゴ救出作戦は失敗だった。人の手でヒトデを集め、確実に殺すために小さく切り刻み、残骸を海へ捨てていたからだ。ヒトデは小さな体の破片からも体を再生できるということに気づくまでに随分と時間がかかった。つまり、ヒトデを退治しているつもりで増殖を手助けしていたのだ。

しかし、ホラガイがいなくなったことでほんとうにヒトデが増え始めたのかどうかは、はっきりしていない。ヒトデを一匹食べればホラガイは一週間くらい満足してしまう。そうするとサンゴ礁の略奪者を見張るためには相当な数のホラガイがいなければならない計算になる。オニヒトデがホラガイに怯《おび》える様子を見てわかるとおり、ホラガイがそこにいるだけでオニヒトデを蹴散らすので、ヒトデが群れをなすことがなくなって繁殖する機会が減るということはあるかもしれない。オニヒトデの大発生は自然現象ということも大いにありうるが（ヒトデの増殖を直接手助けしないにしても、人間の影響がどの程度あるのかは見きわめがついていない）、サンゴ礁にとっては迷惑な話であることに変わりはない。

サンゴ礁は、嵐や高波や海面上昇から海岸線を守り、多くの人に食べ物や生活必需品を供給する場であるにもかかわらず、さまざまな深刻な脅威にさらされている。今いちばん心配なのは気候変動だろう。ストレスに満ちた現状に合わせて生命力にあふれる自然環境が適応していくためには、できるだけ健全な状態を維持する必要がある。サンゴ礁を監視パトロールしているホラガイは、多様な生物がしなやかにつくり上げている生態系で大切な役割をになっていると考えられる。

本書では、貝殻とその殻をつくる動物に世界中の生き物がさまざまな形でたよっている様子を見ていく。人間をはじめとする動物の食べ物に始まり、住処《すみか》や新薬まで、あらゆる場面で貝はきわめて重要な役割を果たしている。貝殻をつくる動物が衰退したり消滅したりすると、生命という織物に大きなほころびができることになり、一度あいた穴は繕うことが難しく、場合によってはまったく修復できなくなる。

ホラガイに限らず貝類は千差万別の形・大きさ・色をした貝殻を残して死んでいく。こうした貝殻には私たちになじみのある物にちなんだ名前がつけられるものもある。日時計貝（和名はクルマガイ）、月貝（ツメタガイ）、泡貝（ナツメガイ）、ボンネット貝（ウラシマガイ）、ターバン貝（サザエ）、冠貝（カンムリボラ）、兜《かぶと》貝（トウカムリ）といった具合だ。

形が花瓶に似たものもあれば、一角獣の角《つの》に似たものもある。イチゴやパフェ、コーヒー豆もある。深紅の「牡牛の心臓貝」（リュウオウゴコロ）などは今にもドキドキと鼓動が聞こえてきそうだ。「天使の羽」と呼ばれる貝（ニオガイの仲間）もある。これは細かい襞《ひだ》が刻まれた美しい貝で、頑固な無神論者にも天からの使いが地上に降りてきたと思わせる。ほとんどの貝殻は手のひらに収まる大きさだが、針の先よりも小さな貝がたくさんあるかと思えば、両腕を広げた長さよりも大きくて象の赤ん坊ほど重いものもある。

あまりにもたくさんあるので、ここでそのすべてを紹介することはできない。貝を探して種類を調べるためのガイドブックではないのだが、この本を読んで海へ貝を探しに行く人がいてくれるとうれしい。本書では私が選んだ貝の逸話を紹介する。たくさんの種類が登場するにぎやかな内容もあれば、誰も知らない奇妙で忘れられたような貝が人の世界とかかわりを持つようになった経緯を紹介する話もある。

私の貝とのかかわりは、子どものころに休暇でイギリスのコーンウォールの海岸へ家族旅行をしたときにさかのぼる。コーンウォールは細長い半島で、陸とつながっている部分を除けば大西洋に囲まれた島のようなところだ。両親は祖母からもらった遺産で、ノース・ヒルの町のボドミン・ムアーの一角の高台にある湿った石づくりのコテージを買った。学校の長期休暇や中間休みになると、夏であろうと冬であろうと、みんなで車に乗りこんで西へ四時間のコテージへ出かけた。道のりが長すぎるし、猫たちや友達と離れるのはさびしいと感じることが多かったが、今になって思えば、自然環境の中にどっぷりとつかって成長する時間を少しでもつくってくれた両親に感謝している。

そこでは毎日何をしてもよかったし、どこへ行ってもよかった。草が風にたなびく湿地を歩きまわったり、コーンウォールの最高峰ラッフ・トアの花崗岩の頂上に登ったりもした。ノース・ヒルぞいの谷の森でロープにぶら下がって川をわたったり、小さな橋の上から小枝を流れに落として競走させたり、ウサギを探したりもした。そして海岸へ行きたいと思えば海にも近いという恵まれた環境だった。

コテージからは北のごつごつした崖の海岸までも、南のゆるやかな浜までも、だいたい同じくらいの時間で行けた。私が好きだったのは北のトレバーウィズ・ストランドだった。ティンタジェルの村とそこにあるアーサー王の石碑が近かったが、これにはとくに興味がなく、いつもトレバーウィズの巨石に胸を躍らせていた。そこには潮だまりがあって、干潮のときには泳ぐことができ、切り立った崖のふもとがえぐられた暗い洞窟のわきには、一生懸命に探せば宝が埋められているはずだった。砂浜がはるかかなたまで続いていたことも忘れられない。浜では砂の城をつくり、よくある手順通りに貝殻で飾り立てた。何よりも楽しかったのは貝殻を探すことで、表面が削られて中の螺旋が見えるものを探すのが好きだった。螺旋はこの世にとつぜん魔法で出現した世界のように思え（たとえば暑い日に道路にできる陽炎《かげろう》や二重の虹のように）、貝を手に取るとようやく現実の世界に引き戻された。きれいに巻いた殻の中には何が棲んでいたのだろうか、その体は螺旋の先までつながっていたのだろうかと思いをめぐらせた。

たまに貝殻を持ち帰ることもあったが、それを集めて取っておいた記憶はなく、蒐集はどちらかというとなおざりだった。集めることよりも探すことがおもしろかったのだと思う。だが形がとくに素敵なものや、何か特別な思い出があるものだけはいまだに持っている。といっても、宝石箱の中や、ほんの少しの砂と一緒に袋に入れたりして、家のあちらこちらに置いてある。

ある年、一三歳か一四歳だったと思うが、貝の水彩画を描くことに夢中になった時期がある。イガイの絵を描くのに凝《こ》ったので、青や藤色の微妙な曲線を描くのがうまくなった。姉が自分で拾ったと思われる黄色やオレンジ色の巻貝を瓶に集めていたのも覚えている。そこに手をつっこんで、貝がカラカラと音をたてるのを聞くのが私は大好きだった。だいぶあとになってその貝はヒバマタの仲間の褐藻《かっそう》に群がって生活するコガネタマキビであることを知った。ヒバマタには空気が入った浮き袋があり、このタマキビはヒバマタの浮き袋に擬態していた。そういえばこの浮き袋をプチプチとつぶして遊ぶのが好きだった。

コーンウォールの海岸で渦巻き貝を探しながら過ごした子ども時代のおかげで、はかりしれない荒々しい海への興味が育まれたわけだが、海洋生物学者になろうと心に決めていたことまでは自分でも気づいていなかった。この思いは、一〇代の後半になってコーンウォールの冷たい海を別の成り行きから探検し始めるまで封印されていた。家の近くにあった水泳教室の無料の「潜水お試し」コースをのぞいてみて、友達のヘレナと私は一緒にスキューバ・ダイビングのコースを受講することにした（インストラクターの先生は、私の名前のヘレンと友達の名前のヘレナを結局最後まで呼び分けられなかった）。中等教育課程の六年間、毎週一回、潜水道具を身につけて深い海に飛びこみ、魚になる技術を学んだ。

夏休みになると、ヘレナの古くていかめしい空色のフォードに勇んで乗りこみ、コーンウォールの西の方まで遠出した。ときにはノース・ヒルでキャンプをしてエンジンを冷まさなければならないこともあった。そしてペンザンスの近くの原っぱで夜は流れ星を眺め、昼間は海に潜った。最初は冷たくて灰色がかった緑色の水が不気味で、強い海流にどのように対処したらよいのかわからなかったが、水中の動きに慣れるのにそれほど時間はかからなかった。

海底のうす暗がりに沈んでいた、原形をとどめていないほどの古い難破船を調べたり、生き物に覆われた岩場をうろうろと泳ぎまわって時間を過ごした。岩場にはカニやヒトデが群れをなし、「死んだ男の指」という名がついたうす気味悪いユビウミトサカというサンゴの一種が群生していた。色が変わる潜水艦の模型のようなコウイカがスカートの裾をヒラヒラさせて水中を漂っているのに出会い、赤やオレンジやピンクの花のようなイソギンチャクの花壇もあり、鮮やかな青い筋のあるククーラスというベラが一匹、何をしているのか知りたがっているかのように私たちについてまわった。

こうした何もかもが私には初めてだった。そして海にはいつも貝がいて、貝が砂浜の飾り物ではないことも知った。海底のいたるところにいるのだ。生きているものもいれば、死んで貝殻だけになったものもある。ホタテガイ、タカラガイ、サルボウガイ、マルスダレガイ、ツブ貝。ありとあらゆる貝を目に焼きつけ、わかる限りの名前を手帳に記録していくうちに、私は水の世界の虜になっていった。

コーンウォールへの旅のあと、私とヘレナは潜水士の免許状を握りしめながらも、大学の学業に戻った。ヘレナは語学の勉強をしてワイン販売の道に進み、潜水用具を抱えてオーストラリアへ移住することになった。私は生態学と海洋生物学の勉強をして、生涯の恋人ともいえるスキューバ・ダイビングを続けた。どこでも、いつでも、機会があれば海を探索しただけでなく、現代の社会に傷めつけられている海と生き物を微力ながらも守るための仕事をすることにした。海の環境が悪くなっていることは私自身も気づいていたし、どんなに小さくて取るに足らないように見える生き物でも大切な存在であることがわかってきた。何年も世界各地に住んで働きながら、漁業の乱獲の問題を調べ、危機に直面している生物種や生態系を守るための方策を探してきた。こうした研究や旅のあいだずっと貝殻への興味が失せることはなかった。

貝殻のつくり主がサンゴ礁を歩きまわるのも見たし、じっと動かずに海水をやさしく吸っては吐き出しているのも見かけた。ウミウシ（貝殻を持たない貝）の鮮やかな色にも驚かされた。陸のナメクジは耐えられないのに、ウミウシならケバケバしいものが海底に転がっていると愛らしいと感じるのはなぜなのかと不思議だった。熱帯の砂浜を歩いていたときには、ただの貝殻だと思って何気なく拾い上げたら、中にいたヤドカリにハサミで指をはさまれたこともある。放すようにいくら脅しても、どうしても放そうとしなかった。貝殻に仮住まいしている動物にはそのあと慎重に接するようになった。

人がどのように貝を利用するか、また、いろいろな意味で貝にどのように依存しているかも見てきた。マダガスカル島の暑く乾いたバオバブの巨木の森で見たアフリカマイマイ（海の巻貝の親戚）の貝殻には、森の神への捧げものとしてラム酒と蜂蜜がたっぷりと入れられていた。フィリピン、タイ、フィジーなどの熱帯の生臭い魚市場を幾度となく歩いたときには、安価なタンパク源として二枚貝やほかの貝が山と積まれていた。また、おおっぴらにはできない形ではあったが、大きな収入源になっている場合もあった。ボルネオの人里離れた漁村では、不法に水揚げされたシャコガイの身が、強い日差しの下に幾百となく並べられて干からびていたのだ。噛みごたえのあるおいしい食材のためには金に糸目をつけないアジアの市場へと送られていた。

マレーシアのこぎれいなレストランでは、器いっぱいに盛られたキバウミニナが出されたこともある。私はそれを食べることを丁重に断ったのだが、その理由は、キバウミニナの数が減って絶滅の危機にあるからではなく、貝から身をほじくり出して食べるということがどうしてもできなかったからである。しかしほかの機会には貝をおいしく食べてきた。イギリスで今私が住んでいる場所から北へ数時間のノーフォークの海岸で食べることがいちばん多い。北海の灰色の海に面して、きれいな青い泥の干潟が広がるモーストンの集落の道路わきでは、袋づめされた新鮮なイガイが台の上に並べてある。その袋を一つ取って小屋の窓に頭をつっこんで五ポンド紙幣をわたすと、中から「夫が今朝とってきたものよ！」と声がする。

勉強とダイビングに明け暮れた学生時代には、貝とは呼べないが殻を持ったさまざまな生き物がほかにも海にはたくさんいることを知った。コーンウォールで潜ったときには、砂浜でよく見かけるグレープフルーツほどの大きさのウニの殻を海底で見つけて持ち帰ろうとしたが、海面に浮上する途中で必ず割れてしまった。カニ、ロブスター、エビ（サンゴ礁や潮だまりにいる小さな掃除屋のエビには時々爪の掃除をしてもらった）も、体を覆う硬い殻を持っている。潮の流れに乗って一生を送る不思議な姿の海の生き物も無数にいる。そのほとんどはプランクトンと呼ばれ、顕微鏡でないと見えない。有孔虫《ゆうこうちゅう》や円石藻《えんせきそう》は彫刻を施した石灰質の殻をつくり、雪の結晶のような形のものもあれば、ポップコーンの塊のようなものもある。珪藻《けいそう》や放散虫《ほうさんちゅう》がつくる珪素の殻は、クリスマスツリーに下げる三角形・ダイヤ形・星形などのガラス飾りのミニチュアのようだ。こうした生物にはそれぞれに生きざまがあり、地球という世界の中で果たす大切な役割がある。しかし本書では、私がもっとも偉大な殻の製作者とみなす生物の一群のみを紹介する。軟体動物と呼ばれる生き物だ。

chapter

# 1 誰が貝殻をつくるのか？

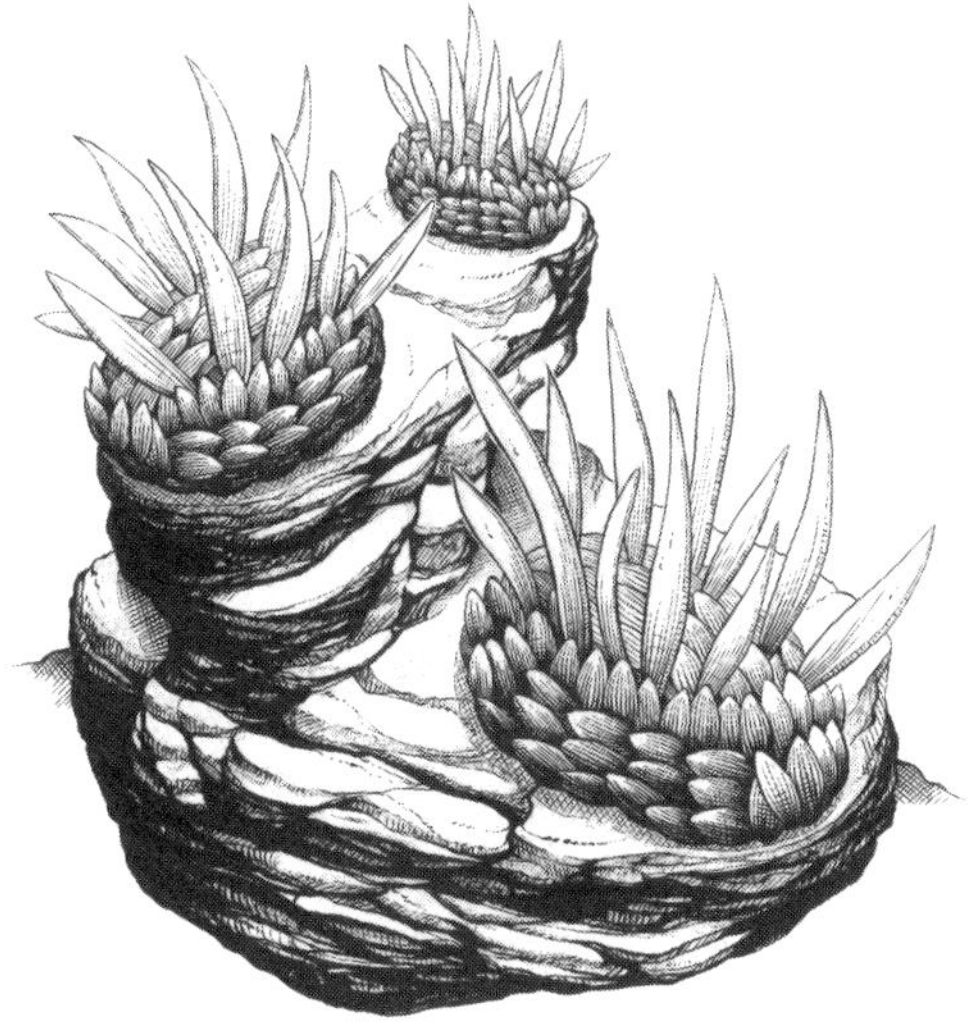

世界のどこにいても、身のまわりには何かしら軟体動物がいる。地球上で数が多い生き物の一つでもあり、広く分布し、進化が生み出した、たくましくて賢い不思議な動物である。巻貝、イガイやハマグリのような二枚貝、イカなどのように、よく耳にする種類もあれば、ヒザラガイ、オウムガイ、アオイガイなど、なじみがうすい種類も含まれる。軟体動物は殻をつくる動物群なのだが、すべてが殻をつくるわけではなく、タコやウミウシ、あるいは小さな光沢のあるゴカイだと思っているような動物の中には殻を持たないものもいる。しかし大部分の軟体動物は何らかの殻をつくる。貝殻の物語を始めるにあたり、まずは軟体動物の話をしなければならないだろう。

## 軟体動物は何種類いるのか

軟体動物は全部でどれくらいの種類がいるのかは誰も知らない。現存する数としては五万種から一〇万種と言われることが多い。なぜ正確な数がわからないかというと、軟体動物すべてを載せている図鑑がないからだ。新種に名前をつけるときには、それが新種であると考える理由と、これまで名前がつけられなかった理由を書いた論文を審査つきの学術誌に発表し、誰もが閲覧できる施設（博物館が多い）に標本（模式標本）を送る。軟体動物の権威に新種を見つけたと報告する必要はなく、膨大な数の学術論文に自分の新しい発見をつけ加えるだけでよい。このようにして報告されたものが何万種とあり、中には同じ種類なのに違う名前がつけられたりするものもあるので、あまりの数に収拾がつかなくなっているのも不思議ではない。

しかし二〇一四年に軟体動物のオンライン博物館モルスカベース（MolluscaBase）が稼働するように

なってからは、こうした状況も変わりつつある。このデータベースは軟体動物学者たちの途方もない努力のたまもので、共同作業によって慎重に文献を仕分けながら軟体動物の確定リストをつくり上げようとしている。軟体動物の世界をさらに深く知ろうとする学者もいるので、毎年新種がつけ加わる。新しい軟体動物を見つけたければ、自分で探しに出かけるだけでよいのだ。

一九九三年に海洋学者の一団が太平洋のニューカレドニアという島に降り立った。目的はただ一つ。一カ月のあいだに、できるだけたくさんの軟体動物を探すことだった。パリの自然史博物館のフィリップ・ブシェが隊長で、スキューバ・ダイビングのチームは島の北西部海岸のサンゴ環礁の深い海底をくまなく探すのに延べ四〇〇時間を費やした。手で採集することもあれば、石の表面をブラシでこすったり、死んだサンゴの塊を割って中を調べたり、目に見えないくらい小さな動物たちを防水の掃除機で吸い集めたりもした。

この遠征でブシェらはなんと一二万七六五二個の貝を採集した。しかし、ここからの作業がたいへんだった。集めた標本を専門家が仕分けたのだが、違う種類のように見えてもまだ同定されていないものを分けるのに（殻の形だけで区別する形態種と言われる分類）何年もかかった。すべての種を同定しようと思ったら、もっと時間がかかることだろう。

この調査では全部で二七三八種の形態種が見つかった。この数は地中海全体の海洋性軟体動物の数を上まわり、イギリスの海岸付近で見つかる種数の四倍近くに達する。地球上でもっとも多様な生き物が生息すると言われている熱帯の似たような海域の報告よりも多かった。

ニューカレドニアで見つかった軟体動物のすべての種類が同定されたわけではないので、新種がどれくらいの数になるのか正確にはわからないが、種数が多い分類群でも、集めた貝の八〇パーセントが新種だろうと調査隊は推定している。また、五種類のうち一種類は、標本にする貝がたった一個しか見つかっていないので、採集した貝の多くがとても希少な種類だということになる。もっと長期間にわたって探し続ければ、ブシェ調査隊の集計数は三〇〇〇種どころか四〇〇〇種近くになったと推測され、熱帯の一つの島の一つのサンゴ環礁にこれほど多くの軟体動物がいることになる。

似たような調査研究（ブシェ調査隊の成果も含めて）にもとづいて推定すると、まだ見つかっていないものも含めれば軟体動物は二〇万種くらいになると専門家は考えている。現在、地球上で名前がつけられた生物はおおまかに言って一二〇万種くらいあり、そのうちの約二五万種が海に生息していることを思い出してほしい。

軟体動物よりも種類が多い唯一の動物群は、甲殻類、クモ類、ヤスデ類、ムカデ類、そして途方もなく数が多い昆虫類を含む節足動物（これだけで一〇〇万種前後）という無脊椎動物で、軟体動物はこれに次いで堂々二位の座を占めている（昆虫類は、海際に生息するほんのわずかな海棲種を除いてほとんどすべてが陸棲ということも関係している）。驚いたことに、地球上で生物が生息できる環境（海面から海底までの三次元的に広がる海の空間すべてを含む）の少なくとも九〇パーセントには昆虫類がいないのだ。

## 熱水噴出孔にいる軟体動物

熱帯の浅い海域に多数の軟体動物が生息していることについては疑問の余地はないが、世界中の種類をすべて調べあげようとするならば、ほかにも探すべき場所はたくさんある。軟体動物が進化の過程で最初に出現したのは少なくとも五億年前であり、それ以来、海水中であろうと陸上であろうと、ほとんどすべての生息可能な環境に進出してきた。

深海の軟体動物を探そうと思ったら、海面から六キロメートルもの「ハダル・ゾーン（超深海）」に潜らなければならない。「ハダル」は、ギリシャ神話で黄泉《よみ》の国を意味する「ハデス」を語源とする言葉で、地獄の炎が立ちのぼるような光景を思い浮かべる人もいるかもしれない。じつは、こうした超深海ではほんとうに業火が吹きすさび、人を寄せつけない地球の最果ての地と言ってよい。地殻の割れ目には熱水噴出孔が口をあけていて、海底の奥深くから腐食性の熱水が噴き出し、噴出孔にはブラックスモーカーと呼ばれる塔状の構造物が形成される。深海では途方もない水圧がかかるので海水が沸騰しないですんでいる。

このような見たこともない奇妙な構造物を最初に発見したのは、一九七七年にガラパゴス諸島沖の深海を探索していたアルヴィン号という潜水艦に乗り合わせた研究者たちだった。そのような深海に生き物がいようとは考えてもいなかったが、ブラックスモーカーには貝殻をつくる軟体動物も含む豊かな生態系が成立しているのを目のあたりにすることになった。

熱水噴出孔にはテニスボールくらいの大きさの巻貝が肩を寄せ合うように生息している。太陽の光が届かない永遠の深い暗闇で食物源としてたよるのは、鰓《えら》の内側で繁殖するバクテリアと、海水に含まれる硫黄化合物から得られるエネルギーである。最近になってDNA解析が行なわれ、見た目だけでは区別できないこうした巻貝は五種類いることが明らかになった。新種の一つはアルヴィニコンカ・ストルメリ（*Alviniconcha strummeri*）と名づけられた。調査潜水艦の名前と、イギリスの「ザ・クラッシュ」というパンク・バンドのボーカルでもありギタリストでもあるジョー・ストラマーの名前をとった。フイジー諸島近くの太平洋の海底には、酸性が強くて硫黄分に満ちた熱水噴出孔があり、そこに生息するたくましい巻貝だ。この巻貝の殻には殻皮層《かくひ》と呼ばれるごわごわしたタンパク質の層があり、ちょうど一九七〇年代のパンクの追っかけの髪型のような棘《とげ》状の突起が並ぶ。

熱水噴出孔付近の海底には深海の泥地が広がり、そこを徘徊する軟体動物や、海底の山の斜面に取りついて生活する軟体動物もいる。海に生息する軟体動物はすべてが海底にいるわけではなく、底を這《は》いまわるおとなしい生活に別れを告げて、地球上で空間的にもっとも広い海水中へと泳ぎ出した種類も多い。また、陸地との境界の浅い海に進出した種類は、絶えず動いている泥や砂に身をうずめたり、逆に、動かない岩に取りついたりして生活する。軟体動物の中には海水が支配する水域にとどまることなく移動を続け、汽水やさらには真水にも進出した結果、川、湖、池に生息するようになったものもいる。冒険好きの種の中には殻を陸上へ引っ張り上げたものすらいる。木の上、山の上、暑い砂漠や、そのほかにも陸上の思いがけない場所に軟体動物が生息している。

世界でもっとも深い洞窟の一つと言われているクロアチアのルキナ・ヤマ洞窟の探索が二〇一〇年に行なわれた。そして地表から一キロメートルの地下に、小さな透明の殻を持つ目のない巻貝が生息しているのが発見されている。私たちの庭先で植物をかじっているカタツムリやナメクジも海からの移住者で、祖先は海に棲む軟体動物だった。軟体動物が唯一できなかったのは空へ飛び立つことだった（しかし渡り鳥の足にくっついて地球上をヒッチハイクするものや、鳥の砂肝の中で生きながらえて旅をするものはいる）。

これほどいたるところにさまざまな軟体動物がいると、一つの疑問が湧き上がる。生息域を広げるための秘訣は何だったのだろうか。その答えを探る前に、もっと大事な問題を考えなければならない。軟体動物とは、いったいどういう動物なのだろうか。

## 軟体動物とはどんな生き物か

コリン・タッジは著書の『生物の多様性百科事典』で「軟体動物のような動物はほかにいない」と書いている。確かに特殊な動物群ではあるが、軟体動物をほかの動物と明確に区別できる特徴とは何なのだろうか。

英語で軟体動物を意味する「モルスク」という語はアリストテレスの時代から使われてきた。アリストテレスはコウイカやタコなどの柔らかい体の動物を指すときにこの語を使った。今使われている語は一八世紀に使われていたラテン語の「モルスクス」が起源のようで、柔らかいという意味の「モリス」に由来する。しかし、動物をつついて柔らかいかどうかを調べても、それが軟体動物かどうかはわからない。

長いあいだ軟体動物と呼ばれていた動物群は、見た目が似ているさまざまな動物の寄せ集めだった。フジツボも一時期は軟体動物とされていて、遠目に見ると確かに小さなカサガイ(これは軟体動物)に見える。だが、フジツボはじつは甲殻類で、甲殻類ではめずらしいことに、頭を下にして水中で足をバタつかせながら岩に貼りついて生活している。かつては外肛《がいこう》動物(コケムシとも呼ばれる)という微小な動物群も軟体動物に入れられていたが、今は分けられている。

腕足動物(シャミセンガイの仲間、英語では「提灯貝《ちょうちんがい》」)は軟体動物によく似ている。貝殻が二枚あるのでサルボウガイやハマグリの仲間に間違われそうだが、貝殻のつくり方や柔らかい体の構造が軟体動物とは大きく違うので別の分類群になる。軟らかい体に硬い殻が載っているだけでは軟体動物と呼ぶのに十分ではないのだ。

しかし現在は、動物全体でおよそ三五ある「門《もん》」という区分の一つである軟体動物門に属する動物種がはっきりと決められるようになった。門にはほかにも節足動物門（パタパタ飛んだり、ちょこちょこ歩きまわったりする昆虫や甲殻類など）、脊索《せきさく》動物門（すべての脊椎動物、および近縁のホヤなどの奇妙な動物）、棘皮《きょくひ》動物門（ヒトデ、ウニ、ナマコ）などがある。軟体動物門の現生種は八つに分けられ、過去に絶滅してしまったものも入れると、区分はもういくつか増える。

今のところ種類がもっとも多いのは腹足《ふくそく》類である。軟体動物全体から任意に一種類を選ぶと、五回に四回は腹足類を選ぶことになる。腹足類は文字通り「腹に足がある」動物で、一本だけある足の裏に口があり、その足で這いまわる。多くは螺旋《らせん》の貝殻の中に棲み、英語では広く「スネール」（巻貝やカタツムリ）と呼ばれる。貝殻を退化させたり失ったりしたものは、英語では広く「スラッグ」（ナメクジやウミウシ）と呼ばれる（貝殻を捨てた腹足類は進化のさまざまな段階にいて、必ずしも近縁ではない）。腹足類は海、川、湖、池などと生息範囲が広く、軟体動物の中で唯一陸上に進出した一群でもある。

腹足類の次に大きな一群は、ハマグリ、イガイ、カキ、ホタテガイのように貝殻が二枚に分かれているものたちだ。二枚貝類は対《つい》になった殻を蝶番《ちょうつがい》でつなげてあけ閉めし、殻を固く閉じれば体を完全に覆うことができる。腹足類と同じように海にも淡水にも生息し、私たちが「貝」と考える種類の大きな部分を占める。

それ以外の軟体動物はそれほど種類は多くなく、すべて海に生息する。頭足《とうそく》類にはタコ、オウムガイ、コウイカをはじめとするさまざまなイカ類が含まれる。「頭足類」という呼び名は、足のうちの一本があるはずの位置に発達した頭部があることに由来する。頭足類の多くは貝殻を所持するという生活を捨てたが、殻に相当する硬い部分を捨て去らずにさまざまな形で利用しているものもいる。これについては後述する。

掘足類《くっそく》あるいはツノガイ類（英語では「牙貝《きば》」）はわかりやすい。殻が小さな角《つの》あるいは牙のような形をしている。頭を下にして海底に埋もれ、殻の細い方の先端だけを砂の表面に出して生活しているものが多い。

貝殻をつくる軟体動物なのに、ほとんど知られていないものに単板類《たんばん》がある。種数はわずかで、深海に生息している。貝殻だけを見るとねじれていない腹足類と間違えそうだが、腹足類なら一つしかない内臓が、いくつも対になって多数あることから、腹足類とは異なるもっと奇妙な動物であるに違いない。単板類は絶滅したと考えられていたが、一九五二年にコスタリカの沖合で引き上げた海底の泥の中から発見された。

ヒザラガイ類は軟体動物の中でも少々異質の存在である。ほかの貝類のような一個の殻あるいは対になった殻ではなく、縁に鱗《うろこ》がある鎧《よろい》のような板状の殻が背中に少しずつ重なって並んでいる。潮だまりや波打ち際の岩に貼りついているのを見ることができ、小さいものは爪くらいの大きさで、大きなものになると手のひらくらいになる（カリフォルニア、カムチャツカ列島、日本にかけての北太平洋には最大種のオオバンヒザラガイが生息する）。激しい波があたったときや、好奇心旺盛な人間の手で岩からはがされてしまったら、アルマジロのように丸まる（口絵③）。

これで、奇妙な軟体動物はあと二つ、溝腹類《こうふく》と尾腔類《びこう》を残すだけとなった（詳しい研究が進んでいないこともあって呼びやすい名前がついていない）。これらは軟体動物というよりは環形動物（ゴカイやミミズ）のような姿をしていて、貝殻をつくる種類はいない。そのかわりに体は骨片《こっぺん》と呼ばれる剛毛に覆われ、つやのある毛皮をまとっているように見える。

こうしたウミウシ、巻貝、イカ、ツノガイなどさまざまな動物がすべて軟体動物という同じ門になる。共通のＤＮＡ配列からそれが確かめられているにもかかわらず、どのような動物を軟体動物とするかという肝心な点についてはまだ一致した見解がない。

何がいちばんの問題かと言うと、生きている軟体動物の体のどこか特定の部分を指して、「今見ているこの部分が軟体動物の決め手となる特徴だ」と自信を持って言えないことにある。過去にさかのぼって軟体動物群の系統樹を根もとの方へとたどっていけば、古くから保持されている特徴を特定することができ、それが軟体動物の定義の基準となるはずである。しかし残念ながら、そのような特徴をいくら探しても、古い時代にもはっきりとしたものが見あたらないのだ。

## ことの始まり――バージェス頁岩《けつがん》

いちばん古い貝殻の化石はカンブリア紀（およそ五億四〇〇〇万年前）のもので、「微小硬骨格化石群」と呼ばれている。このような微小な海産の化石は世界各地から数多く見つかっている。その中に、カイメンかサンゴ、あるいは大量のきわめて小さな貝の集まりかもしれない筒状の不思議な生き物の化石がある。小さな貝のように見えるものの長さは一ミリか二ミリで、今日見られる軟体動物のようにも見える。たくさんある中には、きっちりとした巻きがある殻や、クリスマスに使う三角帽のような形のものや、二枚貝のように対になった殻を持つものもある。これをたいていの古生物学者は軟体動物だろうと考えているものの、化石には貝殻しか残らないので、殻を残してくれた生き物本体についてははっきりとわからず、ほんとうに軟体動物なのかどうか確信が持てないでいる。

小さな殻を持った生き物のほかにも、カンブリア紀には貝殻を持たない得体の知れない動物群が海底を這いまわっていた。世界でもっとも有名な化石の産地でこれらの化石が一世紀以上も前に発見されてから、奇妙な動物たちの種類の同定をめぐって、またその中にもっとも初期の軟体動物がいるのかどうかをめぐって、学術的な大論争が起きた。

一九〇九年八月三〇日のことだった。米国の地質学者チャールズ・ドゥーリトル・ウォルコットは、カナディアン・ロッキー山脈のヨーホー国立公園へ一人で馬に乗って出かけ、大発見をした。ウォルコットは、けばけばしいワラジムシを大きくしたような太古の節足動物である三葉虫の化石を探していたのだが、その日、見慣れない化石をいくつか見つけた。数カ月後にウォルコットは、この新しい化石を「とても興味深いもの」とさりげない言葉で友人の地質学者に手紙で知らせている。数年のあいだウォルコットは、列車や馬や徒歩でロッキー山脈の同じ場所へ何度も足を運び、それまで誰も見たこともなかった化石を最終的に六万五〇〇〇個も採集した。その場所はその後、バージェス頁岩と呼ばれるようになった。

このときウォルコットは、鼻がホースの管のように伸びた奇妙な動物や、大きな爪があり特大の棘に覆われた恐ろしげな動物をはじめ、エビ、カニ、ゴカイのようでありながら現存する生物とは似ても似つかぬ、ありとあらゆる動物を見つけた。ところがウォルコットは、それらが今日見られる動物の奇妙な変種にすぎないと思いこんだ。

一九一一年には別の場所で見つかっていた化石をバージェス頁岩でも見つけている。その一二年前に、カナダの古生物学者G・F・マシューがロッキー山脈のウィワクシィ・ピークで化石を探しているときに、畝《うね》のある棘を一本だけ見つけていて、「ウィワクシア」（*Wiwaxia*）と名前をつけていた。ウォルコットはバージェス頁岩の中で、そのウィワクシア全体の化石を見つけた。これをウォルコットは、環形動物門の中の剛毛が密生する多毛類の一種だと考えた。しかし、現存する多毛類のゴカイと共通する特徴はあまりなかった。ウィワクシアは、波目模様が重なる鎧を着たナメクジのような姿をしていて、背中には二列にナイフの刃のような棘が並んでいた。

小さいものは棘がない二ミリメートルのものから、大きなものは五センチのものまで、ウォルコットは数百にのぼるウィワクシアの化石を採集している。これほど奇妙な姿をしているにもかかわらず、ウィワクシアをはじめとするバージェス頁岩で見つかった化石は、その後五〇年間、学術的な関心の対象にはならなかった。現在ウォルコットはどちらかというと、発見したものがどれほど貴重なものかに気づかなかった人物として有名だろう。

その後、イェール大学の古生物学者ハリー・ウィッティントンが標本を調べなおすことにしたのは一九六〇年代になってからだった。当時ウィッティントンは三葉虫のシリカ標本（大部分がガラス質の化石）を見つけ、それまで謎だった三葉虫の食生活を明らかにしていた。関心がある三葉虫を求めてロッキー山脈に出かけ、バージェス頁岩の発掘を再開した結果、偉大な再調査の仕事に後半生を費やすことになる。

ウィッティントンはケンブリッジ大学で教授の職に就き、学生だったデレク・ブリッグスとサイモン・コンウェイ＝モリスをともなってバージェス頁岩の化石を再調査し、三人で動物の起源解明についての新しい道筋をつけた。複雑な動物が突然大量に出現した「カンブリア爆発」と呼ばれる考え方が知られるようになったのは、この三人の業績による（もっとも最近は、変化の速さや期間については疑問符がついている）。進化は新しい生命を生み出そうともがいていたかのようだ。

## 軟体動物の祖先？——ウィワクシア

新しい発見や新説が次々と登場する中で、コンウェイ＝モリスはウィワクシアを再検証し、多毛類ではありえないと結論した。ウィワクシアの口の中には、先が体の後方を向いた歯が二列に並んでいて、モリスはほかの動物にも似たような歯があることに気づいた。ざらざらとした歯舌《しぜつ》に似ていたのだ（現存する軟体動物の多くが備えている器官。歯舌については後述する）。

これ以外のウィワクシアの体の特徴は軟体動物門に位置づけるには奇抜すぎるように思えたのだが、コンウェイ＝モリスはこの化石動物が軟体動物の共通の祖先であると考えた。奇妙な突起のあるナメクジが、軟体動物に先立って進化したのだろうか。当時のコンウェイ＝モリスは知るよしもなかったが、ウィワクシアが何者なのかという議論がまさに始まろうとしていた。

ウィワクシアはゴカイのような環形動物なのか、軟体動物なのか、それとも異なる動物なのかについての議論がそのあと活発にかわされたものの、分類群が決まらない状況が続いた。そこへ、やはりケンブリッジ大学にいたニック・バターフィールドが早くから決然と議論に加わり、ウィワクシアを環形動物に押し戻した。ウィワクシアの骨片（体を覆う波目模様の鎧状の鱗）が環形動物の剛毛のようなつくりであること、さらに口部は、環形動物のように二分していて頭部の両側にあった可能性を指摘した。

バージェス頁岩から発見された動物が現存する軟体動物の祖先かどうか問題になったのはウィワクシアだけではない。オドントグリフス（*Odontogriphus*）は平たい楕円形の動物で、成長すると一二・五センチの長さになり、背中には硬い覆いが横に走る。ウォルコットが初めに発掘したときには化石が一個しか見つかっていない。下面に小さな丸い口があり、ウィワクシアと同じように歯舌のような歯が並ぶ。

コンウェイ＝モリスは一九七〇年代にオドントグリフスを再度調べて、環形動物、軟体動物、腕足動物に共通の祖先であろうと結論した。その後二〇〇六年になって二〇〇個以上の化石標本が見つかり、ロイヤル・オンタリオ博物館のジーン＝バーナード・キャロンは、オドントグリフスが軟体動物であるという論文を意気揚々と発表した。この論文では、キンベレラ（*Kimberella*）と呼ばれるさらに古い化石もオドントグリフスと近縁であるとしている。キンベレラは一九六〇年代にオーストラリア南部のエディアカラの丘で発見された平たい卵形の化石で、最初はクラゲだと考えられた。のちに生痕化石が見つかり、水中を浮遊していたのではなく、海底を後ろ向きに這いまわって小さな歯で食べ物をかき取っていたと考えられるようになっている。しかしキンベレラの歯は見つかっていないので、巻貝のようなかじり跡がほんとうに歯舌によるものかどうかは不明である。

こうした化石をまったく新しい観点から調べることによって、軟体動物の祖先についての解明がここ数年で進んできた。マーティン・スミスは博士研究で、走査電子顕微鏡の試料室に化石を入れ、標本の内部から跳ね返ってくる電子像を解析した。この研究で化石の内部構造の詳細が明らかになり、ウィワクシアとオドントグリフスが環形動物ではないことが決定づけられた。どちらも一生を通じて歯が抜け落ちて新しいものに生えかわる。スミスによれば、抜け落ちた歯はたまに飲みこまれるので、消化管に歯が残っている化石も見つかる。体が大きいものほど歯の数が多く、一個一個がその場で回転することもわかった。こうした数々の事実を総合すると、ウィワクシアとオドントグリフスは軟体動物の一族である可能性が濃厚になった。

スミスは二〇一四年に、現生のナメクジやカタツムリと同じように足が一本しかないように見えるウィワクシアの化石をいくつか調べ、ウィワクシアが初期の軟体動物であろうことを裏づける論文を発表している。しかしまだ疑問は残る。起源の解明は大きく前進したものの、ウィワクシアを生き物の系統樹のどこに持ってきたらよいのか、スミスはいまだに決めかねている。一つの案としては、貝殻が一個だけではない有棘類《ゆうきょく》(ヒザラガイ類、溝腹類、尾腔類など)の仲間とすることが考えられる。しかし有棘類は原生的な軟体動物ではないので、そうするとウィワクシアを軟体動物の先祖に位置づけるのが難しくなる。別の案として、ウィワクシアを軟体動物につながる系統樹の根もとに位置させるということも考えられる。こうすれば、ウィワクシアは軟体動物門の先駆けとなった動物群として位置づけられ、厳密には軟体動物ではないものの、現存するどの分類群よりも軟体動物に近いことになる。

生物種が系統樹の根幹部分と樹冠部分に分けられるという考え方は、ここ一五年ほど古生物学者のあいだで議論されるようになってきている。樹冠となるのは、現存する生物種のうち、要《かなめ》となる特徴が同じ生物の一群である(その特徴は、その生物群の祖先となる種類とも共通する。そして、その祖先から同じように進化したのちに絶滅してしまった種類とも共通する)。根幹部分となる生物種はすでに絶滅してしまったもので、現存する生物種と共通する特徴があるものの、「すべての特徴を共有するわけではない」。分類学的な考え方から言うと、樹冠の生物群にとって根幹の生物群は伯父や伯母ということになる。

この考え方のおかげで、バージェス頁岩の時代に無数の奇妙な動物がいたことを古生物学者が説明しやすくなった。バージェス頁岩からは、どっちつかずの特徴を示す化石が数多く出土しているのだが、それらが現生種も絶滅種も含む既存の動物門に属すると考えるのではなく、その動物門の根幹をなす動物群であると考えればよい。これならば、一つの現生動物群であると決める重要な特徴は一度に進化したのではなく、長い時間をかけて少しずつ進化してきたとみなすことができる。たとえて言えば、百貨店でスーツを一式買いそろえて着るのと、昔からのお気に入りや古着に新しい靴を組み合わせて着るのとの違いである。

根幹になる太古の動物種のことを考え始めると、動物の「門」という区切りは、それほど厳密なものではないということがわかってくる。現生種を見わたすと、軟体動物が、たとえば環形動物や棘皮動物とは大きく異なることは一目瞭然だろう。しかし古生物学者が悠久の時間をさかのぼって詳細を調べ始めると、こうした動物群の区切りが曖昧《あいまい》になってくる。

もしウィワクシアが軟体動物の系統樹の根幹の種類ならば、足が一本で歯舌や骨片があるという特徴が早い時期から軟体動物に見られたものであることを意味する。しかし、それでもなお大きな疑問が残る。

## 軟体動物が先か、貝殻が先か

カンブリア紀の後期には、おもな軟体動物が出そろった。二枚貝類、腹足類、頭足類、ヒザラガイ類が生息していたことに疑問の余地がないし、掘足類も少し遅れて出現している。どれも、そのあとの地質時代であるオルドビス紀には数も種類も増えている。この太古の時代には、それ以外にもいくつかの軟体動物が出現しては絶滅していった。現在は絶滅してしまった厚歯《あつば》二枚貝などもいた。ジュラ紀や白亜紀には、この二枚貝が現在のサンゴ礁と同じように、豊かな熱帯の環礁の土台を形成していた。

こうしたことをすべて考え合わせると、軟体動物の系統は少なくとも五億年にわたって、したたかに生きてきたと考えられるのだが、無数の種類の途方もない数の軟体動物は、今なお私たちには明かさない秘密を隠し持っている。二枚貝類、頭足類、ヒザラガイ類といった動物群が互いに軟体動物としてどのように関連しているのかはいまだにわかっていないし、こうした分類群のうちどれがいちばん原始的なのかもわからない。

最近では遺伝子解析も導入され、現生動物を比較する研究が進められているが、今でも軟体動物についての専門家の論争は続いている。軟体動物というトランプを切りまぜては並べかえているようなものだ。赤い札は全部一緒にした方がよいか、ダイヤはハートと色が同じなので札を隣どうしにした方がよいか、それともダイヤはスペードと同じように上端がとがっているので一緒にした方がよいか、といった具合だ。科学者は、軟体動物のカードを奪い合いながら並べなおす作業を続けている。

軟体動物の木（系統樹）がぐらついていて、樹形が常に変わるということからは、進化についての考え方や、地球上の生命の多様さについて、私たちがどのようにとらえているかがよくわかる。こうした生物の起源についての考え方に、たとえば複雑な脳の進化を調べている人たちは大きな関心を示す。発達した神経系がある頭足類と腹足類は系統的には近縁なのか。別々に進化の道筋を歩んだ結果、発達した神経系が二回出現したのか。それとも共通の祖先に一回だけ出現したのか。

軟体動物の系統を徹底的に調べている三つの新しい研究グループが、こうした疑問や、これと関連した数多くの疑問の解明に取り組んでいる。米国アラバマ州にあるオーバーン大学のケビン・ココットが率いる大きなグループ、現在はミシガン大学に所属するスティーブン・スミス、そしてイギリスのブリストル大学のアン・アーボーとジェイコブ・ビンサーである。どのグループも非常に複雑な手法を使っていて、得られる結果を左右する要因は、軟体動物やほかの動物群（比較のために軟体動物以外のものも使っている）から選ぶ動物種に始まり、データの解析方法まで多岐にわたる。いずれのグループも同じようなＤＮＡ配列の解析技術を使っているが（以前のようにリボゾーム遺伝子ではなく、核にあるタンパク質遺伝子の解析）、得られた結果がすべて一致しているわけではない。

有棘類の系統については、三つのグループの見解が一致した。また、どの研究グループも、ヒザラガイ類、溝腹類、尾腔類が確かに軟体動物の中の同じ系統に属することを確認している。

これらの研究から得られた画期的な成果の一つが、頭足類と腹足類の関係だった。従来この二つは軟体動物の系統樹の同じ幹から派生した近縁な動物群とされてきた。しかし最新の遺伝子解析の中には、近縁どころか、タコと巻貝の類縁関係は遠いとするものさえある。頭足類はむしろ絶滅したと考えられていた得体の知れない深海の単板類に近いと考えられる。単板類について過去に行なわれた研究では、化石に見られる内臓の配置が頭足類と似ていることから類縁性が指摘されていたが、遺伝子解析がこの見解に新しい息吹を与える結果となった。また腹足類は、二枚貝類と掘足類との類縁性が高いということがかなり確かになった（しかし掘足類の分類学的位置はいまだに頭痛の種で、どこに分類したらよいかを決めるための情報が足りない）。こうした結果が正しいのならば、軟体動物が複雑な神経系を生み出す機会は少なくとも四回あったことになる。これは神経生物学者にとっては大ニュースだろう。

では軟体動物の共通の祖先についてはどうだろうか。貝殻を持っていたのだろうか。これについては、熱い議論が戦わされている最中である。ビンサーとその研究仲間は、もっとも原始的な軟体動物は貝殻亜門（いわゆる貝殻と言われるひと続きの殻を持つ）で、有棘類（ひと続きの殻をつくらない）はあとの時代に出現したと考えている。その一方でココットとスミスが発表した論文を読むと、真相はますますわからなくなる。最初に出現したのは有棘類かもしれないし、貝殻亜門かもしれない。とにかく、まだわからないということだ。

ここで現在に目を戻して軟体動物を見てみよう。すべての種類に共通する唯一の特徴というものはないのだが、似ている体の特徴はたくさんある。このような特徴をすべて兼ね備えている種がある一方で、いくつかの特徴が見られるだけのものもある。その特徴としては、歯舌、筋肉質の足、骨片があげられる。鳥の羽のような形をした櫛鰓《くしえら》と、外套膜《がいとうまく》と呼ばれる軟組織の層がつくる硬い貝殻を加えれば、現生の軟体動物に見られる基本的な構造がそろう。

これらの軟体動物の体の各部は、種類によって見た目が大きく変化することがわかっている。おもちゃで考えてみよう。『スター・ウォーズ』のミレニアム・ファルコン号を組み立てることができる特殊な部品がそろったレゴ・ブロックのセットではなく、何でも好きな形をつくることのできる粘土を考えればよい。軟体動物の体の各部は粘土と同じで、長い間の自然選択で構造が変化し、形が変化し、利用目的も変化し、軟体動物は姿も生き方も大きく変化させることになった。

このような課題に軟体動物は五億年のあいだ取り組んできたことになる。食物を採るにはどうしたらよいか、ほかの動物に食べられないためにはどうしたらよいか、移動するにはどうしたらよいか、交尾をして増殖するにはどうしたらよいか。さまざまな実験をして方策を探してきた。その結果、新しい生息場所へ進出すればよいことに気づいた。広い広い環境を自分の仲間で満たし、最終的には無数の種類に進化すればよいのだ。軟体動物は変身の天才で、この才能があったからこそ圧倒的な成功を収めてきた。変身させてきた体の各部を詳しく見ていくことで、成功の秘訣も見えてくるだろう。

## 防弾チョッキに穴をあける歯——削り取り、噛み砕き、つき刺し、銛《もり》を打つ

軟体動物の口をのぞいてみて（顕微鏡を使うと見える）、これから始まる恐怖の殺戮《さつりく》にそなえよう。そこに生えている歯は小さいが、地球上でもっとも複雑な構造をしている。

歯舌は剛毛に覆われた舌で、キチンと呼ばれるタンパク質からできている。ベルトコンベアのような土台の上に小さな歯が列をなして並び、そのベルトコンベアは動物が生きているうちは前向きに動き続ける。後方でできた新しい歯は常に前方へ運ばれ、最前列の古い擦り減った歯は口の外へと抜け落ちる。歯舌に並ぶ歯の数は動物種によって違い、ほんのいくつかしかない種もあれば、数百、数千という歯が並ぶものまで幅がある。

そして動物種によって歯の並び方に特徴がある。とくに腹足類は歯をうまく発達させた。歯は並び方によって、「リビドグロッサン」「ヒストリコグロッサン」「トクソグロッサン」のように、イギリスの人気SFテレビドラマの『ドクター・フー』に登場する異星人のような名前がつけられている。巻貝が出会ったときに互いの歯の名前を紹介し合って苦笑いする光景を想像するのも楽しいが、当然ながら貝はそんなことはしない。

歯舌にある歯の形や並び方によって、その動物が食べられる餌が厳密に決まる。固着力が弱い珪藻類をかき集めるように食べたり、うどんをすするように糸状の藻類を食べたり、岩の表面の緑色のヌルヌルをかき取って食べたりと、さまざまな単純な構造の餌を食べるのに適した歯舌もある（口絵⑲）。

カサガイは、岩の表面の微生物や成長し始めたばかりの海藻を削り取って食べている。ちょうど猫が凍った牛乳をなめるような感じになる。歯は、これまで生物で知られているもっとも硬い物質でできているので、岩の表面をひとなめした程度では脱落しない。二〇一五年に行なわれた研究によれば、カサガイの歯は針鉄鋼《しんてっこう》と呼ばれる鉄を含む鉱物からできていて、最強の合成素材にも匹敵するという。気が向きさえすれば、カサガイは防弾チョッキにだって穴があけられることになる。干潮のときならば岩にジグザグの食痕を見ることができ、カサガイが餌を採る音を聞くこともできる。聴診器を岩の上にいるカサガイのそばにそっと置いておくと、紙ヤスリをかけるような餌を集める音が時々聞こえてくる（口絵⑱）。

植物性の餌を採るほかの軟体動物も特殊な歯舌を進化させた。嚢舌《のうぜつ》類のウミウシは、歯を使って植物や藻類の細胞壁に穴をあけ、細胞液を吸い出す。食べ物の選り好みがきわめて激しく、一種類の餌しか食べない種類も多い。そして、洗練されたグルメのように、餌に合った食事道具をそれぞれ用意している。なめし皮のようなコンブや、肉厚の海藻など、水中に生えている特定の餌に穴をあけるように歯を適応させてきたので、鋸《のこぎり》のような三角形の歯もあれば、鋭い刃のような歯や、木靴のような形をした歯を持ったものもいる。決まった餌を食べることによって生息空間を狭い範囲に限定したため、同じ場所にいろいろな植物や藻類が生育していれば、種類の異なるウミウシが多数共存する（口絵①）。

ほかの動物を捕食するように進化してきた軟体動物には、いかにも恐ろしげな、噛み合わせの悪い歯並びの歯舌がある。折りたたみ式ナイフのような歯を持っている種類が多く、動物を襲うときには歯を立て、使わないときには折りたたんでいる。数年前に、気持ちの悪い白いナメクジがイギリスのウェールズ地方のカーディフの花壇で見つかった。まったくの新種で、その歯を見て専門家は息をのんだ。イギリスで初めての肉食性ナメクジだったのだ。ナメクジの多くは植物食で、園芸家に嫌われる。新種のナメクジは長さがたった二センチなので、剣歯虎《けんしこ》（サーベルタイガー）のような迫力はないが、自分がミミズだったらさぞ怖い思いをしたことだろう。

肉食性の軟体動物は、ほかにも狩りのための巧妙な道具を進化させた。イモガイ、タケノコガイ、クダマキガイなどは、獲物に向かって歯を「打ち放つ」。高度に発達した毒牙は中空の銛のような形をしていて、何も警戒していないゴカイや魚などの獲物を瞬時に麻痺させる毒の混合物がつまっている。これらの貝毒は毒性が非常に強く、人間の大人でも死にいたらしめることがある（このすごい能力については後述する）。歯舌をまた別の形につくり変えた軟体動物も多い。口の構造を変えてドリルにしたものは、獲物の貝殻にきれいな丸い穴をあけて消化液を注入し、溶けた中身をすすり食う。これらは「穿《せん》孔《こう》性」の軟体動物と呼ばれるが、英語の「穿孔性（boring）」という言葉には「退屈な」という意味もあるので、あまり適切な命名とは言えない。

すべての軟体動物に歯舌があるわけではない。二枚貝類は歯舌を失ったかわりに羽のような鰓を使って餌を採る。カキやイガイなどを含むほとんどの二枚貝は、ゆっくりとした動きで生活するようになった。獲物を素早く追いかけたり、餌の海藻を求めて這いまわったりはせずに、海底で動かずに（程度の差はあるが）餌の方から近寄ってくるのを待つ。繊毛という微細な毛に覆われた鰓をリズミカルに拍動させて水流を起こすと、酸素が豊富に含まれた水が殻の中に取りこまれて呼吸ができると同時に、水中に浮遊している粒子も殻の中に入ってきて鰓の粘液層にくっつく。鰓に栄養源となる餌（プランクトンが多い）がつくと、繊毛がそれを口へと運んでいく。まわりの水から餌を濾《こ》し取りやすいように鰓の表面積を広げることにした二枚貝が多く、特大の鰓を貝殻の中にW型に折りたたんで収納している。

同じ体の器官を状況に応じてさまざまに異なった目的で使うようになったことも、軟体動物が大きな成功を収めてきた要因にあげられる。鰓は呼吸と同時に餌を採る働きをし、心臓は体全体に血液を送り出すと同時に腎臓のように不要物を濾し取る。一本しかない足にも、さまざまな使い道がある。

## サーフィンを覚えた巻貝——足

コスタリカの太平洋岸の広い砂浜には、サーフィンを覚えた巻貝が生息する。水中で足をサーフボードのように使うマクラガイの仲間で、寄せては引く波に乗って砂浜を駆けまわる。移動という面から見ると、這いまわるよりもエネルギーの節約になる。そして浜の高い位置に打ち上げられると、サーフボードにしていた筋肉質の足を別の用途に使う。餌をとらえる袋に変身させるのだ。

唐草模様の大きな風呂敷包みをかついだ空き巣ねらいがするように、目あての餌を足で包みこんで砂に潜ってしまう。餌の選り好みはせず、出くわしたものなら何でも袋にした足に取りこもうとする。同じマクラガイがたくさんまわりにいるので、仲間の貝を袋に取りこむことも多いのだが、餌にならないものでも取りこんでしまうことがある。インディアナ大学－パデュー大学フォートウェイン校のウインフリード・ピータースはマクラガイの研究の中で、貝が餌とみなしそうなものをいろいろ与えて、親指の爪くらいの大きさの巻貝が鉛筆を包みこもうと悪戦苦闘する様子を映像に撮っている。

カサガイやヒザラガイなどの軟体動物は、岩に貼りついていてその場から動かずにいるために足を使う（カサガイに忍び寄って殻をやさしくつつくと、すぐさま殻と岩のすき間を閉じてしまう。こうなると岩からはがすのは難しい）。しかし軟体動物の足は一般的にはA地点からB地点に移動するための器官であり、ねばねばの粘液を多量に出すことも多い。一本足で、粘液の中をいったいどのように進むのだろうか。

ごく小さな巻貝は毛が生えた足で這いまわる。汽水域に生息する微小なタニシのようなハイドロビア属（*Hydrobia*）の足は、二枚貝の鰓と同じように繊毛に覆われていて、一本一本の繊毛をボートのオールのように動かして泥の中を移動する。もっと大きな巻貝やナメクジは、この方法では移動するための力が足りないので、足の筋肉を波が伝わるように収縮させて移動する。波状に筋肉を収縮させる方法ならば、一秒間に一ミリから一センチくらいの速さで移動するのにちょうど足りるくらいの力が生まれるが、この移動は一方向に限られるので、ナメクジや巻貝のほとんどは後ずさりできない。

軟体動物が這ったあとに残す銀色の筋は、ありきたりの性質の粘液ではない。巻貝やナメクジが体を押しつける度合いによって粘液の性質が変化することが、三〇年ほど前に明らかになった。粘液の塊は確かにネバネバしているが、圧力を加えると（筋肉収縮の波が通り過ぎるときのように）サラサラとした液体に変化するので、足が接している面の摩擦抵抗が少なくなって体を前へ進めることができる。粘液の上ならば、軟体動物はうまく移動したり、壁や木や岩を登ったり、さかさまにぶら下がったりできる。

だが、この粘液を利用するための代償は払わなければならない。タンパク質に富んだこの粘液をつくるのに、動物種によっては生きていく全エネルギーの六〇パーセントを費やす。粘液を出しながら移動するタマキビなどの巻貝の多くは、自分のまわりのにおいをかいで別の個体がつけた筋を探し、それをたどることでエネルギーを節約しようとする。

ハマグリやホタテガイのような二枚貝は、足の上に殻を乗せて動きまわることはせずに、殻を引きずるためや、水中へ飛び上がったり跳ねたりするため、あるいは砂を掘るために足を使う。サルボウガイなどは必要に迫られると殻から勢いよく足を出して、敵から逃れるために跳びはねる。ホタテガイは、殻をパクパクと開閉しながら水を噴出することで水中へ泳ぎ出すこともあるが、足は砂に穴を掘って殻を埋めるときに使う。軟体動物は、砂に潜ったり水中へ泳ぎ出したりすることで、新しい生息域を大きく広げることになった。

頭足類はとても足を発達させた。中空につくり変えた足の一部で水を噴出して、海の中をジェット噴射で移動できる。頭足類の祖先は進化の過程で体の大改造を行ない、何本もの足を腕と触腕につくり変えたことで、軟体動物の中でももっとも手先が器用な動物群になった（腕と触腕の数からタコとイカを区別できる。腕が八本だけで吸盤が並んでいればタコ、八本の腕のほかに先だけに吸盤がついた触腕が二本あればイカである）。

軟体動物の足についておもしろい適応の筆頭にあげられるのは、海洋を浮遊する巻貝だろう。「海の蝶」と「海の天使」は足を二つに分岐させて小さな羽にし、海底に別れを告げて広大な青い海へ泳ぎ出した。

軟体動物のさまざまな体の部位のうち貝殻を検討し残した。あとで詳しく見ていくが、炭酸カルシウムでできた素敵な殻にはさまざまな使い道がある。

## 千に一つの殻の使い方――外套膜《がいとうまく》

自然選択によって形がつくられ模様が彫られた軟体動物の貝殻は、すばらしく便利な道具であることがわかっている。柔らかい外套膜がつくり上げた硬い殻は、移動するために使われることもあれば、餌を食べるため、隠れるため、戦うため、あるいはそのほか思ってもみなかったような使われ方をする。

まずは外套膜から見ていこう。これは波打つ襞《ひだ》がある外套のような組織で、貝殻をつくること（これについては、あとで説明する）以外にもさまざまな役割を果たす。軟体動物の外套膜は美しいものが多い。タカラガイは殻から外套膜を出して、ひらひらと殻の表面を覆う（タカラガイの表面がなめらかで光沢があるのは外套膜のおかげである）。また、周囲の環境とそっくりに変装するための衣装にもなる。ウミウサギガイには一面にこぶのある鮮やかな赤い外套膜で殻を包むものがいて、生息する軟質サンゴと見分けがつかなくなる（参考：口絵⑥）。

殻を持たないウミウシは体内にさまざまな毒素を蓄えていて、外套膜のめだつ色で、まるで「食べ物ではないよ！　近寄らないで！」と叫んでいるかのようだ。捕食者はその色を見るだけで食べ物ではないことに気づく。頭足類には、とても発達した外套膜があり、イカやタコは一瞬のうちに体色を変えることができる。仲間と交信するために変えることもあれば、透明人間のマント（外套）のように、まわりの環境に瞬時に溶けこむために変える場合もある（口絵②）。

二枚貝の多くは外套膜の一部を筒状に変化させた。これは水管と呼ばれ、シュノーケルのように使う。砂や泥に潜り、この水管を海底の表面まで伸ばして呼吸をしたり餌を採ったりする。カナダと米国北西部の太平洋岸には、グイダックと呼ばれるナミガイの仲間の固有種が生息し、その巨大な水管は一メートルにもなる。この水管があるので柔らかい泥に深く潜ることができるのだが、水管があまりにも巨大になりすぎて貝殻に収まらなくなり、ゾウの鼻（むしろゾウの巨大なペニス）のような姿で生活する。中国ではナミガイの水管はおいしい食材になる。

外套膜からつき出す別の筒状の器官としては、先端に感覚細胞がついた伸び縮みのする吻《ふん》がある。肉食性のものや死肉をあさる種類は、餌を食べるときににおいを嗅《か》ぐのに使う（イモガイはそこから歯を吹き出す）。

ナガコロモガイは体の数倍という異様に長い吻を持っていて、何を餌にしているのかと長いあいだ生物学者を悩ませてきた。これだけ吻が長いということは、あまり近寄りたくないものを餌にしているに違いない。スクリップス海洋研究所の専門家がサンディエゴの海岸沖に潜ったときに偶然その答えを目にした。ナガコロモガイがシビレエイに這い寄るのを目撃したのだ。

シビレエイは平らな体をしているサメの仲間で、電気ショック（電流の強さは車のバッテリーに匹敵する）によって獲物をとらえたり捕食者に対抗したりする。しかしナガコロモガイは電気ショックなど何も感じないかのようにエイに近寄ってゆき、吻の先端にあるとがった歯舌でエイの腹部に切りこみを入れて血を吸った。この貝は軟体動物の世界の吸血鬼（蚊と言った方がよいかもしれない）であることがわかった。

外套膜を移動の手段にしている軟体動物もいる。グリムポテウティス属（*Grimpoteuthis*）のかわいいヒゲダコは、ダンボ・オクトパスとも呼ばれ（ディズニーの空飛ぶゾウのダンボのような耳を持つタコの意。グリムといいダンボといい、学名も呼び名もぴったりの動物はあまりいない）、大きな耳のように広がった外套膜をはばたかせて深海をゆっくりと泳ぎまわる。コウイカなどは外套膜が細長い鰭《ひれ》のようにに体を縁取り、水中で静止したりゆっくりと泳いだりするときには、フリルのついたスカートが穏やかな波になびくように見える。

外套膜が分泌する硬い炭酸カルシウムの貝殻の第一の役割は防御で、持ち運びができる安全な隠れ家として使う。貝殻を防御のためにいちばんうまく活用しているのは二枚貝で、カキの殻をあけようとしたことがある人ならわかるだろうが、二枚の殻を堅く閉じてしまうと、こじあけるのは容易ではない。

これに比べると腹足類の殻には頭を出すための殻口《かくこう》という弱点がある。カサガイは殻を岩にしっかりと貼りつかせることで、この弱点を克服した（カサガイは殻を防御の道具にも使う。ヒトデに出くわすと、殻を高く持ち上げて「キノコ形」になったあと勢いよく殻を岩に貼りつかせ、侵入してきたヒトデの足を岩と殻のあいだにはさんでヒトデを痛い目に遭わせる）。巻貝のほとんどは頭を殻の中にひっこめることができ、入り口をふさぐための蓋を進化させたものも多い。侵入者を阻止できるだけでなく、陸棲の巻貝ならば乾燥に耐えられる。

軟体動物が水から上がって陸上生活に適応する際にも、外套膜と防水性の貝殻は重要な役割を果たした。貝殻の中の空洞は乾燥期をのりきるための貯水槽としての役割をにない、外套膜の一部は空気中から酸素を取りこむ簡単な肺として機能する。そのほかにも、さまざまな生活が安全な殻の中で営まれる。卵を産みっぱなしにするのではなく、小さな貝が自分で生活できるようになるまで貝殻の中で面倒をみるものもいる。

殻を住処《すみか》として利用するだけでなく、武器として使う軟体動物も多い。とくにおもしろいのは、相手の殻の中に押し入るために殻を使うという独創的な戦略を進化させたものだろう。海洋棲の大きなツブ貝の中には、サルボウガイのような二枚貝が閉じようとしている殻のすき間に自分の巻貝の殻の端を差しこんで、二枚貝が閉じてしまうのを阻止しておいてから、ゆっくりと中身をすすり食べるものがいる。イトマキボラは、ほかの軟体動物を襲うときに自分の硬い殻を破城槌《はじょうつい》のように使って獲物の殻を打ち砕く。また、カキの殻をこじあけるのを専門にする腹足類は、自分の殻の表面からつき出ている大きな突起を使って二枚貝をこじあける。

軟体動物は貝殻を使ったさまざまな移動手段も発明してきた。オウムガイは殻を浮きとして使う。殻内の小部屋は気体で満たされていて、これで浮力を得られるのでエネルギーを使わなくても海水に浮いていられる（口絵⑳）。コウイカも同じような仕組みで浮くが、殻が体を覆うのではなく、体が殻を覆っている。砂浜に打ち上がるコウイカの甲羅《こうら》（飼われている鳥やカタツムリの餌にする）は、ほんとうは甲羅でも骨でもなく、じつは貝殻が変化したものなのだ。中はスカスカで軽く、気体を取りこむための小部屋がある。

穴を掘る軟体動物には貝殻を使うものも多く、たちが悪いものにフナクイムシがいる。見た目はミミズのようだが、先端には見間違うことのない貝殻が二枚あり、二枚貝の仲間であることがわかる。貝殻を使って木材に穴を掘るので、木が穴だらけになる。フナクイムシの大群によって船隊がまとめて沈没したこともあれば、桟橋や波止場が崩れ落ちたこともあった。

貝殻を温室として利用するものもいる。ハートガイは小さなピンク色のハート形の貝で、サンゴ礁の近くの砂地の海底に横たわって生活している。ほかの二枚貝と同じように海水を濾して餌を採っているが、体内で食物を育ててもいる。体の組織の中で培養している褐虫藻と呼ばれる微生物が日光を浴びて光合成を行ない、糖類を生成しているのだ。ハートガイはこの微生物からタダで栄養分を分けてもらうかわりに、貝殻に小さな透明な窓をあけて、日あたりのよい安全な住処を微生物に提供している。

貝殻の多様性を示す好例は、オーストラリアやニュージーランドに生息するゴマフニナ科の巻貝だろう。英語では「みんなでウィンク」という意味の名前がつけられている。この貝が棲む岩場には、昼間は何の変哲もない小さな黄色の貝がいるだけだ。しかし日が暮れるのを待って貝をやさしくつつくと青緑色に発光する。光るのは体の二点だけなのだが、貝殻が光をうまく散乱させるので、貝全体が光っているように見える。

わざわざ貝殻を光らせるのはなぜなのだろうか。光を発することで敵を驚かすと考えられている。襲うのをやめて逃げていく敵もいれば、明かりが灯《とも》ることで別の捕食者に気づかれて敵自身が餌食になる場合もあるだろう。貝殻の発光が泥棒よけの警報のように使われていることになる。

軟体動物が貝殻で代用するものとしては、シャベル、電球、栽培筏《いかだ》、破城槌、ドリルなど多岐にわたり、さまざまな海域で多様な生活をするのに役立っている。殻の形や大きさはたいへん変化に富むが、海水に溶けている成分から螺旋形の陶磁器のような固形物をつくるという基本的な製作方法は共通している。

chapter

# 2 貝殻を読み解く

――形・模様・巻き

## イポーの丘で見つかった巻貝

マレーシア半島の西海岸からキンタ川を船でいちばん上流までさかのぼった地点の川岸には、以前は鉱山で栄えたイポーの町がある。にぎやかな中国系の店舗の裏には植民地時代の白い庁舎や鉄道の駅があり、周辺には、森に覆われた石灰岩の丘が七〇ほどある。この緑の高台に建つ仏教寺院の階段を登っていっても、その高台の地下にある洞窟に下りていっても、生き物の宝庫に足を踏み入れることになる。そしてこの宝庫には、世界でもっとも小さい部類の奇妙な貝がいる。

イポーのようなカルスト地形の石灰岩層は、ベトナム北部からカンボジアやタイを経て、フィリピンやインドネシアにいたる東南アジアの各地に広がる。もともとは海だった場所が少しずつ隆起して島になり、やがて熱帯雨林から頭を出す山になった。この石灰岩は、サンゴや貝殻といった太古の海の生き物の遺骸から長い年月をかけて形成されたものだ。生物の炭酸カルシウムの骨格が固まった地層が海から陸へと持ち上げられたのちに、風や雨によって削られ、巨大な洞窟ができ、川が地下を流れるようになった。

ここの石灰岩の洞窟にはめずらしい野生動物がそれはたくさん生息している。英語で「マルハナバチコウモリ」と呼ばれる世界最小の哺乳類のキティブタバナコウモリがヒラヒラと飛びまわり、目のない魚が地底湖から岩の上に這《は》い上がり、コウモリの糞の山には甲虫やヤスデが群がり、そしてゴツゴツした山の森には黒と白に塗り分けられた希少なデラクール・ラングール（ベトナムでは「白いズボンをはいたラングール」と呼ばれる）などのヤセザルの群れが徘徊する。石灰質の土壌は軟体動物にとっても安息の地であり、貝殻をつくるのにいちばん大切な材料には不自由しない。

こうした石灰岩の丘には、一つの丘に四〇～六〇種の微小巻貝が生息している。長さが一ミリほどのものばかりで、いずれも殻に細かい模様が刻まれている。数十種類いるうち二、三種はその丘に固有の種で、巻貝のほかにもヤモリ、コオロギ、クモ、ラン、ベゴニアなど、地球上のほかの場所にはない固有種が数多く見られる。孤立した石灰岩の生息地が海洋の孤島のように点在する地形になったおかげで、ここでは新種や固有種を生み出す進化が加速している。

そして生物学者のルーベン・クレメンツは、巻貝を求めてイポーの丘を訪れたときに、見たこともない貝殻を見つけた。水を張ったバケツにシャベルで掘り取った土を入れて貝殻が浮いてくるのを待てば、いくらでも採集できた（見つかるのは死んだばかりの貝殻だけで、生きた貝が見つからないという時期が長く続いた）。この小さな貝を顕微鏡で見ると、掃除機の波形のホースを床に放り出してもつれさせたような不可解な形をしていて、先端がトランペット状に広がっていた。あらぬ方向へねじれ、成長する方向が定まっていないかのようだった。

数年後にクレメンツの仕事仲間だったソーセン・リューが小さな巻貝の生きた標本を見つけ、その奇妙な巻きを説明しようと博士号取得のための研究を行なった。この殻の形は捕食者のナメクジから逃れるための工夫だとリューは考えている。柔軟性のある殻の空っぽの部分を襲撃者が探っているあいだ、貝の主はもう片方の殻の端に引っこんで縮こまっている。ナメクジの吻《ふん》は、ねじれた避難所の奥までは届かないというわけだ。

この石灰岩質の一帯は、これまで人が見向きもしない土地だったが、クレメンツは、石灰岩に関心がある仲間と一緒に保全活動を始めた。石灰岩質は農業やほかの開発には向かないことから、長いあいだ見捨てられていた土地だったのに、地下に埋まっている石灰岩にセメント製造業者が目をつけ、掘り出すために土壌を根こそぎはがし始めたからだった。今までほとんど誰も知らなかった生き物の方舟《はこぶね》が危機に瀕している。生息している丘がなくなり、まだ発見されてもいない生物が毎年のように何百種と絶滅しているのだ。

## 螺旋《らせん》の科学

マレーシアでクレメンツやリューが発見したおもしろい貝に比べると、ほとんどの貝殻の形はそれほど珍奇ではなく、たいていはどのように成長するかおおよその見当がつく。貝殻のおしゃれな形や模様がなぜ、どのようにできるのかということは、これまで何世紀にもわたって多くの学者の頭を悩ませてきた。どうすればあのように素晴らしい形をつくれるのかを知るための手がかりを探しまわり、貝殻の形が何の役に立つのか、決して出現しない形はどのようなものなのかについて出される説を検証してきた。自然が太古から行なっていることをまねて貝殻をつくり上げる方法がわかれば、軟体動物の精巧な住処《すみか》のつくり方がわかるだけでなく、貝殻がなぜ美しいのかを少しでも解き明かすことができるかもしれないと考えた。そして歴代の数学者、芸術家、生物学者、古生物学者がたどりついたのは、思ってもみないほどすっきりした答えだった。飾り立てられた複雑な貝殻をつくるために必要なのは、ほんのいくつかの決まりごとだけだったのだ。

さまざまな貝殻の形の中でも簡素で美しいものの一つがオウムガイの螺旋だろう。死んで貝殻だけになったものを真っ二つに切ると、海洋を漂うこの貝の内部構造を見ることができる。殻の外縁をなぞると、中心に向かって独特の螺旋を巻いていることがわかる。この優雅な巻きは、最初に数式で説明された自然界の形の一つだった。

一七世紀のフランスの哲学者ルネ・デカルトは、対数螺旋と呼ばれる螺旋を描くための簡単な数式を考案した。アルキメデスの螺旋はヘビがとぐろを巻くように同じ幅で渦を巻くが、対数螺旋では一回渦を巻くたびに螺旋の幅が広がり、ちょうどオウムガイの殻のように、外側ほど螺旋の開きが大きくなる。

貝の渦巻きの多くは対数螺旋の一種であることを一八三八年に最初に指摘したのは、聖職者でもあり数学者でもあったヘンリー・モーズリーだった。二つに切ったオウムガイの写真を撮って適当な対数螺旋を重ねると、ぴったりと合うはずだ。

このような対数螺旋は自然界のいたるところに見られる。ヒマワリの種の並び方、渦を巻く銀河系、熱帯のサイクロンの目を取り巻く雨雲や雷雲、ろうそくの光に引き寄せられた哀れな蛾が描く飛翔の軌跡。これらの螺旋形は厳密には同じとは言えないが、一定の割合で巻きが大きくなる点

オウムガイの殻を半分に切ると、対数螺旋になっている

が共通している。言いかえると、起点を中心に一回転するたびに螺旋と螺旋のあいだの幅が同じ割合で広がるが、螺旋がどれだけ大きくなろうと全体の形は変わらない。貝殻をつくるときには、これがもっとも重要な点になる。

軟体動物の貝殻のつくり方は、古代から行なわれてきた陶芸の「紐《ひも》づくり」の技法に似ている。手で紐状に伸ばした粘土を巻く簡単な器は、これまで数千年のあいだ世界各地でつくられてきた。軟体動物も同じように巻くのだが、巻く紐は中空で、その紐の片方の端の殻口《かくこう》だけに、外套膜《がいとうまく》（軟体動物の体を覆う筋肉質の膜）が殻を継ぎ足していく。

まず骨格となるタンパク質を分泌し、次にアラゴナイトかカルサイトという二種類の炭酸カルシウムのどちらか（両方使うこともある）で補強する。このときカルサイトを使う方が強固な殻になる。殻の構築のための素材として、食物あるいは海水から炭酸イオンを取りこみ、つくりつつある殻の縁と外套膜のすき間にこれを注入する。そして最後に、貝の柔らかい体を守るために殻の内面に真珠層を塗る。このように複数の物質からできている殻が成長するにつれて殻口が広がり、何度も巻くうちに円錐形になる。この殻を縦に切ってみると対数螺旋で巻いているのがわかる。

ここで軟体動物は数学者ではないということを断っておきたい。貝は自分が数学的に美しい殻をつくっているとは思っておらず、成長した結果として形ができあがるにすぎない。練り歯磨きでも同じことができる。広がるように成長する螺旋をミントの香りもさわやかな素材でつくるには、絞り出す口をだんだん大きくすればよい。練り歯磨きを平らな表面に絞り出すと、巻貝のような渦巻きができる（軟体動物の渦巻きは中空だが、練り歯磨きは中がつまっている）。チューブを絞る強さと、中心から遠ざかるようにチューブを動かす速さによって、さまざまな「練り歯磨き貝」をつくることができる。きっちりと巻いたものもできれば、ゆるく巻きながら大きく広がるものもできる。しかし、平らな表面に絞り出すと、できあがりの形は限定される。すでにお気づきのように、貝は、ふつうは平らには巻かない。ほとんどのものは三次元方向に伸びていく。

## 貝殻をつくる四つの原則

ダーシー・ウェントワース・トムソン卿が有名な著書『生物のかたち』で「平面ではなく、立体の幾何学が問題なのだ」と書いている通り、貝殻の三次元的な形という考え方が注目されるようになった。第一次世界大戦のさなかにイギリス・スコットランドのセント・アンドルーズ大学の教授だったトムソン卿は、動物の角《つの》、ミツバチの巣、くちばしや爪に始まり、イルカの歯や水しぶきにいたる自然界の形を数学でどのように説明できるかという自説を、一〇〇〇ページ以上もある本に書き著した。貝の形に思いをめぐらせたクリストファー・レン卿など、先人の理論の多くを総括している。

対数螺旋という考え方があまりにも単純なので認めようとしない貝類学者もいたが、トムソンはその重要性を強調し、本とは別に多数の貝の実例をあげて、それらが先広がりの螺旋であることを示した。さらに、三次元の貝を正確に描写する方法も見つけようとした。稚貝は、大きく成長した貝を小さくしたのと同じ形をしていることから、巻貝の殻は厳密な数学的法則にしたがっているはずだというのがトムソンの考え方の根幹にあった。

軟体動物は一生のあいだに貝殻を一つしかつくらず、体が大きくなっても殻を脱いで捨てるということはしない。ほかの動物で硬い外骨格を有するものは少し違っている。カニ、ロブスターなどの甲殻類は、時々殻を割って脱ぎ捨て、一まわり大きな新しい殻を身にまとう。新しい殻の形が古いものと大きく異なることもある。カメは肋骨《ろっこつ》と骨盤を変形させた甲羅《こうら》を体の内部につくるのだが、軟体動物は殻を体の外側につくって、それにしがみついて生活する。赤ん坊のときから持っている鎧《よろい》（とがった殻の先端部あるいは渦巻きの中心部に稚貝のときの貝殻が残る）を大人になっても携えて這いまわる動物は地球上にそうたくさんはいないが、軟体動物はそうしためずらしい部類に属する。柔らかい体を収める中の空間を広げるために、貝殻を日に日にゆっくりと大きくしていく。

トムソンは、三次元の空間にある中心軸のまわりを二次元の螺旋が回転しながら成長する様子を描いてみせた。渦を巻いている貝殻の先端から殻口へ向けて針を刺したところを頭に思い描いて、貝がコマのようにまわればその針が軸ということになる。練り歯磨きでつくった貝殻は平面だったので、中心と渦の終わりをつらぬく軸がなかった。しかしここで練り歯磨きがチューブから出たとたんに固まるとしたらどうだろう。回転する垂直な軸にそって練り歯磨きを落としていけば、三次元の空間で渦巻き貝をつくることができる。

この考え方をもとにトムソンは四つの原則にもとづいて模擬貝殻をつくる手順を考え出した（すぐに固まる練り歯磨きではなく紙と鉛筆を使って）。渦巻きになるチューブの断面はどこも同じ形をしているが、時間がたつと大きくなるというのが一つ目の原則（練り歯磨きで言うと、チューブから出た歯磨きの断面の形はどこでも同じということ。たぶん円になる）。殻が描く曲線は中心から一定の割合で広がるというのが二つ目の原則（対数螺旋のこと）。順次つくられる渦巻きが重なる割合は変わらないというのが三つ目の原則。そして、回転する渦と中心の軸の角度が変わらないというのが四つ目の原則になる。頭の中で思い浮かべるには、この四つ目の原則がいちばん難しい（思い浮かべられなくても気にしなくてよい）。

トムソンは、この四つの原則を満たしていればどのような渦巻き形の貝殻でもつくれると考えた。では、この条件だけを満たす貝殻はいったいどのような形をしているのだろうか？　この疑問は、四〇年後に別の学者が抱いたものだった。トムソンのモデルの原則に着想を得て、その通りに貝殻の模型をつくり、どこにもない世にも不思議な貝殻のコレクションをつくり上げた学者がいる。

## 貝殻の仮想博物館——考えられる限りの貝殻の形

大きな部屋の片隅に立っている自分を想像してみよう。目の前には白い壁が広がり、それが雲に届くかのごとく空高くそびえるのを眺めている。部屋の床から頭のはるか上まで、ちょっと目にはガラスの電球のようなものが何千個と縦横にきれいに並べてぶら下げられている。よく見ると、それらは電球ではなく、精巧につくられた貝殻の模型だということに気づく。

ガラスのように見えるが貝殻はけっこう丈夫にできていて、中へ分け入っても割れることはない。近づいてみるとわかるのだが、それぞれの貝殻は隣の貝殻とは微妙に形が違う。奥へ歩いていくと目の高さの貝殻はずんぐりと丸くなる。上にある貝殻ほどしだいに平らになって渦巻きがなくなり、ついには二枚貝のように平らになる。この博物館の貝殻をくまなく見て歩くと、見慣れた形も見慣れない形もあることに気づく。

この仮想博物館は、米国メリーランド州のジョンズ・ホプキンズ大学の古生物学者デイヴィッド・ラウプがつくった。ラウプはまず、トムソンの貝殻製作モデルの原則を一九六〇年代になって修正を加え、新たな四つの原則にした。

一つ目の原則では貝殻が広がる割合を決めた。回旋の拡大率のことで、「W」で表わされる。巻きがきつい貝殻は、巻きがゆるくて殻口が大きいものよりもWの値が小さい。ハマグリのような二枚貝は螺旋には見えないが、ほんとうはこれも螺旋を描いている。Wの値がきわめて大きいので、渦を巻く前に大きく広がってしまう。

次に「T」という値で貝殻の高さを決めた（Tは中心の軸の長さを示す値で「転換（Translation）」という用語の頭文字をとったものだが「高さ（Tall）」のTとした方がわかりやすい）。螺旋が立ち上がる巻貝では、巻きが軸を一回まわるたびに渦が大きく下方へ伸びる。伸びる度合いが大きいほど螺旋は縦長になりTの値が大きくなる。

ラウプはトムソンの原則を一つだけ変えなかった。貝殻が成長している部分の断面の形は実際の貝では変わるのだが、モデルが複雑になるので断面は円形とすることにした。この円は貝殻が成長するにつれて大きくなるが、形は円のまま変わらない。

ラウプが最後に施した修正は螺旋の軸からの距離「D」だった。Dの値を変えて螺旋のあいだに大きなすき間があけば、ミミズが巻いているような螺旋になるし、螺旋が密着すれば、丸まると太った螺旋の塊になる。螺旋が密着しすぎて互いにめりこむことすらある。

そしてラウプは、この新しい原則を使って貝殻の形を描かせるために、当時の古生物学者としてはとっぴなことをした。コンピュータを使ったのだ。科学の最先端をいくIBM7090という大型汎用コンピュータは、ミサイル、原子炉、音速飛行機などを設計するために使われていたが、それが手の届く最速のコンピュータだったので、短時間の使用権を購入して貝殻を設計するのに使った。

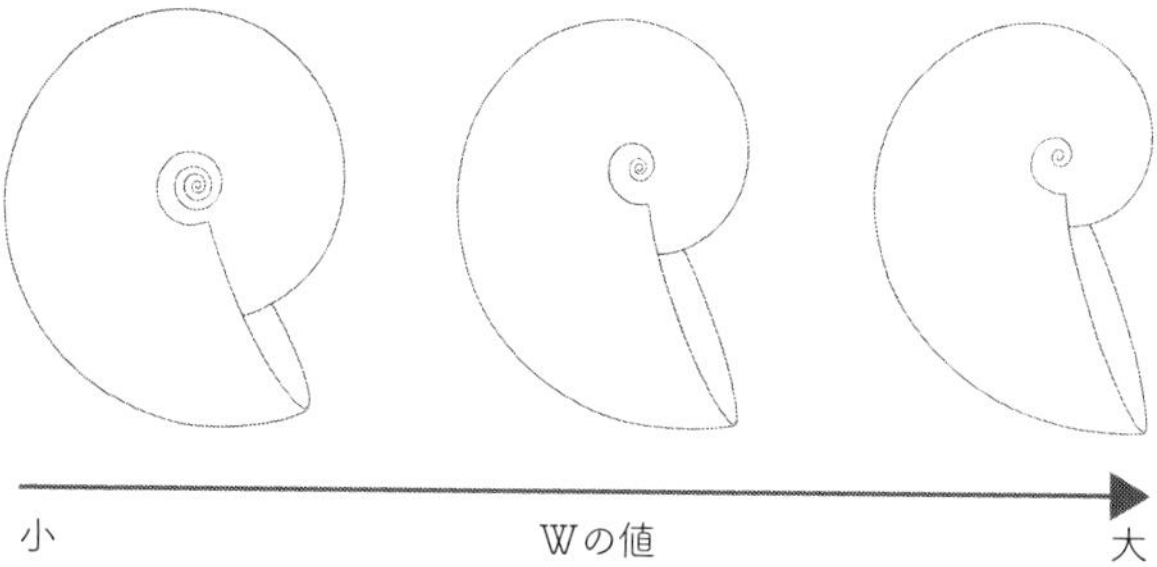


W：巻きが広がる率（大きくなるほど二枚貝に似る）

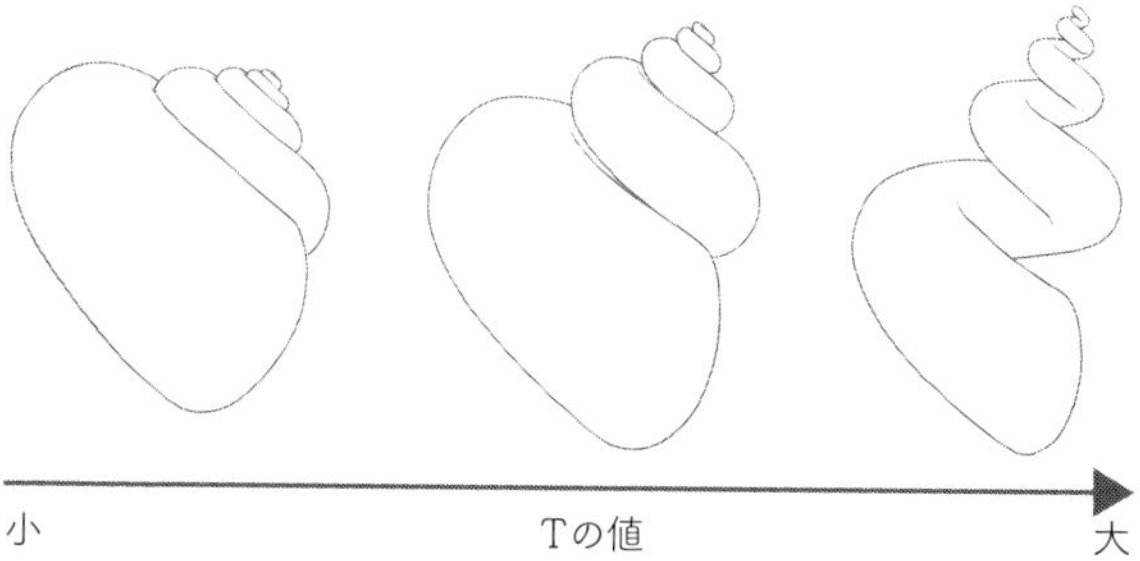


T：転換率（大きくなるほど殻が高くなる）

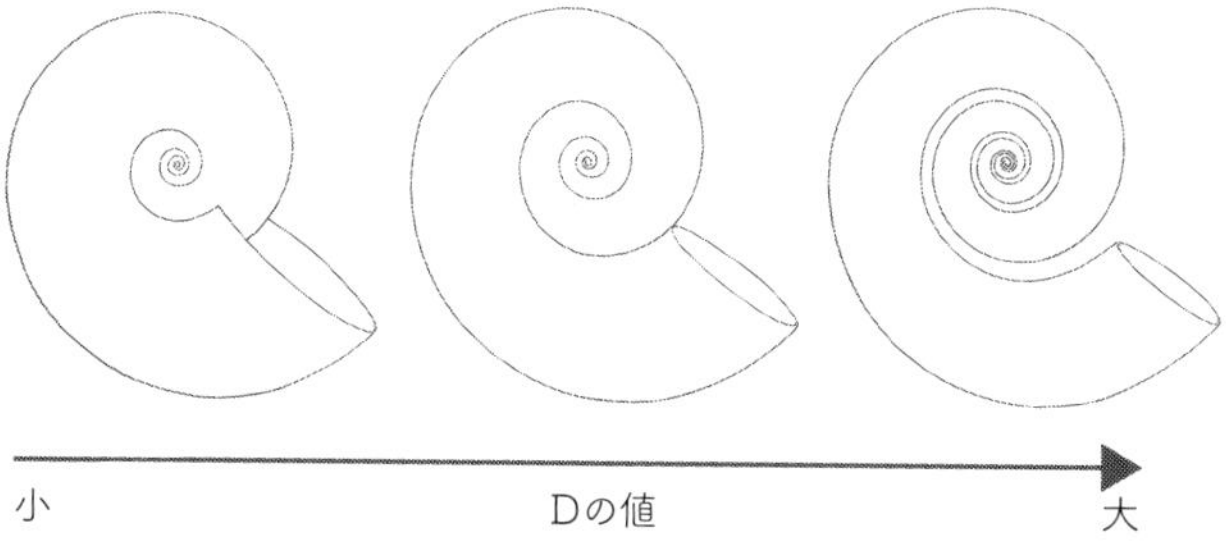


D：中心軸からの距離（大きくなるほど螺旋にすき間があく）

TとWとDの値の組み合わせを変えて入力し、その値によって描ける貝殻をCalcomp x-yプロッターという印刷機に出力するようプログラムを組んだ。すると、貝殻の横断面を示す点の集まりがいくつか出力されたので、それを画家に見せて立体的な貝殻の絵を描いてもらった。この絵は一九六二年のサイエンス誌に載ったラウプの論文で見ることができる。ところが点々で描かれた断面をたくさんの貝殻について表示させるのは時間がかかりすぎ、コンピュータ使用料が高額になる。このコンピュータでは思う存分仕事をすることができないことがわかった。

そこでラウプは、電子工学の技師だったアーノルド・マイケルソンと組んで、もっと使い勝手のよいPACE TR-10というアナログ・コンピュータをつくることにした（もっとも初期のデスクトップ・コンピュータで、巨大なものだった。大きな机が必要だったろう）。装置ができあがると貝殻モデルのTとWとDの値をさまざまに変えて入力してオシロスコープにつなぎ、値が変わるにつれて貝殻の形が少しずつ変わっていく様子が次々と画面に表示されるのを二人は見守った。

画面には、小さなレントゲン写真のような貝がみごとに何千と並んだ。PACE TR-10の出力結果には、オウムガイからハマグリやホタテガイのような扁平な貝殻まで、ありとあらゆる貝殻の形が表示された。あまりにも素晴らしい成果だったので、仮想の貝殻の一つが今度はサイエンス誌の表紙を飾ることになる。

ラウプとマイケルソンは、いくつかの簡単な原理だけで実在する貝殻の多様性が説明できることを明らかにした。そして二人が表示させた仮想コレクションの中には、貝殻として実在しない形もたくさんあった。貝殻として考えられる形をすべて表示させたあとラウプが次に取り組んだのは、その中で実在する形はどれなのかという疑問の答えを探すことだった。

ガラスの貝殻を収めた仮想博物館に戻ろう。これで貝殻の模型がどのような規則にそって並べてあるのかがわかっただろう。一枚の壁ぞいに並ぶ貝殻は、Dの値が〇から一に変化するにつれて、小さくこぢんまりと丸まった形から細いミミズのような形になる。別の方向へ進むと、Tの値が〇から四まで変化するにつれて貝殻は徐々に背が高くなる。床から天井まで並ぶ貝殻は、Wの値が一から一〇〇万まで大きくなるにつれて巻貝から二枚貝へと変化する。仮想のガラスの貝殻博物館には、ラウプとマイケルソンがPACE TR-10というコンピュータを使って導き出した仮想の貝殻をすべて並べてあったのだ。

博物館の様子が何か変化したようだ。主照明が暗くなり、ガラスの貝殻の中に明るく光を放つものがあちらこちらに見える（いびつな電球を想像するとよいかもしれない）。光っている貝殻は実在するものと、化石が見つかっているものだ。このようにして部屋の一部に明かりがつくと、仮想博物館の大部分は明かりがともらず暗いままだという興味深いことがわかる。

実在する貝殻を示すのに私はガラスの貝殻に光をともしたが、ラウプは同じようなことを紙の上で行なった。三つの軸（D軸、T軸、W軸）があるグラフを描き、軟体動物の貝殻が実在する位置に色を塗っていき、軟体動物とは類縁関係がうすいが二枚の殻を持つ腕足動物の殻の位置にも色を塗った。そして実在する貝殻の境界線を記入していくと、かなりの領域が境界線の外側になり、理論的につくり上げた仮想の貝殻は、ほんの一部しか進化の過程で出現していないことがすぐにわかった。

実在する貝殻がない領域には「欠陥」のある貝殻ばかりがあるということをラウプは理論づけようとした。殻が重すぎるのかもしれない。あまりにも脆《もろ》いのかもしれない。それとも、襲われたときにやられやすい欠陥が何かあるのだろうか。こうした実在しない貝殻がある空間には、ラウプが「二枚貝化の問題」と呼ぶ不具合を抱える形が集まっている部分もある。ハマグリ、イガイ、ホタテガイなどは、二枚の殻のゆるい螺旋がぶつかり合うと、決して口をあけられなくなる（このような貝殻を開くための唯一の方法は、貝殻の外側に新たに蝶番《ちょうつがい》を取りつけ、殻が成長するあいだ蝶番の位置を動かし続けることなのだが、実在する二枚貝はそんなことはしない）。

仮想博物館にはそれ以外にも実在する貝殻がない空間があり、そうした領域にある貝殻の形にはまだ自然選択が働いていないとラウプは考えた。理論的に可能な形が殻の持ち主にとって便利で利益をもたらすような状況になれば、すぐにでも進化してくるということだ。

しかしこの点についてはほかの学者の同意は得られていない。そこにあてはまる形の貝殻を生み出すために必要な遺伝子の突然変異がこれまで起きておらず、これからも起きることはないだろうという理由から、仮想博物館の実在しない貝殻の空間には、この先も実在する貝が現われることはないだろうと考えられている。自然選択が働く以前の問題で、仮想博物館の隅々まで満たすのに必要な形を生み出すほど遺伝子の変異が起きないということだ。どちらが正しいのか、まだ決着はついていない。

ラウプが発案したこの考え方を使って、さまざまな仮想の動物を収めた仮想博物館が数多く建設されている（このような技法を今は理論形態空間法と呼ぶ）。甲虫の仮想博物館、魚の仮想水族館、ウニや植物プランクトンの仮想水槽、そして植物の仮想標本室や、鳥や翼竜がいる仮想鳥小屋まである。どこの仮想博物館も、だだっ広い空間は貝殻博物館と同じように実在する動物と仮想の動物であふれ、自然界ではどのような形が可能なのか、広く分布するのはどのような形なのか、あり得ない形とはどのようなものなのか、これまで出現してこなかった形、あるいはこれからも出現しないのはどんな形なのか、といったことに生物学者が頭を悩ませる手伝いをしている。

ラウプは、自分のモデルが完璧ではないことや、現実の世界で目にすることすべてを説明できるモデルではないことを論文の中で繰り返し断っている。理由の一つは、軟体動物の一生を通じて貝殻が見せるはずのさまざまな側面を一定にして、必要以上に単純化しすぎたことにある。実在する貝殻の中には、成長するにつれてT、D、Wの値が変化するものがあり、そうしたものは年齢とともに仮想博物館の中で位置を変える。そして、クレメンツとリューが見出した奇妙な微小巻貝のように、どの原則にもしたがわない貝もいる。マレーシアの石灰岩の丘から見つかった小さな巻貝の一つは、螺旋の中心になる軸が一本ではなく四本もあり、これまで知られている貝でいちばん多い。

仮想博物館では話を簡単にするために、実在する貝に見られるほかの特徴は考慮されていない。たとえば貝が殻を飾り立てるのに使う角、こぶ、肋《ろく》、棘《とげ》といった殻の突起物は、ラウプの貝殻模型では考慮されてない。

## なぜ形が重要なのか

ヒーラット・(ゲイリー)・ヴェルメージは、おそらく誰よりも長く貝殻の形のことを考えながら人生を過ごしただろう。ヴェルメージはオランダで生まれ育ち、風が吹きすさぶ北海の砂浜で出会った貝を初めて「うす茶色のチョークのような二枚貝」と名づけた。一九五五年に家族で米国ニュージャージー州のドーバーへ移り住み、ここでヴェルメージはそれ以降の人生を決定づける体験をする。

小学校四年生のときの担任だったコールバーグ先生が、休暇中にフロリダの熱帯地域の海岸へ行って貝殻をたくさん拾い、それを教室の窓枠に並べて飾った。どれもヴェルメージがヨーロッパで出会った貝殻とはまったく違い、優雅な曲線が重なり、棘やこぶに覆われていた。タカラガイとマクラガイはつやつやで、誰かが磨いたに違いないと思った。また、同じクラスの友達がフィリピンの貝殻を自慢するために学校へ持ってきたときには、フロリダのものよりもさらに変わっていて心を奪われた。ヴェルメージ少年は、自分でも貝殻を集めて貝殻についてできるだけたくさんのことを知ろうと心に決めた。

一〇年余りのちにヴェルメージはイェール大学を卒業して博士号を取り、一九八〇年代にはカリフォルニア大学デービス校の古生態学の教授になった。そして、いたるところに生息する貝が悠久の時間の中でなぜ、どのように、これほどまでに多様な形を発達させることになったのかということを解明するのに一生情熱を傾けた。世界各地のほとんどの大陸を旅して海岸をめぐって貝殻を集め、貝について、あるいは進化についての科学論文を一〇〇編以上、本を四冊著した。しかしゲイリー・ヴェルメージは、三歳のときに失明していた。

ヴェルメージは貝殻を手の中で何度も転がしながら、研ぎ澄まされた指先の感覚を使って殻の入り組んだ形や、ふつうなら見落とすような特徴を調べた。著書の『貝の博物誌』の中で、手の感覚を使ってどのように産地が異なる貝殻の形の違いを調べるのかを述べている。形の地理学と言ってもよいだろう。

熱帯の海岸で見つけた貝がオランダの砂浜で見つけた貝と決定的に違う点も説明している。熱帯産はつくりが正確で、同じ種類の貝殻は寸分たがわぬほど形が似ている。目には見えない規則に厳密にしたがっているかのようで、捕食者が多くて競争が激しい環境に生息しているためだろう。多少なりとも出来の悪い貝は、多数の動物種が混み合って生活する環境では生きていけない。殻の強固さが足りないのかもしれないし、攻撃されたときに身を守れる度合いが低いのかもしれない。水温が低い海や深い海では状況がさほど緊迫しておらず危険も少ないので、軟体動物は殻の形にそれほど気を使わなくてもやっていける。つまり、熱帯から遠いと軟体動物はどちらかというと殻のつくりがいい加減になる。

ヴェルメージは著書の中で、新しい考え方が芽生えたもう一つの人生の転機についても触れている。一九七〇年の夏に友人のルシアス・G・エルドレッジと一緒に太平洋西部のグアム島に調査旅行に出かけた。ある日、強い風が吹く中を島の一角で潮が引き始めたときに貝を探していた。そこでエルドレッジ（ルーと呼んでいた）は、頂上部がきれいになくなっているキイロダカラの殻をヴェルメージに手わたしながら、自分の水槽でカニがタカラガイの殻を切り取るのを何度も見かけたと、何気なく話した。

そのときまでヴェルメージは熱帯の砂浜には割れた貝殻が多いということにとくに注意を払っていなかったが、このことをきっかけに捕食について考えるようになった。熱帯では、殻を割ったり、つぶしたり、こじあけたり、穴をあけたりする捕食者の数がとても多く、貝は苦労している。こうした攻撃をかわすために貝がどのように進化してきたかを考え始め、貝殻の形がなぜ大切なのかという疑問には答えがいくつもあることにすぐに気づいた。

軟体動物がほかの動物に食べられないための対策としてよく知られているのは、殻を大きく厚くすることなのだが、これだと殻をつくるための労力がかかり、重い殻を引きずって歩きまわらなければならなくなる。捕食者に殻を転がされたり飲みこまれたりするのを難しくする対策としてもっと簡便な方法は、棘やこぶで殻を覆うことだろう。ヴェルメージはそう思いあたり、コールバーグ先生のフロリダの貝殻や多くの熱帯産の貝の殻がおしゃれな飾りをまとっている理由がやっとわかった。

動物の密度が高い熱帯の海では、軟体動物は生き延びるために最善の努力をしていて、成長するにつれて殻の飾りを増やす。大きな棘が規則正しく並ぶこともあれば、ヤマアラシの針毛のように密にからまり合っていることもある。たとえばカキの仲間のスポンディルス属（*Spondylus*）は殻の表面を棘で覆う。そして一日に数ミリメートルずつ器用に新しい棘を伸ばしたり、折れた棘の修復を行なったりしている（口絵⑤）。

熱帯の貝殻によく見られる襞《ひだ》や波形の畝《うね》も、殻が壊されるのを防ぐための強靭かつ重すぎない鎧を効率よくつくる方法の一つだとヴェルメージは考えた。マレーシアの微小巻貝がトランペット状に広がっているように、殻口を厚くしたり大きく波打たせたりするのも、捕食者の侵入を防ぐ方策の一つである。殻の形は貝が身を隠すのにも役立つ。なめらかな曲線の貝殻であれば、捕食者に気づかれるような波紋を立てることなく水中を静かに移動することができ、流体力学を心得た形ならば、すばやく逃げることも可能である。ラウプの仮想博物館の実在する貝殻がない部分には、殻の形が流線形としては不十分なだけのものが集まっていると考えることもできる。

砂地や泥地に生息する貝は、海底の表面で生活するか（表在性）、砂や泥に潜って生活するか（埋在性）で殻の形も違ってくる。表在性の種は海底の表面に殻を横にして生活するように適応していて、雪の上を歩くためのカンジキのように平たい殻を持つ種類が多い。ヨーロッパ各地の湖に生息する巻貝のモノアラガイもそうした種類で、生涯を通じて殻の一部が翼のように広がり続け、細かい粒子の泥に沈んでしまうのを防いでいる。砂地に沈みこむのを防ぐためのもう一つの手段をヴェルメージは「氷山の習性」と呼んだ。水の底に横たわるのではなく、全体ではないが殻のほとんどを砂に埋める。たとえばホタテガイは、下側になる殻が丸みをおびていて、完全に砂に沈んでしまうのを防いでいる。

埋在性の種類でも殻の形は大きな関心事となる。巻貝や二枚貝の中にはシャベルがわりに足を使い、数秒で完全に砂に潜ってしまう穴掘り名人がいる。潜る途中で殻が浮き上がらないように殻に鉤爪《かぎ》を備えたものや、殻に砂や泥がへばりついて重くならないように渦巻きの殻の表面をツルツルにしているものもいる。

砂に潜る貝は、掘り出されたときには別の問題に直面する。砂浜の波打ち際に裸足で立ったことがある人ならば、足のまわりの砂が波で洗われるのを知っているだろう。波や水が何か固い物のまわりを流れると、砂の粒子が水中に舞い上がって粒子はあらぬ方向へ持ち去られてしまう。このような砂の流出を防ぐために、貝は棘や肋を発達させて砂の粒子をとらえ、自分のまわりの砂の動きを安定させている。砂掘りがうまい巻貝の一つに、一角獣の角のような形をしたキリガイダマシがいる。渦を巻いた殻の表面には細い筋が刻まれ、これで砂地や泥の中に殻をつなぎとめて波にさらわれないようにしている。

## 右巻きと左巻き

ラウプの仮想博物館に戻ろう。すべての貝を見わたすと、もう一つ奇妙なことに気づく。巻貝はすべて同じ方向に巻いているのだ。ガラスの貝殻は殻口を下にして紐でぶら下げられていて、殻の口は右側にあいている。上から見ると巻きは時計まわりということになる。博物館をつくるときに、反対方向に巻く貝を並べることもできただろうし、大きな部屋を二つ用意して、一方には鏡像の貝を並べてもよかっただろう。しかしラウプがそうしなかったのには理由がある。

実在する巻貝を何でもよいので手に取って巻きの方向を見てみよう。本棚に飾ってある貝殻でもよいし、庭や公園で見つけたカタツムリでもよい。ほとんどの場合は右に巻いているだろう。左ばかりに巻く種類もいることはいるし、右巻きの種類でもたまに左に巻く変わり者もいるが、今の自然界は左利きよりも右利きが圧倒的に多く、一〇個の巻貝があれば、そのうちの九個が右巻きなのだ（人の右利きの割合も同じくらいなのがおもしろい）。

貝の蒐集家がめずらしい左巻きの貝を血眼になって探すので、長い蒐集の歴史の中では偽物《にせもの》の左巻きの取引がひそかに横行することもあった。右巻きの貝の殻の一部を切り取って、そこに別の殻を貼りつけ、軟体動物版の奇妙な形成外科手術が施されることもある。しかしエックス線をあてて調べると、殻の内部は右に巻いているのがわかる。もともと左巻きばかりの種類の殻を、あたかも右巻きの種類で見つかった左巻きの珍品であるかのように装うという手もある。

世界にはいろいろな習慣があって、ヒンドゥー教や仏教では、神聖な貝笛を吹いて僧侶に祈りを促す。この貝笛に使われるのはサンスクリット語でシャンクと呼ばれるインド洋産の大きな巻貝だ。シャンクガイはふつう右に巻いているので、左巻きの殻が見つかるとたいへん珍重され、ダクシナヴァルティ・シャンクとか、スリラクシミ・シャンクなど、特別な名前がつけられる。反時計まわりの巻きは天空の星や太陽の動きを鏡に映したものであり、仏陀の巻き毛やねじれた臍《へそ》を表わすものだと言われる。貝の取引のいかさま業者の中には、別種のサカマキボラ（メキシコ湾に生息し、ふつうは左に巻く）をまがい物のスリラクシミ・シャンクに仕立てる者もいる。

レンブラントの絵には、ナンヨウクロミナシというイモガイが左巻きに描かれていることもよく知られている。自然界でこの貝は、毒を持つほかのイモガイと同様に右に巻く。しかし美術史家は、初期の絵師が左右を逆に描いたのとは違い、レンブラントが間違ったわけではないと考えている。巻きの方向の重要性を知らない絵師は、見たままの貝殻を版画の原版に彫りこんだだけなのだが、それを印刷すると鏡像の貝殻が刷り上がった。レンブラントの場合は、芸術性という観点からわざと巻きを逆にして描いたと考えられている。その方が絵になるのだろう。ところがありがたいことに、レンブラントのイモガイを模写した画家は、版画にすると巻きが逆になることなどおかまいなしに、絵の貝を忠実に原版に描いた。だから、それを印刷した絵では、貝は本来の右巻きになっている。

右巻きだけで左巻きがいない種類が自然界に圧倒的に多いのは、右巻きの貝と左巻きの貝は交尾できないという、避けては通れない単純な理由による。巻貝は殻だけがどちらかの方向に巻いているのではなく、貝の体も左右非対称なので、雌の巻貝の生殖口は体の片側にしかなく、そこへ雄はペニスを差しこんで精子を注入しなければならない。

海洋性の腹足《ふくそく》類の多くは雌雄が別々だが（雌と雄の両方がいる）、陸棲のカタツムリの多くは両方の生殖器を持つ雌雄同体で、交尾のときは交代で雄になったり雌になったりする。巻貝は頭をつき合わせる体勢で交尾する種類が多く、交尾するためにはそのときに雌の生殖口と雄のペニスが出会う必要があり、それは殻の巻きの方向が同じときだけ可能となる（人が握手をするのと少し似ている。互いに同じ側の手を差し出せば、うまく握手ができる）。

左巻きと右巻きの貝は殻も体も鏡像になっている。オナジマイマイでは、ワインのコルク抜きのような螺旋形のペニスですら、右巻きと左巻きでは互いに逆に巻き、円を描いて踊る求愛ダンスも逆にまわる。右巻きと左巻きの貝がデートの約束をしようとしても、どちらも、ただただ困惑するばかりで、あるべきものがあるべき位置にない。

交尾しようとする軟体動物にとって巻きの方向がいかに重要であるかを知るために、居心地のよい容器に巻きが異なる貝を一緒に入れて調べた学者がいた。フランスで食用にするエスカルゴと呼ばれるリンゴマイマイ（イギリスでは厳しく保護されている）は、ほとんどが右巻きなのだが、時々左巻きが出現するので、こうした性別が関係する研究にはよく使われる。右巻きと左巻きを入れておくと、どれほど相手を気に入ろうと、そのカップルの容器からは赤ちゃん貝は生まれてこない。

片方の巻貝が他方の貝殻に背後から登るという交尾の体勢も時々見られる。巻貝カップルを容器に閉じこめる同じような実験からは、頭をつき合わせる体勢の交尾のものよりも、左巻きと右巻きという障壁を乗り越えて交尾に成功する確率が高いことがわかっている。だが、右巻きと左巻きのカップルから生まれる子どもの数は同じ巻きのカップルよりもはるかに少なく、それほどうまくいくわけではない。

右巻きの貝が左巻きの貝よりも生まれつき優れているわけではなく、たまたま巻きの方向が決まっただけなので、右巻きばかりの世界で生きる左巻きの貝は、さぞかし寂しい思いをしていることだろう。ある空間に存在している少数派の方の巻きの貝は、交尾する相手を見つけられる確率が低くなり、次の世代にその巻き方向の遺伝子を手わたす成功率も低くなる。そうするとその集団は片方の巻き型だけになっていく。

現在は、たまたま右巻きの貝が多く、交尾をする機会も多い。しかし常にそうであるとは限らず、化石として記録されている貝を見ていくと、流行が変化してきたこともわかる。ただ、なぜそのように変化するのかはまだ謎のままである。ヴェルメージは著書の『貝の博物誌』の中で、右巻きと左巻きの両方を進化させた太古の頭足類《とうそく》を八群か九群あげて、巻きの方向がどちらになるかという傾向がとくにあるわけではないと述べている。

腹足類の貝殻の巻き方向は、かなり若齢のときに経験する柔らかい体がねじれるという大きな変化で決定づけられると考えたくなる。この若齢期の「ねじれ」と呼ばれる段階は腹足類だけに見られるもので、このとき主要な内臓のすべてが一八〇度回転する（左巻きでは時計方向に、右巻きでは反時計方向に回転する)。さまざまな臓器が動く過程で肛門は頭の上に移動する。このようなねじれは遺伝的に決められたもので、殻の巻きには太古の時代に進化したノーダルと呼ばれる別の遺伝子がかかわっている。この遺伝子は今でも人を含めたさまざまな動物の非対称性を制御していて、私たちの心臓が左側にあるのも、貝の巻き方向を決めているこの遺伝子が関係している。

化石の記録をさかのぼって見ていくと、長い時間の中で殻のねじれを解消して、アジア人がかぶる笠のような円錐形の殻を発達させたカサガイのような腹足類も見つかる。その中の少なくとも一つの系統では、貝は殻の巻きをいったん解いたのち、さまざまな利点を顧みずに一億年くらいあとの子孫はまた殻を巻くことにした。このような推移は、巻きを支配する遺伝子に突然変異が起きたためと考えてもよいだろう。

親から受け継いだノーダル遺伝子の一カ所の突然変異によって貝が右巻きから左巻きに変わるのなら、それだけで新種がすぐに進化する可能性を秘めている。殻の巻き方向が異なる貝どうしの交尾が難しいことが集団を分けるために都合のよい障壁になり、もとの集団から新しい種が分離できる。ここで問題にしている交雑できない右巻きと左巻きも、別の種に分かれることができる。そして地球上には、このようなめずらしい左巻きが生存に有利に働く場所もある。

ニッポンマイマイ属のカタツムリは日本南部の琉球諸島に生息し、驚くほどたくさんの種類が左に巻く。そしてこの貝がいる島々には偶然か必然か、イワサキセダカヘビというカタツムリを食べるヘビが生息している。京都大学の陸棲巻貝の専門家である細将貴《ほそまさき》はこれらの貝を調べているのだが、ヘビが獲物の背後から静かに素早く忍び寄って襲いかかったときに何が起きるかを、長い時間をかけて観察した。

ヘビの口は、巻貝の殻を上あごで固定しておいて、内部の柔らかい肉に殻口から歯をつき立てるのにちょうどよい形をしている。しかしこれは右巻きの貝のときだけうまくいく。同じことを左巻きの貝でしようとしても殻をうまくつかむことができず、巻貝はヘビの口からはじき出されて九死に一生を得る。ニッポンマイマイ属の右巻きの種類にとってヘビは非常な脅威なので、若い貝は襲われると自ら足を切り落とす（ヤモリも似たようなことをする。尾を切り落として襲撃者を攪乱し、そのあいだに猛スピードで逃走する）。細はニッポンマイマイ属の左巻きの種類がそのように襲撃をかわす場面を見たことがない。左巻きは、いつも足を大切に持ったままである。

巻貝とヘビの分布を地図上に記入していて、細はニッポンマイマイ属の左巻きのものは、この恐ろしい爬虫類の捕食者がいる地域やその近辺にしかいないことを見出した。ヘビの特殊な形の歯牙にかからずにすむことで右巻きの貝よりも有利な立場になり、その結果、左巻きの貝が数を増やすことになったようだ。しかしヘビも左利きになるのは単に時間の問題かもしれない。

## 自然界のお遊び――模様

殻の製作工程の最後の見どころは、貝がいちばん創造性を発揮する段階である。複雑な形をつくるだけでなく、殻の表面に手のこんだ模様を描き入れる。おびただしい種類のこみいった模様を自分の体に描く動物はほかにはほとんどいない。斑点、縞、波形、ジグザグ模様、三角形。単に遊んでいるのではないかと思われるほどだ。

殻の模様については謎が二つある。まず、貝が殻に描く模様に使われる色素が何かということがまだわかっていない。現在、ポルフィリンやポリエンなどの一連の有機物が見つかっているだけで、殻の色素の特定となると、今のところいちばん近いところまでわかっているのは、キイロダカラの黄色い輪に含まれるカロテノイドの一種だろう。

貝殻の模様についてのもう一つの謎は、海の中にいるときには模様がまったく見えないことが多いということだ。きれいな模様のある二枚貝や腹足類の多くは、砂や泥に埋もれて人目につかないところで生活している。殻の外側の表面にタンパク質の層（殻皮《かくひ》）をつくって、藻が生えた岩のように装うものもいる。殻をこのように覆い隠してしまうのなら、殻の模様はいったい何のためにあるのだろうか。きれいに着飾ったのに何の役にも立たないではないか。

長いあいだ、殻の模様にはそれほど大きな意味はないと生物学者は考えてきた。模様が見えないのだから、巻貝に入り組んだ模様を施す仕組みは自然選択の厳格な枷《かせ》からはずれることになり、選択圧が働かないと解釈されていたのだ。どんな模様でも選べる画廊をさまよっているようなもので、何を選んでも誰もとがめる人はいない。

何の目的もないように見える複雑な模様がどのようにできあがったのか、なぜできあがったのか。これは手に負えない奇妙な謎に見えるので、天地創造説を信じている人ならば、神がそうしたのだと示す証拠があればそれに飛びつく。しかし模様ができるまでの過程を科学者が徹底的に調べたところ、魔法の杖をふらずにすむような説明ができるようになった。

貝殻の模様はとても多様で複雑なので、それがどのようにつくられるかを説明する理論を構築しようというのは無謀としか言いようがなかった。しかしそれを解明しようと、ここ数十年ほどくじけずに頑張ってきた研究者たちがいる。数学者や古生物学者が貝殻の形について解明してきたように、殻の模様についても、こうして解明が進んできた。

まず、殻の模様は二次元の平面に時空間分布する点の集まりと考えた。インクジェット・プリンタの仕組みと似ている。プリンタのインクが線状に動くノズルから紙に噴出されるように、軟体動物の外套膜の外縁から、成長しつつある殻の表面に色素が分泌される。印刷でも貝殻でも、紙がプリンタを通過しながら、あるいは貝殻が形成されるにつれて（プリンタより遅いが）、模様が線状に継ぎ足されていくということになる。

インクジェットで印刷した紙の上から下までを指でなぞっても、貝殻の模様を指でなぞっても、最初につけられた古い模様からいちばん新しい模様まで、指は時間の経過をなぞったことになる。プリンタでは、何色のインクをいつ噴出するかという指令は、配線ケーブルや無線信号で送られる。貝殻では、殻を形成するときの色の情報はどのように伝えられるのかということが問題になってくる。

この疑問に取り組んだ人たちは研究の当初から、貝はコンピュータにつながったプリンタのように模様の全体像を知ったうえで、それを線状に分けて一本ずつ模様を構築しているわけではないと考えていた。そうではなく、殻の模様はいくつかの簡単な規則にしたがって、外套膜の縁でその場の状況に応じて構築されるのだろうと考えた。

## マインハルトのシミュレーション・モデル

一九八〇年代にマックス・プランク研究所にいたハンス・マインハルトは、コンピュータのシミュレーション・モデルを構築して、本物の貝の模様と驚くほどよく似た模様を表示させた。デイヴィッド・ラウプとは違ってマインハルトは、ありうるすべての模様を表示させずに、実在する模様と同じものを表示させることにこだわった。一九八七年に論文を発表したあと、一九九五年に著書『貝殻のアルゴリズムの美しさ』を出版し、読者のために、自分だけの貝の模様を描けるMS－DOS版のプログラムを付録CDにして本につけている。

外套膜には、細胞に色素を生産させる引き金となる物質が漂っているとマインハルトは考えた。その物質がどんな物質でもかまわない（ホルモンでも、情報を伝達できる何か別の分子でもよい）。マインハルトが問題にしたのはその効果だった。

パソコンのプリンタが、カラーインクではなく紙と反応する無色の物質を噴出すると考えればわかりやすいかもしれない。物質が紙に反応するだけでなく、紙もその物質に反応して色がついたり模様が現われたりする。そのような物質の一つは色素の生産を活性化する物質で、これがその物質自身の生産を促すと同時に、生産を阻害する物質も生産する。

貝の外套膜の縁で促進効果と阻害効果という拮抗《きっこう》する作用のある物質が波のように入れかわり立ちかわり現われて、貝が大きくなるにつれて鮮やかな模様の形成を促すとマインハルトは予測した。

マインハルトのモデルでは、こうした促進効果を有する物質と阻害効果を有する物質の動きを決める計算式と、その相互作用を決めるための計算式という、二種類の計算式が基盤になっている（数式が嫌いでなければマインハルトの著書を参照してほしい）。この二つの数式を微調整することで、実在する貝殻の縞模様、斑点、ジグザグ模様といった大まかな模様を表示させることができた。

貝殻の開口部と平行に走る縞模様は、色素生産のスイッチが定期的に入ったり切れたりすると出現する。最初に色素細胞全部が信号を受け取って色のついた線が描かれたあと、信号のスイッチが切れる。これを繰り返せば、殻が成長するときに縞模様をつけることができる。縞模様を開口部から垂直方向に描くには、色素細胞の一部のスイッチを入れたままにし、残りは切っておけばよい。マインハルトは、シミュレーション・モデルの促進と阻害の効果の相対的な強さを変えることによって、どちらの縞模様も描かせることができた。

斜めの縞模様は、人に病気が広がるときと似た原理で描かせることができる。促進の指令を受け取った細胞はまわりの細胞にもその指令を伝播し、まわりの細胞は少し遅れて促進の指令を受け取るということが続き、並んでいる細胞全体に色素生産の指令が波のように伝わっていくことになる。

このような波が二つ衝突するとおもしろいことが起きる。波が互いに打ち消し合ってV字形の模様が描かれることもあれば、片方の波が他方を完全に打ち消して一本の線になることもある。また、互いに相手を跳ね返して、来た方向に波が戻ってX字形の模様になることもある（実際には波は互いにいったんは打ち消し合うのだが、すぐに復活して模様が連続して描かれる）。

波が尾を引くように異なる方向に伝わっていって、両方とも伝播が突然止まれば、中空の三角形が描かれる。隣り合って進んでいる波の速度が異なると、斑点や水滴型の模様ができる。もとのマインハルトの数式をさらに改変すると、うねるような波形や、色つきの背景に白抜きの三角形を描くこともでき、三角形の内部をフラクタルな三角形で埋めたシェルピンスキーのギャスケットと呼ばれる模様のようなさらに複雑な模様も描くことができる。そして、こうした模様はすべて実在する貝殻に見られる。

## 理論を裏づける証拠

しかし、マインハルトの考え方には大きな問題が一つあった。こうしたことが貝殻で「実際に」起きている証拠が何もないのだ。この説が正しいことを証明するような、外套膜の中を広がっていく物質は、促進効果のあるものや阻害効果のあるものを含めて何一つ見つかっていない。マインハルト自身も著書の中で記しているが、「理論は、ありうる作用の買い物リストを提供することしかできない」。

マインハルトが拡散モデルを最初に発表したのと同じ時期に、別の研究グループが貝殻の模様について別の説明を試みて論文を発表している。ピッツバーグ大学のバート・エーメントラウト、カリフォルニア大学バークレー校のジョージ・オスター、カリフォルニア大学ロサンゼルス校のジョン・キャンベルの三人は、外套膜をさまよう幻の拡散物質ではなく、神経が刺激されることでも、マインハルトが示したような模様が形成されうることを示した。

一九八二年にキャンベルは、動物の分泌細胞が神経の刺激を受けて作用するのと同じように、軟体動物の外套膜の色素産生細胞も神経に刺激されるのではないかと考えた。三人が考えたモデルはマインハルトの考え方とよく似ていて、側方抑制とともに作用する局所活性化と呼ばれる作用を組みこんでいた。側方抑制が拡散する分子にどのように働くかは一九五〇年代に偉大な数学者アラン・チューリングが示していて、マインハルトはこれをモデル構築の基礎に使った。

これよりはるか前の一八六五年にはエルンスト・マッハがこの考え方を神経にあてはめて、マッハバンドと呼ばれる錯視《さくし》効果の仕組みを説明しようとしている。同じ色で濃淡をつけた筋を平面にいくつも並べると、それぞれの筋がへこんでいるように見える。目の裏にある神経が筋と筋の境界線で活性化されて周辺の神経の活動を阻害することで、隣り合う二本の筋のあいだの境界部分が強調されて見えるために起きる。そして神経の信号もマインハルトの物質の拡散と同じように、色素の産生を活性化したり阻害したりして波のように伝わり、さまざまな複雑な模様をつくり出す。エーメントラウトらは拡散の様式を説明するのにまったく異なる仕組みを使ったが、できあがった模様はそっくりだった。

この神経モデルと物質拡散モデルにはほかにも共通点があった。エーメントラウト、オスター、キャンベルのモデルも、マインハルトのモデルと同じように、正しいことを示す証拠が何もなかったのだ。当時は神経がほんとうに軟体動物の貝殻の色素の産生を制御しているのかどうか、誰も知らなかった。貝殻の模様のつくり方についてジョージ・オスターと電話で話したときに、「当時は証拠がなかった。アイデアとしてはよいというにすぎなかった」と言っていた。

最初の論文が発表されてから二〇年後に、エーメントラウトとオスターは貝殻についての論文を再び発表した。貝殻の模様がどのようにつくられるかということだけでなく、なぜつくられるかということも総合的に説明する論文で、これまでのどの理論よりも真相に迫る内容だった。

## 軟体動物の日記を解読する

軟体動物の考えが読めても特段おもしろい情報は得られない。なぜかと言うと、軟体動物には厳密な意味での脳がないからだ（無脊椎動物の中でいちばん頭がよい超優秀なタコの頭脳をのぞいてみるなら話は違う）。それでも単純な神経系はあり、その神経作用によって殻が複雑な模様で飾りつけられる。貝殻の模様を描いてみせた最新のコンピュータ・モデルには斬新な考え方が組みこまれている。軟体動物は自分の貝殻の模様を読み取る能力があるというもので、ちょうど古い日記を読むようなものだ。ということは、模様は貝殻に刻まれた記録ということになる。

貝殻をつくるというのは面倒な作業で、素材を集めて、それを貝殻につくり変えるという手間がかかる。このような理由から、軟体動物は常に殻をつくり続けているのではなく、殻をつくる余裕があるときに一気に大きくつくり足す。殻づくりを中断したら、再びつくり始めるときには正しい方向に殻を成長させる必要があり、そうでなければ、でたらめな形になってしまう。

エーメントラウトとオスターの最新の研究では、前回どこまでつくったかを軟体動物に思い出させる手段の一つが殻の模様だという考え方が示された。殻の模様によって外套膜の配置を決めることができ、殻の彫刻も正しい位置につけ足され、その成果として精巧な貝殻の形ができあがる。もしこの説が正しいならば、殻の模様は意味がないどころではなくなってくる。

軟体動物の貝殻形成には神経系による制御機構が働いているという証拠が、過去数十年のあいだに蓄積されてきた。外套膜には高密度で神経が分布していることが電子顕微鏡を使って明らかにされている。この神経末端部が集まって団子状の神経節になり、これが、一般的な軟体動物でかろうじて脳と呼べる器官である（結節が融合して輪になり、食道がこの輪の中を通っている。巻貝が食物を飲みこむと、頭の中を通り抜けることになる）。

神経は外套膜の細胞に新しい貝殻の層を分泌するよう促し、つけ足す殻の量と方向を制御することによって、さまざまな形の貝殻ができあがる。外套膜には感覚細胞もあり、それまでにつくってきた殻に埋めこまれた色素の配置を読み取れるらしい。軟体動物が殻を継ぎ足そうとするときにはいつも、殻の縁を外套膜でなめて、殻の模様の「味」をみるのかもしれない。また、色素生産のスイッチのオンオフにも外套膜の神経系が関与している。

エーメントラウトとオスターは、この考え方と、一九八〇年代に構築したあとに改良した数式にもとづき、カリフォルニア大学バークレー校の大学院生だったアリスター・ベッティガーの手を借りて新たな貝殻製作プログラムをつくった。このシミュレーション・モデルでは複雑な二次元の模様が表示できるだけでなく、三次元で表示した貝殻の表面を模様で覆うこともできた。これで、貝を本物そっくりに成長させながら殻の表面に装飾を施すモデルが初めてできあがった。

殻の成長はきわめてゆっくりとしたものなので、本物の貝で殻の成長を調べるのはとても難しく、軟体動物の外套膜がほんとうに殻の表面の色を識別できるかどうかは、まだわからない。しかし貝殻の修復方法を見ていると、貝は模様を識別できるようにも見える。

ゲイリー・ヴェルメージが述べているように、危険に満ちた実際の世界では、殻が岩に打ちつけられたり、カニのはさみにはさまれたり、押しつぶされたりすることはめずらしくない。そうした危機をのりきった貝は殻を修復して成長し続ける。殻が傷んだり一部が欠けたりすると縞模様が曲がったり、途中で切れたりして模様に乱れが生じる。しかしそのような場合でも、その乱れの少し先で模様が修復されて殻はまたもとのように成長することが多い。つまり、軟体動物には自分の殻が損傷を受けたことがわかるが、修復には少し時間がかかることを示している。ベッティガーのコンピュータの貝殻も、仮想の傷を負うとまったく同じように修復する。

最新の貝殻製作プログラムでは偶然の攪乱も想定されている。といっても、でたらめな形になるような単純な攪乱ではなく、数学的な意味での攪乱である。同じ模様でも、模様が形成される初期の段階の攪乱によるわずかな変化によって微妙に模様が異なってくる。つまり、成長の小さなブレがいくつか起きることで、貝殻の模様が変わってくるということになる。自然界では同じ種類の貝でも個体によって殻の模様がかなり異なるが、それはこの仕組みによるものだとエーメントラウトとオスターは考えている。殻の模様は人間の指紋と似ていて、おおまかな形は似ているのに、一つ一つを見るとまったく同一のものはない。

二〇一二年にエーメントラウトとオスターは、この神経系シミュレーション・モデルを使って、貝殻の模様がどのように進化してきたのかを調べた。長い時間の経過の中で模様がでたらめに変化してきたのではないということを示すことができれば、軟体動物にとって殻の模様は、記録したり、その記録を読み取ったりするために利用されているという考え方を補強することになる。二人は細胞生物学と情報科学の仲間も引き入れて研究チームを少し大きくした。そのメンバーの一人だったカリフォルニア大学バークレー校のジンチアン・ゴンは、さらに手のこんだコンピュータ・プログラムをつくり、殻に緻密な模様があるイモガイ一九種の貝殻を再現した。

研究チームはまず、現生種のさまざまな貝殻の模様をもとに科レベルの系統樹を作成し、次にシミュレーション・モデルを使って祖先の殻にはどのような模様が描かれていたのかを再現した。一つの種が別種に分岐していくときに、時間の経過とともに模様がどのように変化していくかを追ったのだ。その結果、長い時間が経過しても変化が比較的少ない模様の構成要素がある一方で、変化が激しい構成要素もあることがわかった。

このモデルの精度を見るために、今度はイモガイのDNA配列を使って、もう一つ別の系統樹も作成した。DNAにもとづいて作成した系統樹と、殻の模様にもとづいて作成した系統樹とを比べてみたところ、驚いたことに、単なる偶然では考えられないほど系統樹の形が似ていた。

こうした事柄はすべて、貝殻の模様は単にお遊びの結果できたものではなく、殻をつくるときの重要な目印として自然選択にさらされて進化してきたとするエーメントラウトとオスターの理論を裏づけるものである。どのような模様を描くかはそれほど重要ではなく、軟体動物が殻を継ぎ足そうとするときに、外套膜を配置する位置がわかる手がかりになればよいということになる。

## コウイカの模様の解明

これらの最新のシミュレーション・モデルによって、軟体動物がなぜ殻を飾り立てるのか、どのように殻をつくるのかということの解明が大きく進んだ。それと同時に、ほかの自然科学の分野にも広く重要な影響を与えるような風穴をあけた。軟体動物が殻に情報を残すことができるという考え方は、貝が過去の情報をもとに未来についての決定ができることを認めることになり、神経科学の分野では、入り組んだ神経の働きを解明する手がかりになる。

エーメントラウトとオスターはこれをふまえて、腹足類や二枚貝類よりも脳が発達している頭足類のコウイカの研究に比重を移しつつある。少なくとも二〇一二年に二人が発表した論文には、そのように記されている。この点について私がエーメントラウトとオスターに尋ねたところ、二人は笑った。「それについては、いろいろ議論をしたよ」とオスターは言う。現実には、コウイカの体全体に現われるさまざまな模様について調べるのは、貝殻の模様を調べるようなわけにはいかない。この種の研究で研究費を獲得するのが難しいというだけでなく、コウイカの体色変化は貝殻の模様よりもはるかに複雑だからだ。もし二人が研究を始めれば、数カ月かけてつくられる模様ではなく、秒単位の変化をする模様を扱うことになる。

コウイカ（タコもそうだが）は外套膜を襞にして体にまとうが、殻の成分は分泌しない。そして身を隠すためや、恋人候補に熱いメッセージを送るために体色を変化させ、このときに現われる模様は貝殻をつくる軟体動物と類似の神経系で制御される。ジョージ・オスターが言うように、「まだ謎の部分が多く、コウイカの皮膚にある神経回路がどのようになっているか誰も知らない」。

そうは言っても、二人ともコウイカを調べたいらしいと私は感じた。「コウイカは合図しているように体の色を点滅できる」とバート・エーメントラウトは私に言っていた。エーメントラウトは夏をマサチューセッツ州のコッド岬にあるウッズ・ホールで過ごす。そして海洋研究所を訪ねてコウイカを見るのを楽しみにしているのがわかる。「ほんとうはしてはいけないのだけれど、水槽に手を入れてコウイカに触れると、自分の指の跡がコウイカの皮膚に数秒のあいだ残るんだ。おもしろいよ」。

もしエーメントラウトとオスターがコウイカを調べる手立てを見つけたら、それはおそらく神経ネットワークがどのように皮膚全体に「コウイカの考え」を表示するかを調べることになるだろう。それをつきつめていくと、人間の脳の深い部分でどのように記憶という作業が行なわれるのかを知る一助になるだろう。

chapter

# 3 貝殻と交易

——性と死と宝石

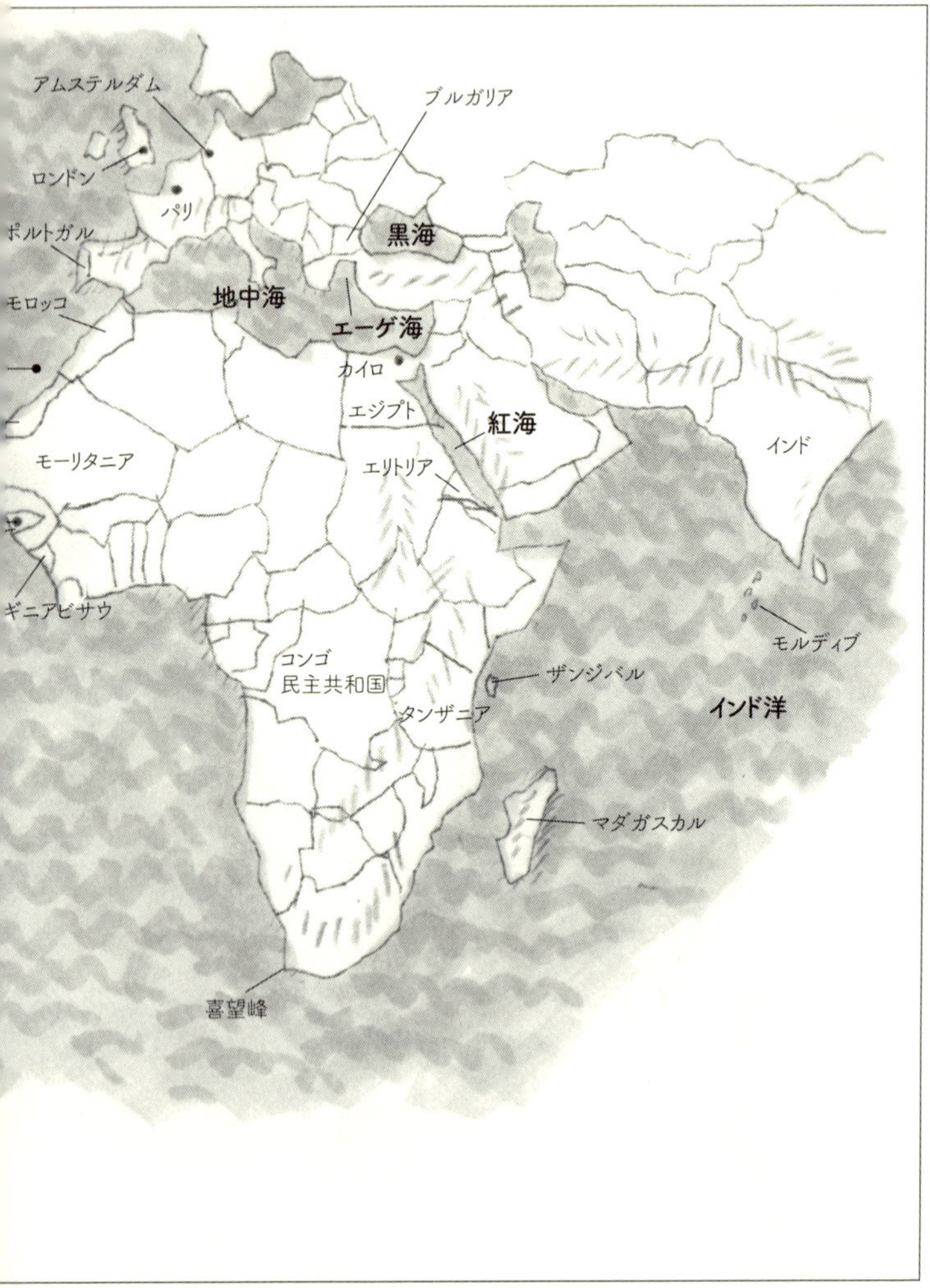
アムステルダム
ブルガリア
ロンドン
パリ
ポルトガル
黒海
モロッコ
地中海
エーゲ海
カイロ
エジプト
紅海
インド
モーリタニア
エリトリア
ギニアビサウ
モルディブ
コンゴ
民主共和国
ザンジバル
インド洋
タンザニア
マダガスカル
喜望峰

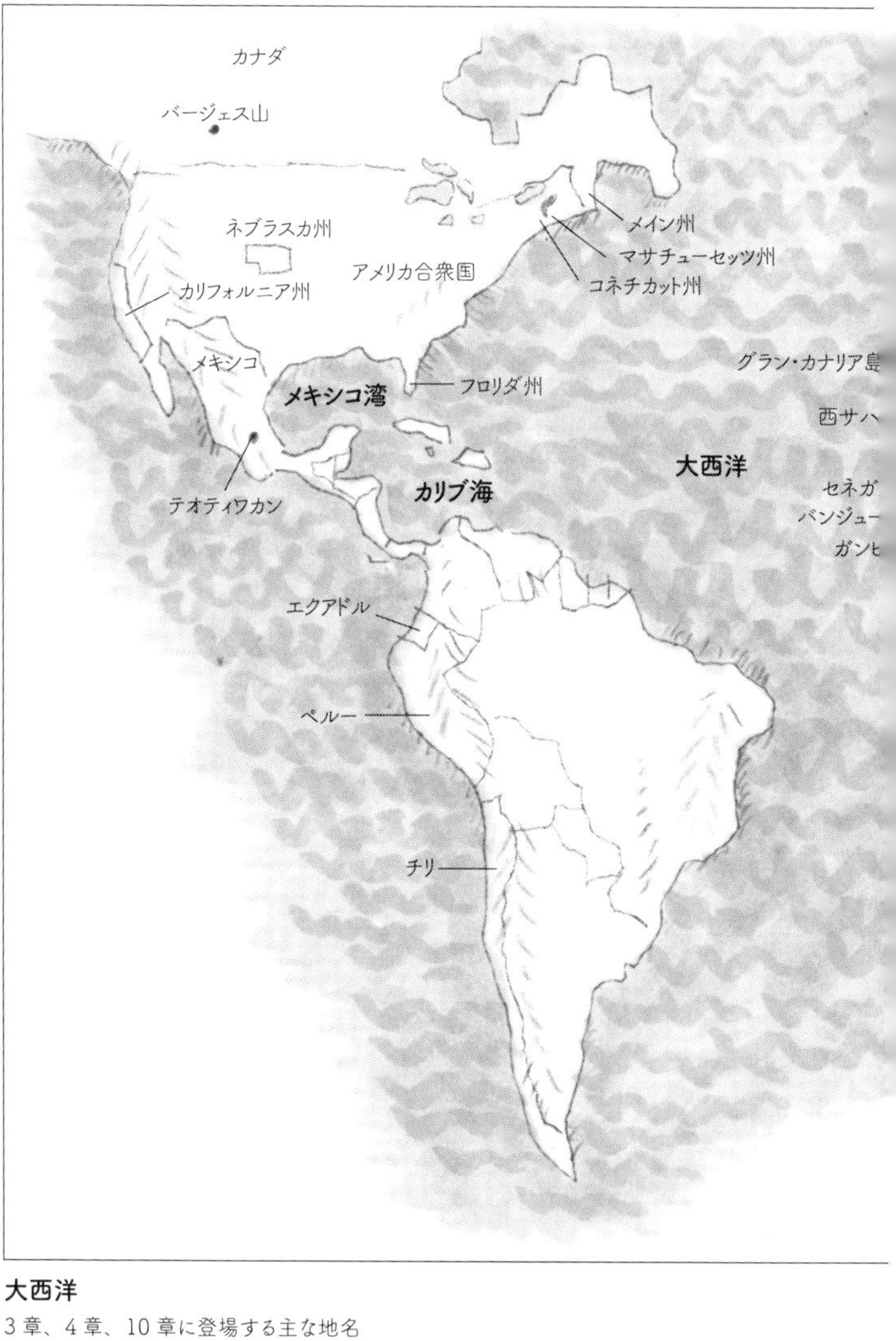


**大西洋**

3 章、4 章、10 章に登場する主な地名

四〇年前にブルガリアの黒海沿岸にあるヴァルナの町で、電線を埋めるために溝を掘っていた作業員が、思いがけないものを掘りあてた。とても古い時代の人の遺骨と、大量の金の財宝だった。作業員にかわって考古学者が周辺の広い範囲を発掘したところ、先史時代の墓が少なく見積もっても三〇〇はある共同墓地が現われた。六五〇〇年前より古い時代の墓だった。

最初に作業員が目撃した鈍く輝く金は、金の副葬品の中でもヨーロッパではもっとも古いものになる。しかも墓に残っていたのは金の宝飾品ばかりではなかった。中でも立派だったのは、古代社会の有力者の安息の地から見つかった円形の腕輪で、はるか離れた海で採れた貝の殻から彫り出されたものだった。陸路を数百キロメートル運ばれて熟練工の手にわたり、時間をかけてていねいに彫刻を施して磨いてあった。腕輪は完成したあと真っ二つに折られたのち、細かい窪みを何列にも打ちこんだ金の細長い板で固定して、もとの形に修復されていた。

この腕輪が折られたあと修復された理由はわからない。当時の記録は何もなく、こうした品々だけが当時の人々について物語ってくれるだけだ。しかし、腕輪をつくった人と、腕輪と一緒に埋葬された人にとっては、腕輪に大事な意味があったことは疑問の余地がない。貝はおそらく修復に使われた金と同じくらい、あるいはそれ以上に貴重なものだったと考えられる。

## 貝殻の持つ神秘の力

狩りをしたり穴を掘ったり移動したりするのに殻を使う軟体動物と同じように、人も貝殻を使ってさまざまな物をつくってきた。実用的な道具もある。各地の遺跡からは、貝殻からつくった鉄床《かなとこ》、手斧《ちょうな》、ナイフ、釣り針、魚網などが見つかっている。大きさや形によっては特殊な用途に使われたものもある。ヤシガイ属（*Melo*）の貝殻は、船を操る文化圏でカヌーや船にたまった水をかき出すのに何世紀にもわたって使われてきた。貝殻を粉に挽《ひ》いて家畜の餌に混ぜてカルシウム源にもしている。粉にしたものは陶芸品にも使われた。およそ一〇〇〇年前に北アメリカのミシシッピ川の流域の人たちは、焼いて粉にした貝殻を粘土に混ぜて陶器の強度を上げていた。

貝殻はそのまま便利な道具として利用されただけでなく、優雅な形、ため息が出るような美しい模様、虹色の輝きを眺めて楽しむという使い方もあった。装身具や置物として世界各地で重宝されたのも無理はない。しかし、どこでも貝殻は重要な意味を持つものとして扱われていたことには驚く。眺めて楽しむだけではなく、性や権力、あるいは生と死を象徴させる有効な道具として利用されてきた。

世界の各地では数千年にわたって、愛する人が亡くなると貝を遺体とともに埋葬してきた。海からはるか数千キロメートルも内陸にある墓からも多数の貝殻が見つかっている。遺体の手が貝を握りしめていることもあれば、瞼《まぶた》の上にタカラガイが置かれていることもある（貝殻が目のように見えるからだろう）。

古代イランの遊牧民で、中央アジアの草原を馬で移動して生活していたスキタイ族は、死者を埋葬した土嚢《どのう》をタカラガイで飾った。ニューヨーク州のセネカ族は、貝殻を墓に埋葬すると腐敗する肉体を清めることができ、霊が冥界に行けると信じていた。また、貝の穴からは物事の始まりが見えると信じられていたので、目の位置に穴をあけた貝殻の仮面もつくった（参考：口絵⑦）。ネブラスカ州のウィネバゴ族にとって貝は、海の星であり、死んだ子どもや出産で死んだ女性、あるいは戦いで死んだ人の亡霊であった。だから貝を神聖な洞窟に祀って死者を弔った。

これほど多くの墓から貝殻が見つかる理由の一つは、その色にあると考えられている。白が清浄や平和を象徴する文化は数多くあり、このため誕生と死に関係する色として扱われる。白は目に見えない水の世界の色とする考え方もあり、砂浜に打ち上げられる貝殻は深海からの伝令である。波打ち際で貝殻を拾った人は貝殻を生んだ世界に思いをめぐらせ、深くて怖い海の底に果敢にも潜った人は、そこから魅惑的な貝を持ち帰った。

また古い時代に貝殻は、その形ゆえに世界各地で性、繁殖、再生のシンボルにもなった。タカラガイを拾ったことがある人は多いだろう。殻を裏返すと、そこには端から端まで切れこみがある。縁にはしわが寄って暗い内部に通じることから、女性の性器を連想させる。殻の丸みも妊婦の腹部に似ている。貝は生命の源である水とも関係するので、胎児を守って命を育む子宮を象徴するようになった。

これらのことを考え合わせると、神や人間が（そしてときには世界も）貝から生まれたとする創世神話がこれほどまでに多いのもうなずける。ミクロネシアのナウルの島では、二枚貝の中に閉じこめられてしまったアレオプ・エナプ神の神話が伝わる。手探りで暗闇を探ると巻貝が二個見つかったので、一つを太陽、もう一つを月にした。ゴカイが貝を空と大地に分け、滴り落ちたゴカイの汗が海になった。

北アメリカ大陸太平洋岸ぞいのノースウェスト地域では、ハイダ族の創始者と信じられている奇術師のワタリガラスが、洪水のあとにサルボウガイを掘り出し、中に閉じこめられていた男たちを自由にした。ワタリガラスは男たちにヒザラガイと交わるように促し、その結果生まれたのが女だった。

ヨーロッパには貝殻が関係する創世神話はないと思うかもしれないが、ボッティチェリの「ヴィーナスの誕生」の絵には、ホタテガイの中に立っている裸の女神が描かれている。こうした物語はほかにもたくさんあり、幸運や繁栄を運んでくる印として貝を宝飾品にして身に着けたり、服に縫いこんだりした。

貝が笛に使われたことからは、貝殻が強い力を象徴していたことがわかる。ウィリアム・ゴールディングの『蠅《はえ》の王』に登場するホラガイは権力の象徴だった（集会で発言できるのはホラガイを所有している人だけだった）。そしてこれは、過去の神話、伝承、祭事などで貝笛が象徴的に使われている事例のほんの一つにすぎない。

古代インドの叙事詩には、自分の名を彫りこんだホラガイの貝笛を持ち歩いて悪魔を撃退したり災害を防いだりした英雄が登場する。日本では戦《いくさ》の時には貝笛を吹いて離れた場所にいる仲間に情報を伝えた。フィジーでは首長を埋葬するときにはホラガイの笛が悲しみの音色を奏《かな》でた。ハイチでは、水の神でもあり船の守護神でもあるアグエ神を呼び出すのにホラガイの笛を吹いた。貝笛はハリウッドでも使われている。リドリー・スコットが一九七九年に制作した映画『エイリアン』では、放棄された宇宙船の打ち捨てられた雰囲気を出す効果音にホラガイの貝笛の音色が使われている。

アステカ族の伝承に登場する羽のあるヘビの姿をしたケツァルコアトル神は、大洪水で一掃された人間を地下の世界から連れ戻すという偉業をなしとげた。ケツァルコアトルは死神のミクトランテクートリと交渉をして、ホラガイの貝笛を吹いてみせるという条件で遺骨を返してもらうことになった。死神は、内部がつまって音が何も出ない貝をつくってケツァルコアトルを陥れようとしたが、ケツァルコアトルはゴカイを召集して貝に穴をあけさせ、ハチを集めて穴の中に入れるという手段で死神に対抗した。ブンブン飛びまわるハチのおかげで貝殻の空洞から大きな音が響きわたり、ケツァルコアトルが約束を守った形になったので、死神は骨を手放さなければならなくなって人間が復活した。

ケツァルコアトルが知っていたように、ホラガイを笛として使うときには殻の大きな空洞を利用するとうまくいく。トランペット、トロンボーン、フリューゲルホルンなどの真鍮《しんちゅう》製の楽器と同じように、貝殻にも大きく開いた鐘状の開口部がある。大きなホラガイのとがった先端を切り落とし、そこに唇をあててブーと吹いてみるとよい。唇の振動が鐘状の空洞の中の空気を振動させて共鳴し、貝殻の形や大きさに応じてさまざまな音が出る。

大きな貝殻に海の音が「閉じこめられる」のも同じ原理で説明できる。貝殻を耳にあてると、風の音や、貝殻にあてた耳の血流などの周囲の音が空洞で共鳴し、少し変化したり増幅されたりして、浜によせる波の音（と言う人もいる）のように聞こえる。

そのほかにも、占いやボードゲームの駒をはじめ、疫病神を退けるお守りなど、貝の物語や使い道は無数にある。川や海、そして陸上でも手に入るこの自然の産物に人は何かしらの意味を与えて利用していて、利用していない文化を探すのはきわめて難しい。そのような中から、貝の物語を三つ紹介しよう。三つとも読めば、貝殻という生き物が昔からいかに人間の想像力をかきたててきたかがわかる。つやつやと輝く殻の表面が人間の世相を映し出していることもわかるだろう。

## 最古の宝飾品

考古学や古生物学には、過去を調べる手段や、断片的な事柄をつなぎ合わせて昔の習慣を再現する手法がいろいろとある。人がどのように進化してきたかを知りたいときには、私たちの祖先の骨を調べれば、容姿、何を食べていたか、どんな病気にかかったかといったことが明らかになる。そして、きれいな貝などの所持品を調べると、昔の人たちが何を考えていたかまでわかる。

モロッコ東北部にあるタフォラルトの集落近くにある灌木が生えた丘には、グロッテ・デ・ピジョンと呼ばれる石灰岩の大きな洞窟がある。世界各地から考古学者が集まり、モロッコのラバト大学のアブデルジャリル・ボウゾウガーとオックスフォード大学のニック・バートンが中心になって、ここで五年以上も発掘が進められている。石器やアフリカのノウサギの骨、野生の馬の骨などが出土して、太古の人々がかつてそこに住んで食事をしていたことが明らかになってきた。そして洞窟の床に深く埋まっていた炉辺《ろばた》からは、ひとつかみの貝殻が見つかり、それがそこに「とても」長いあいだ埋まっていたことが判明した。

その巻貝はムシロガイの仲間（*Nassarius gibbosulus*）だった。親指の爪ほどの大きさの貝で、クリーム色の殻の底は平らだが、殻の頂上はきれいに巻いてとがっている。パリのフランス国立科学研究センターのフランチェスコ・デリコとマリアン・ヴァンハエレンは、この貝から古い物語を解き明かした。貝殻には赤い粘土をすりこんだ痕跡が残っていた。穴もあけられていて、かつてはそこに紐《ひも》が通されていたことを示す微小な傷跡が残っているものもあった。化石ではなかったので、四五キロメートル以上も離れた地中海沿岸から人の手で運ばれて来たのは確かだ。その貝殻を拾った人が、すでに穴があいた貝を見つけたか、拾ってから洞窟の炉辺で一つ一つていねいに穴をあけたと考えられる。

どれくらい前に貝がそこへ持ちこまれたかということは、洞窟に残っていた灰から明らかになった。光ルミネッセンス年代測定法では、石英と長石の粒子に閉じこめられた化学物質を時計として使う。暗所に置かれているあいだは時計の針が進み、光があたるたびに時計はゼロにリセットされる。この時計を読むことによって、光があたらない場所にどれくらいの時間埋まっていたかを計算する手法が開発された。

ボウゾウガーとバートンらの研究チームは、洞窟に残されたものは少なくとも八万二〇〇〇年前のものだと最初は結論した。しかしそのあと何度も検証が行なわれ、一〇万年前から一二万五〇〇〇年前のあいだという、もっと古い時代のものであることがわかった。穴があけられて色が塗られたこの貝殻は、世界で最古の宝飾品ということになる。

貝に紐を通してペンダントやビーズとして使うことは単純な行為のように見えるが、人間の本質を表わしてもいる。三〇〇万年以上前に原始人類が食用の動物を捕獲するためにつくった石器とは違い、貝の宝飾品は何の実用性もない飾りにすぎないからだ。

しかし、特定の貝を集めて海からはるか内陸へ運び、赤く色を塗ってそれを身につけるという手のこんだ行為は、当時の人々にとって何か重要な意味を持っていたに違いない。それらの貝殻が何を表わしていたのかは今となってはわからないが、自我に目覚め始めたことや、抽象概念が発達したことをうかがわせる。まわりの世界について考えていることや、仲間どうしの関係についての感情を表現できていたことになる。

さらに興味深いことに、先史時代にアフリカでビーズとして使われたムシロガイはこれだけではなかった。同じ種類のムシロガイでつくられた貝のビーズがイスラエルやアルジェリアのよく似た太古の遺跡から見つかり、同じ属（*Nassarius*）の別の種類の貝が南アフリカの洞窟から見つかっている。こうした発見の断片をつなぎ合わせると、一〇万年以上前の人類は、アフリカの北端と南端でムシロガイの貝殻を宝飾品として使っていたことになる。

モロッコで貝の宝飾品が発見されるまでは、ヨーロッパで見つかった穴のあいた動物の歯や貝のビーズ（四万年前より新しい時代のもの）が、何かを象徴する宝飾品として最古のものだった。アフリカのものには数種類の貝しか使われていなかったのとは対照的に、ヨーロッパでは一五〇種類以上の貝が使われていたので、ヨーロッパとアフリカでは貝のビーズの使われ方が違っていたことがわかる。

太古のアフリカのビーズは、もっと新しい時代の狩猟採集民族の貝の使い方とよく似ているという指摘もあり、議論になっている。つまり、アフリカのビーズは単なる個人の装飾品ではなく、大陸や文化の壁をまたぐような交易や人的交流を通じて広まったのではないかというのだ。人がピジョンの洞窟に住んでいたころは気候が大きく変動した時期で、降雨量も大きく変動して生活が苦しかったと考えられる。貝のビーズは、それぞれの民族が独自の文化を保ちながらも、互いに手を取り合って困難な時期をのりきる手助けをしたのかもしれない。

最古の貝のビーズがどのような意味を持っていたのか、どのような使われ方をしたのか、もはや確かなことはわからないが、私たちのはるかな祖先が現代の私たちとまったく同じような考え方をしていたことがわかる証拠の一つである。

しかし、数万年あるいは数十万年あとになってつくられた貝やほかの工芸品は新しい意味を持つようになり、富を手にするという欲望を満たすため、あるいは地位を誇示するためなど、人間の新たな願望を示すものとして使われるようになった。ブルガリアで貝の腕輪がつくられて壊されたころには、人間社会も腕輪と同じように分断されていて、すべての人々が貝の宝飾品を手にすることはできなくなっていた。

## 不平等の兆候

ブルガリアのヴァルナで共同墓地と副葬品の山が発見されて、いわゆる古代ヨーロッパについての認識が大きく変わった。古代ヨーロッパというのは、ギリシャやローマに出現した古代文明よりはるか以前の、ピラミッドが建設されたエジプト文明よりもさらに前の時代であり、よくわかっていないために見過ごされることが多い先史時代である。

紀元前六二〇〇年ころ、ギリシャやマケドニアの農民は、栽培用の小麦や大麦、羊、牛とともにバルカン半島の山すそを北へと移動していった。ヴァルナでの発見までは、当時の銅器時代の社会は小さな集落が散在するだけで、富裕層は出現していない平等な社会だったと考えられていた。そこに、ヨーロッパでもっとも古い財宝も埋葬された豪勢な墓が突然見つかり、考古学者は頭を抱えることになった。

すべての墓で副葬品が見つかっているわけではなく、ほとんど副葬品がない墓もあったが、いちばん豪華な墓（四三番の墓）の四〇代の男性の遺骨は、ヴァルナの最高位の人物のものだと考えられている。埋葬されたときに着ていた服には金と赤瑪瑙《あかめのう》で縁取りがしてあり、金でできた笏《しゃく》を手に持ち、金の耳飾りと金の腕輪をして、両膝には金の板があててあった。さらに、金のペニス・カバーらしきものも身につけていた。金の板で修繕してあった割れた貝の腕輪は左肘《ひじ》のすぐ上の上腕にはめていた。この腕輪の素材になったスポンディルス属（*Spondylus*）は黒海には生息していなかったので、はるばるヴァルナへ運ばれてきたはずだ。当時のヨーロッパには、貴重な贅沢品のための複雑な長距離輸送ルートが数千キロにわたって延び、その一部を使ったのだろう。史上初の大がかりな交易路があったと考えられる。

スポンディルスは今でも多くの種類が世界各地の深い海底の岩にへばりついて生活している（口絵⑤）。殻には棘《とげ》が密生し、英語では「棘だらけのカキ」というぴったりの名で呼ばれる二枚貝である。棘のあいだには海藻やほかの生き物が棲みついて、迷彩服のように周囲に溶けこむ。貝殻そのものは濃いオレンジ色、紫、深紅といった色が多いが、生きている貝はカイメンなどに覆われているので、色とりどりの雑多な生物の塊にしか見えない。

スポンディルスの殻を使った古代の品々のうちヨーロッパで見つかる大部分のものには、砂浜に打ち上げられたときに波に転がされてできる磨耗由来の傷がほとんどないので、生きた貝を採集して殻を使ったのだろう。貝塚から拾ってきたというのも考えにくい。生きている貝を集めるためには、生息場所を知っていて、岩に貼りついている貝をはがさなければならない。いったい、どこで集めたのだろうか。

一九七〇年にニック・シャックルトンとコリン・レンフルは古代のスポンディルス製品に含まれる酸素原子の特徴（酸素同位体）を調べ、貝が成長するときに刻まれた化学的な痕跡から地中海産であることを明らかにした。それもエーゲ海の温かい澄んだ海のものだった。エーゲ海の漁師が新石器時代の初期（紀元前七〇〇〇年から六〇〇〇年にかけて）にスポンディルスの貝殻を集め始めたということになる。熊手や、海底を引きずりながら貝を集める道具（桁網《けたあみ》）を使ったのだろうか。海面からヤットコのような道具で海底の貝をはがしたのかもしれないし、息を止めて素潜りをしてナイフで貝をかき取ったのかもしれない。

潜ったり漁具を使ったりして採集した貝は地元の工芸職人の手にわたり、白く輝く装飾品に加工された。スポンディルスのビーズ、ボタン、腕輪、ペンダント、ベルトのバックルなどが見つかっていて（多くは墓から）、その範囲はバルカン半島、ウクライナ、ハンガリーやポーランド、ドイツにまでおよび、さらに西のフランスでは円筒形のビーズがパリの郊外で見つかっている。

地中海産の貝がこれほどまで広く行きわたるには、古代ヨーロッパ中に張りめぐらされた人の交流網があったはずで、人々が出会って物品をやり取りしたときには、同時に知識や知恵も交換したに違いない。スポンディルスは銅器時代を通じて人気が上昇しつづけ、海岸から離れた地域ではとくにその傾向が強かった。

ところが青銅器時代の初めになると、スポンディルス製品は考古学的な出土品から姿を消す（貝製品が最初に現われてから約三〇〇〇年後）。貝を広い範囲に運んだ流通網が崩壊して貝が手に入らなくなったか、人々が貝製品をほしがらなくなったかのどちらかだろう（当時は貝を採りすぎた兆候はまだみられなかった）。

エーゲ海のスポンディルスからつくられた製品にこめられた意味は、考古学者のミシェル・ルイ・セフェリアーデが言うように「謎だらけ」のままだ。これほど広い地域でいかにたくさんの人々が死者とともに貝を葬ったかを考えると、貝製品は価値あるもので、深い意味を内包していたことは疑問の余地がない。また、貝だけでなく、金や銅やそのほかの手に入りにくい素材を使った製品が多いということは、こうした埋葬品が首長や崇拝されていた年長者の所有物で、高い地位や権力を示しているようだ。

また、スポンディルス製品の多くは使い古されて磨耗していることから、人から人へと長いあいだ受け継がれながら使いこまれ、伝承とともに家宝のように扱われてきたことがわかる。エーゲ海沿岸から遠く離れた場所では製品をつくる工房の遺跡もいくつか見つかっている。貝殻は限られた貴重な資源だったので、そこで貝製品の修繕やリサイクルを行なっていたのだろう。とくに関心をひくのは、一度つくってから慎重に壊してある品々だ。

壊れたままのスポンディルス製品も多数出土している。初めは、職人が手をすべらせて壊れたものが残っていたのだと思われていた。しかし、これは不注意によるものではないことがやがて明らかになった。

自分の地位を顕示するためのわかりやすい儀式として貝製品を壊したり燃やしたりしたとする説もある。あるいは、もっと内面的な理由も考えられる。二〇〇六年にダラム大学のジョン・チャップマンとビッセルカ・ゲイダルスカの研究グループは、ヴァルナの共同墓地で見つかったスポンディルスの腕輪の破片をジグソーパズルのようにつなぎ合わせていき、二〇〇個を超える腕輪の大部分を復元した。すると、壊れた腕輪のほぼ一個分の破片は一つの墓にまとめて埋葬されていたことが明らかになった。しかし、腕輪の破片がすべてそろっていたわけではなく、多くの腕輪は足りない破片があった。

埋葬する際に腕輪を壊す習慣があったということは考えられる。死者とともに破片を埋葬し、一部を遺族や友人で分けたのかもしれない。砕いた腕輪の破片を分け合って持ち歩くことで、遺族と死者のあいだの強いきずなを維持し、いずれその破片も墓に入れればもとの腕輪の破片と一緒になる。古代ヨーロッパ各地では、手をかけてつくったものをのちに故意に壊したと思われる品々がほかにも見つかっている。小さな粘土の人形を火に投げ入れて破裂させるという儀式も行なわれていた。

出土した古代のスポンディルスの腕輪を復元したあと、考古学者たちが試したことがもう一つある。それは腕輪をはめてみるということだった。破片がそろっている腕輪の多くは、成人のチャップマンとゲイダルスカの手を通すには径が小さすぎることがわかった。しかし五歳半の子どもならばほとんどの腕輪に手を通すことができ（大人が監視しながらだったとは思うが）、足をくぐらせて足首にはめることができるものもあった。古代ヨーロッパには幼少時からスポンディルスの腕輪をはめる習慣があり、成長するとそれが抜けなくなったのかもしれない。

ヴァルナから出土した壊れた腕輪が金の板で修復してあったということには、さらに深い意味があるようだ。ミシェル・ルイ・セフェリアーデは、腕輪は古代ヨーロッパに原始宗教があった証拠かもしれないと考えていて、スポンディルスからつくられた品々の多くは呪術師が儀式を執り行なうときの魔法の道具で、霊界と交信するときに使われたと考えている。埋葬された地位の高い人にとって、宝物を死後の世界まで携えていくための唯一の手段は、それを破壊して不完全なものにすることだったのかもしれない。

## 世界中で使われたスポンディルスの貝殻

そののち数千年が経過して地球の裏側でも同じようなスポンディルスの貝殻の取引が行なわれるようになり、そこでも呪術をともなうシャーマニズムが広まった。中米やアンデス地域に栄えた古代コロンビアの社会では、古代ヨーロッパと似た使い方をして貝殻に重要な意味を持たせた。

考古学者がスポンディルスに関係する出土状況を調べたところ、アステカ族の墓にはじまり、マヤ族の絵文字にもインカ族の彫り物にもスポンディルスが登場した。紀元前二六〇〇年ごろには、今日のペルーやエクアドル沿岸に生息する二種類の太平洋産スポンディルスを海に潜って採集し始めている。殻はビーズに加工され、とくにオレンジ色、紫、赤といった色の貝は、高級な宝飾品の象嵌《ぞうがん》として使われた。ペルー北部のモチェ族の人々は、微小な貝のビーズ（チャクイラと呼ばれる）を大量につくった。キトの郊外にある地中深くの墓からは、七〇万個もあろうかという多量のチャクイラが見つかっている。

このビーズは、衣類や兵士が着用する鎧《よろい》の一種に縫いつけられていることが多い。

こうした墓で見つかる貝は、死後の世界にもヨーロッパと同じように厳しい階級制があったことを物語る。裕福なエリートは死後も数多くの海の宝物に囲まれている。しかしヨーロッパと異なるのは、貝殻が加工されずにそのまま副葬品に使われる点で、紀元一〇〇〇年ごろに栄えたペルーのランバイエケ時代に築かれた墓の一つには、一個が一キログラム以上もある巨大なスポンディルスの貝殻が二〇〇個近く埋葬されていた。

何かを象徴するものとしてスポンディルスを使う文化はいたるところに見られる。貝殻そのものが利用されるだけでなく、陶器でスポンディルスがつくられることもあれば、壁の装飾品や彫刻品のモデルにもなる。現在のメキシコ・シティから五〇キロメートルほど離れたところに位置した古代都市テオティワカンのケツァルコアトル寺院のわきには、羽に覆われたヘビが玄武岩に彫ってあり、スポンディルスの絵のあいだで体をくねらせている。これは農業と関連したもので、天の神に貝を捧げて、干ばつにならないよう雨乞いをしているのだ。

スポンディルスは食用にもなったが単なる食料ではなかったようである。神が貝殻を手に持って食べている絵が残っているので、貝類や甲殻類は、精神の転換をうながす薬物の一つだったと考える民族誌学者もいる。

毎年きまった時期に毒性のある藻類が繁殖して温かい海が血の色に染まることがあり、この「赤潮」が出現すると貝類がしばらくのあいだ毒化する。軟体動物が微小な藻類から神経毒をもらい、その貝を食べた動物に毒が手わたされるのだ。麻痺性の貝毒の症状は変化に富み、痺れが出たり、眩暈《めまい》がしたりすることもあれば、空を飛んでいるような気分になることもあり、たくさん食べると死にいたる。

初期のアンデス族の呪術師は、こうした向精神性の作用を期待してヒキガエルなどのさまざまな動植物を使っていたことがわかっている。フロリダ州の考古学調査局のメリー・グロワキは、呪術師が超自然的な交信をするために毒化した貝類も使っていたと考えている。つまり、呪術師は潮を読むことができ、浮遊体験ができる程度に貝類が適度に毒化する時期を見計らって使ったというのである。人間の腎臓が毒素を排出する仕組みを考えると、毒化したスポンディルスを食べた人の尿を飲んでも同じ効果が得られることになる。

アステカ族の社会ではスポンディルスがさらにぞっとするような使われ方をしている。テオティワカンにあるケツァルコアトル寺院の下には、両手を後ろ手に縛られた生贄《いけにえ》が六〇人も埋められていた。スポンディルスの殻を人間の歯の形に加工してつなげた輪が首にはめられ、まるで大きな顎が首に食らいついているようだった。

ときには血が凍るようなこの貝の複雑な足跡はアンデスの高山にも見られる。インカ帝国では、もっとも高くてもっとも神聖な山へと祈禱師が出向くときに子どもをともない、子どもはそこで生贄にされた。これは神の領域に入ることが許されたということなので栄誉あることとされていた。そのような高い標高では、犠牲になった遺体が低温と乾燥のために保存されることがあり、遺体はまるで眠っているかのように見える。

一九九六年にこのような一二歳の女の子のミイラが死後五〇〇年たって発見された。女の子は、ペルー南部の火山であるサラ・サラ岳頂上の日が昇る方角に向けてつくられた台座の上で丸くなっていた。女の子を見つけた研究チームの高標高考古学者だったヨハン・ラインハルトは、その子をサリータ（「小さなサラ」の意）と名づけた。

付近にはほかにも生贄にされた子どもの遺体がいくつかあり、豪華な捧げ物もたくさん供えてあった。金や銀でできた小さな人間の偶像、高山病対策のために嚙むコカの葉の束、そしてスポンディルスの貝殻を彫ってつくったリャマの像（音を聞くために長い耳を立てていたので間違いなくリャマだった）などがあった。これらの品々の中でもっとも興味をそそられたのは、アカデミー賞のオスカー像くらいの大きさの男性の立像だった。銀でつくられて布で飾られた像の足の指は形が整い、耳たぶは大きくて長く、胸で手を組み、赤いスポンディルスの貝殻でつくった頭飾りをかぶっていた。こうした貝製品の貝殻は、生まれた海から雲の上の五〇〇〇メートルの高山まではるばると旅をしてきたことになる（参考：口絵⑧）。

ここで時計の針を数百年進めてみても、富と地位を得るために貝を利用している人たちがいる。しかしその規模はこれまでに見たことがないほど大きく、昔ながらの考え方と新しい考え方を組み合わせたやり方になっている。そしてこの利用の仕方からは、人間性の深部が見えてくる。

## 旅するタカラガイ——貨幣

インド洋北部海域の浅いサンゴ礁には、小さいがきわめて多産のキイロダカラ（英語では「マネータカラガイ」）というタカラガイが生息している。三センチほどの大きさの貝殻は少し黄色みがある白色で、表面はでこぼこしていて、中央の膨らみを取り巻くように優美な金の輪を持つものもいる。生きている貝は貝殻だけよりもはるかに美しく、白い外套膜《がいとうまく》の縁は黒いフリルが密生して複雑な模様を描き、ミニチュアのシマウマのように見える。

サンゴ礁や枝分かれした海藻に隠れるようにして一生を過ごし、長い旅はしない。メスは卵を産むと稚貝になるまで卵の上に陣取り、稚貝は短い期間だが旅をする。稚貝は海流や潮に乗って水中をしばらく浮遊したあと、成貝として過ごせる場所に落ち着き、のろのろと這《は》いまわるようになる。しかし貝が死ぬと、幾百万とも知れぬ無数の貝殻は長い旅に出て、その旅には悲しい結末が待っている。

数百年前のことである。モルディブに住む人々は島のまわりの温かい海でタカラガイを集め始めた。初期のヨーロッパの探検家は、小さな釣り竿と釣り針を使う方法を記しているが、島の人々はそのような手法は使わず、タカラガイが身を隠そうとする性質を利用した。いちばん簡単なのは、ヤシの葉を浅い海に投げ入れて数カ月のあいだ放っておく方法だ。

サンゴ礁の隠れ家から出てきたタカラガイは、ヤシの葉が新しい食べ物や隠れ家として適当かどうかを調べ、葉のすき間に居を構える。この葉を海水から引き上げて、強くふって貝を落とせばタカラガイ漁ができるというわけだ。殻から身を取り出すために、さらに数カ月のあいだ熱い砂に埋めておけば、あとは砂の中でできあがった空っぽの光り輝く貝殻を仕分けて、ヤシの繊維でつくった三角形の袋につめればよい。最後にそれを木製の帆掛け舟に積んで、南からの季節風に合わせて出航すれば、タカラガイの新たな旅が始まる。

最初の寄港地はインドで、そこではモルディブ王の厳格な監視のもと、タカラガイを米や布と交換した。王のほかは誰も取引することを許されていなかった。その後、装飾品、魔よけ、純潔の印などとしてインドにとどまる貝殻もあり、川をわたるときの税金や運賃の支払いにも利用された。こうした「タカラガイの道」は、一一世紀の初めにはさらに遠方まで広がっていった。

アラビアの商人はタカラガイを携えてインドから陸路でサハラ砂漠を横断した。初期の商人については断片的な記録がちらほら残っているだけで詳しいことはわからないが、中世になるとタカラガイがカイロで取引されたと考える考古学者もいる。アラビアの西の端にあるモーリタニアでは、何か理由があって放棄された昔の隊商が、タカラガイの積み荷とともに遺跡として発掘されている。

モルディブのタカラガイは、西アフリカでは最初は魔よけやお守りとして少量が取引されるだけだった。それまでは西アフリカ原産の貝もこうした用途に使われていたのだが、一四世紀になるとタカラガイは貨幣として使われるようになる。しかしキイロダカラは西アフリカには生息していなかったので、西アフリカで使われる貝殻は遠方から輸入することになった。一四世紀の半ばにマリ帝国でタカラガイが人の手から手へとわたる様子を有名なモロッコの探検家イブン・バットゥータが書き残している。当時は市場などでの小さな取引や、食料などの生活必需品の購入にタカラガイが使われていた。これはほかの地域でも同じだった。

広く使われるようになった貨幣の中でも、貝殻はいちばん古くから使われてきたものの一つだ。ニューギニアでは真珠を採る貝の破片に穴をあけて紐を通し、貝殻の量を乳首のあいだの長さで計量した。米国ニューイングランド地方のアメリカ先住民は、ツブ貝や二枚貝のホンビノスガイの貝殻でワムプムと呼ばれる筒状のビーズをつくって使っていて、ヨーロッパから入植者が来るとそれが正式な通貨になった。北アメリカのカナダからカリフォルニアにかけてのノースウェスト地域の太平洋岸では、ツノガイを紐に通して貨幣にした。中国では、タカラガイを貨幣として利用する歴史は数千年前にさかのぼる。漢字の「金《かね》」はタカラガイの形をもとにしてできた。需要が供給を上まわって本物の貝殻が足りなくなると、骨、陶器、金属などで模造品をつくった。地球のあちら側とこちら側で行なわれていた古代のスポンディルスの貝殻取引も、貨幣という形をとっていた可能性があり、英語で「お金」を意味する「スポンジュリーズ」という言葉の起源になったと言う人もいる。

貝殻が貨幣に適している理由はたくさんある。偽物《にせもの》をつくるのが難しいこと、大きさと重さがそろっていること（とくにタカラガイ）、壊れにくくて長持ちし、手触りがよく、扱いやすいことなどである。貝殻にこめられた象徴的な意味合いも、権力や地位とのつながりも、婚礼のような重要な取引の場で貝殻が使われるようになるのを促したかもしれない。

## 奴隷とタカラガイ

そのあと数世紀のあいだインド洋と西アフリカでは小規模な貝殻の取引が続いた。ところがヨーロッパの商人がかかわるようになると取引の形が大きく変わり、貝で購入できる新しい商品が現われた。人の歴史を塗りかえるような商品だった。

モルディブで採れる貝殻と西アフリカの経済のつながりに最初に気づいたのはポルトガルの商人だった。ポルトガルはしばらくのあいだ海の交易を独占していたが、やがてイギリスとオランダも乗り出して、結局はポルトガルを圧倒することになる。一六〇〇年から一八五〇年にかけての期間は、これら二国の東インド会社が世界の貝殻の流通を支配した。

最初にインド、インドネシア、中国にやって来たのは東インド貿易船として知られる船団で、ヨーロッパで需要が大きかった質のよい絹、香辛料、茶を船に満載した。帰国の途に就く前にインドやスリランカの港に立ち寄り、船員は無数のモルディブ産タカラガイを仕入れた。この時点では貝殻はまだ安価だったので、インド洋から喜望峰をまわってアフリカの西の海岸をヨーロッパまで航海する際に、荒い海で船の安定を図るための重し（バラスト）として使った。

持ち帰った貝殻の積荷は、アムステルダムとロンドンの競売所に持ちこまれ、そこでは別の業者が待ちかまえていた。その業者は貝殻を手に入れるとすぐに別の船団に積みかえ、再び南へと航海した。

インド洋産の無数のタカラガイは、採集されてからおよそ二年で長い旅を終えることになる。一万五〇〇〇キロにおよんだ旅の最終目的地で、貝殻はヨーロッパ船の船端から小さなカヌーに積み下ろされ、西アフリカのマングローブに縁取られた浅い川をさかのぼった。そして貝殻は、ヨーロッパへ持ち帰る品々とではなく、人間の奴隷と交換された。

ヨーロッパの奴隷商人は、アフリカの王や商人との取引には貝殻を使うと具合がよいことを知っていた（弾薬、武器、そのほかの工業製品も人間との交換に使われた）。取るに足らない値段の貝殻を輸入して奴隷と交換するという取引は大きな利益を生んだ。

奴隷一人の値段は年々上がり、一六八〇年代には奴隷一人当たり貝殻一万個だったのが、一七七〇年代には成人男性の奴隷の首にかけられた値札は貝殻一五万個になった。貝殻が支払われると奴隷は船に乗せられて大西洋を横断し、多くはカリブ海の大農園で働かされた。つまり、モルディブのタカラガイとともに積荷として運ばれた茶葉はイギリスで紅茶になり、その紅茶に、同じタカラガイで買われた男女が栽培した砂糖を入れて飲んでいたことになる。

## ヤシ油と貝殻貨幣

奴隷取引の最盛期にイギリス船が西アフリカで支払ったタカラガイは年平均で四〇〇〇万個におよぶ。

ジャン・ホゲンドーンとマリオン・ジョンソンが著書『奴隷貿易で使われた貝殻貨幣』で詳述しているように、一八世紀を通して一〇〇億個の貝殻がインド洋と大西洋をわたった。

そうした貝殻の製作者である軟体動物の側から見ると、この数字は途方もない数である。このように激しい捕獲が続いても生息数を減らすことなく耐え抜いたのは、この貝が優れた繁殖能力を持ち合わせていたことを示す。近縁の貝のように幼生を大海に解き放たずに、雌は一生のほとんどを卵の世話をして過ごすことを考えると驚きに値する。一般に、子どもの世話をする時間が長くて一回に産む子どもの数が少ない動物ほど、人間による過剰な破壊行為によって集団全体が受ける被害の度合いが大きいからだ。

モルディブのタカラガイを使った交易が崩壊したのは、供給される貝殻が足りなくなったのが原因ではない。一八〇七年にイギリス政府は、大英帝国全域で奴隷の売買を違法とする法律を議会で成立させた。奴隷のやり取りが少しのあいだ続いた植民地はあったものの、貝殻貨幣を使った西アフリカとの奴隷取引はすぐにやんだ。アフリカ大陸の中では奴隷を貝殻と交換する風習はしばらく残ったが、地球規模で人が売買されることは二度となくなった。

しかし、ヨーロッパ人による貝殻貨幣を使った取引の物語にはまだ先がある。一〇年ほどたつと、貝殻と交換できる新商品が西アフリカで登場し、再び貝殻と交換されてヨーロッパへ送られた。ヨーロッパ人は同胞の人間ではなく自然界のものに関心を移し、奴隷のときよりもひどい事態になった。

現在、熱帯地域の自然環境を一掃するのに一役も二役も買っているヤシ油の世界的な取引の始まりが一九世紀にさかのぼると言うと不思議に思うかもしれない。ヤシ油は近代社会の幕あけである産業革命のときに、ギアなどの機械の動きを滑らかにする機械油に使われた。工場や住居にはヤシ油の明かりが灯《とも》り、工場でついた汚れを落とすのにヤシ油の石鹸が使われた。
当時は世界中で使うヤシ油のほとんどが西アフリカの大農園で生産され、イギリスの貿易商はモルディブのタカラガイでヤシ油を買い続けた。貝殻による取引は下火になるどころかむしろ盛んになり、以前の倍にもなった。一八五〇年には毎年一億個の貝殻が取引に使われた。しかしヨーロッパ人による貝殻交易には、再度危機が待ち受けていた。そして、この破局からは立ち直ることができなかった。

一八四五年にドイツ人の貿易商アドルフ・ヤコブ・ヘルツは、モルディブ王から直接タカラガイを買おうとして不首尾に終わり、インド洋を西へ航行した。モルディブ王は自国の島へやって来るヨーロッパの商人には誰であっても敵意を向けていて、ヘルツも例外ではなかった。ヘルツは帰路、アフリカ東海岸に位置するザンジバルに立ち寄り、そこで、まったく当たり前の真実を知ってしまう。タカラガイはそこにもいたのだ。

ザンジバルの白い砂浜でヘルツはハナビラダカラを見つけた。キイロダカラとよく似ているが、少し大きくて背にある金色の輪がはっきりしている。ハナビラダカラという貝がいることを知って使おうとした商人はたくさんいたが、アフリカの商人はハナビラダカラを受けつけなかったので、それまではモルディブのタカラガイ取引を脅かすことはなかった。しかしヘルツには追い風が吹き、ヘルツの発見がタカラガイ貿易に革命を起こすことになる。ハナビラダカラをいくつか手にしたヘルツは、たくさん手に入れられる場所についての有用な情報とともに帰路に就いた。

ほどなくして、少量のハナビラダカラが西アフリカの市場に出まわるようになる。アフリカの商人がハナビラダカラも受け入れるにいたった理由はよくわかっていない。ヤシ油産業が爆発的に成長した影響でキイロダカラの価格が押し上げられ、商人が安価なタカラガイを求めたのかもしれない。新しいタカラガイは従来のキイロダカラとともに流通体系に組みこまれ、東アフリカからのタカラガイ輸入量が増大した。

このときの貝殻の交易に関係したのは国営企業ではなく一般の業者だった。ドイツとフランスの船団はハナビラダカラを直接東アフリカから西アフリカへと運び、二〇年足らずの期間に一六〇億個のタカラガイを輸入した。これはイギリスとオランダがそれ以前の一〇〇年間にモルディブから輸入したのと同じくらいの量になる。

ハナビラダカラが西アフリカになだれこんでからは、避けられない結末になるのも早かった。交易経済は超インフレに陥り、貝殻の貨幣価値が急落し、手のひらいっぱいのタカラガイはあっという間に何の価値もなくなった。モルディブで採れたキイロダカラの価値もすでに暴落していて、六〇〇年続いた貝の交易はついに終焉を迎えることになった。

貨幣として運ばれたタカラガイは二〇世紀の初頭に最後の持ち主の手にわたった。モルディブのタカラガイは総計で三〇〇億個以上が、卵から孵化して成長した海から地球半周分も離れた土地で生涯を閉じた。貝殻を貨幣として利用した流通体系は、貝殻の流通を止めることも、別の種類の貝殻に置きかえることもできないという特性があることを教えてくれた。その後、砕いて石灰として利用された貝殻もあるが、多くは過去の資産の記念にと壁や床に埋めこまれた。かつての財産が再び蘇ることを願いながら多量のタカラガイを土に埋めた人もいる。しかし、そのような日は二度とこない。

西アフリカには辛苦の時代を象徴するタカラガイがたくさん流れこんだが、固有の貝も数多く生息している。しかし、それら固有種は貨幣として使われることはなく、食物として利用されている。

chapter

# 4 貝を食べる

## セネガルのマングローブの森で

ある曇った日の午後、私はアフリカ大陸の最西端からそれほど遠くないところに立って、葉を落としたバオバブの木を見上げていた。地上一〇メートルの高さに広がる樹冠は、セネガルのシヌ＝サルーム・デルタにあるマングローブの森と、蛇行しながら大西洋に注ぐ塩辛い川を見下ろしていた。

ほかのバオバブの例にもれず、巨大な幹には肉厚の襞《ひだ》がよっていた。幹は内部がスポンジ状になっていて、そこに水分をためこんで乾季をのりきる。そして毎年、雨が降る季節の少し前になると、ためてあった水分を使って一斉に開花して白い花を垂れ下がらせ、腐った肉のような臭気を発散させて、花粉を媒介するコウモリを呼び寄せる。長い生涯（少なくとも数百年）のあいだに、無数の雨を経験し、コウモリが来ては去るのを眺めたことだろう。

そして木の下には大きな貝塚が眠っている。老齢の巨木は、何世紀もかけて土の中で固められた貝殻の山の上で大きくなったのだ。私は貝殻の島の上に立っていたことになる。

こうした貝塚がこのデルタには二〇〇カ所以上もある。古いものは一万年以上も前のもので、高さは一一メートル、範囲は一〇ヘクタールにおよぶ。中には、シヌやサルームに栄えては消えていった王国の支配者の古墳として利用されているものもあるが、それ以外の塚では人骨は見つかっておらず、人々が食用にしたおびただしい数の貝殻の残骸だけが山になっている。

サルボウガイとカキは、長年にわたってシヌ＝サルーム・デルタに居住する人々の大切な食料だった。そして一六世紀以降は交易品の中心の座を占めた。マンディンカの商人は貝を採って日干しにし、はるか離れた地で売り歩いた。あとに残った貝殻の山は、ここが一〇〇〇年以上も大量の食料を提供してきた豊かな海域だったことを物語っている。

貝殻の島のわきにはクリーム色や灰色のサルボウガイの殻だけでできている浜があり、そこを私はザクザクと音をさせながら歩いた。英語でこの貝は「西アフリカ・アカガイ」(和名はオヤカタサルボウ)と呼び、貝の体内の赤いヘモグロビン色素にちなんで名前がつけられている(ヘモグロビンは脊椎動物のように体内の酸素運搬ではなく病気耐性という役割をになっているのかもしれない)。

浜の沖にはマングローブの森が茂る。その小さな島へ私を連れて行ってくれた船頭は、塩水を好む木々の緑のトンネルに細長い丸木舟を漕ぎ入れた。私はごつごつしたマングローブの根に這《は》いのぼり、カニの目線であたりを見まわした。小船のエンジンが止まって静かになると、私のまわりはカチカチという音やポンポンという破裂音に包まれた。それは、潮が引くときにカキが殻を閉じる音だった。

マングローブカキとして知られるここのカキは、木陰になったマングローブの根に貼りついて一生を過ごす。一日に二回の干潮で空気にさらされるときには殻をしっかりと閉じて、ミニチュアの海を殻の中に保持する。カキにとっての干ばつは、バオバブの長期にわたる年単位の干ばつよりはるかに時間が短く頻度が高い。まわりから聞こえてくるパカパカとか、パチパチという音を聞きながら、騒々しい海のご馳走だと思った。

## イギリス人と貝

軟体動物はいつの時代にも人間の大切な食料だった。理由は単純で、ほかの動物のように猛スピードで逃げまわらず、浅い海域や、満潮線と低潮線のあいだの浜に生息しているため、狩りがへたな人でも簡単に採集できるからだ。また、自前の容器にうまく身を収めているので鍋にも入れやすい。種類によって味がよいものもあれば、後述するように複雑な事情を抱えたものもあるが、いろいろ考え合わせると栄養に富んだタンパク源と言える。

現代の人間が食べる軟体動物は総計で毎年一六〇〇万トン以上になり、値段にするとおよそ五〇億ドル（一ドル一〇〇円で換算すると五〇〇〇億円）になる（私たちが年間に食べる魚やほかの海産物の総計はおよそ一億三〇〇〇万トン）。食用になる軟体動物のほとんどが二枚貝で、天然のものは少なく、養殖されたものが大きな割合を占める（その七〇パーセント以上が中国で養殖される）。私たちが食べる軟体動物は、殻を持ったさまざまな甲殻類（カニ、ロブスター、大小さまざまなエビなど）とともに、英語ではまとめて「シェル・フィッシュ（殻を持った魚）」と呼ばれる。

かつては一風変わった貝類や甲殻類を食する習慣があった。ローマ人は暗いところで光る貝を食べるのが好きだったらしい。大プリニウスの記録によると、その貝を食べた人の口は火が燃えるように輝き、光る汁が手や上着を伝って床に滴り落ちた。イギリス南部のローマ浴場があった場所ではヒカリニオガイの貝殻の山が見つかっている。夜通し風呂につかりながら光り輝く深夜の夜食を取った名残だろうか。

今日のイギリスでは貝はそれほど冒険心を満たしてくれる食材ではない。見方によっては痰の塊に見えることや、輪ゴムを口いっぱいにほおばったような食感について複雑な気分になる人は多い。しかし貝についてのこのような評価は何も今に始まったことではない。マティルダ・ソフィア・ローヴェルは、一八六七年に出版した著書『イギリスとアイルランドの食用軟体動物（調理法つき）』で、カキとサルボウガイにしか興味を示さない国民性を嘆いている。

貝を食べることに熱心な大陸ヨーロッパの国々に比べると、ほんとうに関心が低い。とくにツブ貝はイギリスでは長いあいだ食用の軟体動物の中で人気がないものの筆頭だった。この大きな巻貝はイギリスの海で今でも毎年数千トンが水揚げされるが、ほとんどが輸出されている。韓国では需要が大きく、「バイ・トップ」という珍味に加工して缶詰にされる。一〇年以上前までは、採りすぎによって生息数が激減するたびに、韓国の輸入業者はこのおいしい食材を求めて新たなる生息地を物色していた。業者のネット上の宣伝によると、「冷たくきれいな海」で育ったヨーロッパのツブ貝は「一〇〇パーセント天然」なのだそうだ。

ツブ貝は簡単に採れる。容器（二〇リットルくらいのプラスチック製が多い）に穴をあけ、カニの身を餌として入れて海底に下ろしておくと、食べ物のにおいにつられて寄ってきたツブ貝が容器に入りこむ。数日たって容器を引き上げると貝はまだそこで食事をしている。

伝統的な漁法では捕獲する場所を順繰りに移動する。一カ所でしばらく漁をしたら別の場所へ移り、生息数が回復したころにまたもとの場所へ戻って採る。海底で重い漁具を引きずりまわしてホタテガイなどをとる底引き網漁は繊細な海底の環境に傷を残すが、このようなツブ貝漁なら、同じ海域で漁をする人数が多すぎさえしなければ、物理的な環境破壊はない。

環境にやさしい手法でつかまえた地元のツブ貝ならば、地球の裏側の国へ送るのではなく、嫌悪感を克服してでもイギリスでもっと食べる方が理にかなっている。しかし私はウェールズ地方のスウォンジーの市場で箱売りされていた生きたツブ貝を見てしまい、黒い斑点がある白い足がくねっていたのを思い出すと、ツブ貝を喜んで食べるにはさらに強い動機づけが必要だと感じる。

## 好ましい海産物？

軟体動物を食用にするためにもってこいの理由の一つとして考えられるのは、海産物としてはいちばん環境にやさしいということだ。そこらじゅうで乱獲が行なわれて海が裸にされつつあり、どんな海産物を食用にするとよいのかを考えなおす絶好の機会である。保全活動を行なっているさまざまな団体が、どのような種類を利用するとよいかについて発表した結果を見ると、漁獲量の管理が行き届いて乱獲されていない種類、あるいは生息場所を荒らさずに捕獲できる種類がよいということになる。利用しやすい種類の上位に軟体動物がたくさん食いこんでいる。

「好ましい海産物」として上位を占めることが多いのは、ロープに取りついて生育するイガイ類だ。生産方法はいたって簡単でおもしろい。

天然のイガイ類が繁殖する場所の下流海域の水中にロープをたらすか、海底に杭を打ちこむ。春になって水が温かくなると産卵が始まり、水中を漂う天然イガイの幼生の中にはロープや杭に取りつくものがある。一匹のイガイは数百万の卵を産むが、その中のほんの一部だけが生き残るという貝の繁殖法をうまく利用している。雨が降るかのごとく漂ってくるイガイの幼生のうち、数千匹をロープや杭につなぎとめたとしても、天然イガイの集団にとっては痛くも痒くもない。

流れの強いきれいな水域を選んで多数の幼生を確保すると同時に、取りついた幼生が成長するのに十分な酸素と食物を確保し、糞が海底に堆積せずに流されてしまうようにすることが重要だ（堆積するとまた別の問題が起きる）。幼生が取りつきさえすれば、少し大きくなってから金網の筏《いかだ》や、海面から吊り下げた網袋に移せる。そこで一二カ月から一八カ月のあいだ放っておくと出荷できる大きさに育つので、イガイ漁師はそれを手作業で収穫すればよい。

この手法で育てるイガイ類漁業には、好ましくない漁法として槍玉にあげられるような要素は何もない。海底を荒らす漁具を使うことはなく、不要な生き物をまとめて捕獲したあげく、傷ついて死にかけている動物をまた海へ戻すという作業もいらない。イガイ類やほかの二枚貝の養殖では、海水から食物粒子を濾《こ》しとって貝自身が餌を調達するという利点まである。

魚の養殖では、ほかの魚種（天然のものを捕獲してきて使うことが多い）を餌に使うことが多く、サケもクルマエビ類（米国ではシュリンプと呼ばれる）も同じ手法で養殖される。また、魚は網で囲って過密な状態で養殖することが多いので、病気の発生を抑えるために強い薬剤を使っているが、ふつうのイガイ類は丈夫な種類が多く、病気を予防するために薬剤を投与する必要もない。

カキの養殖も似たような手順をふむが、幼生は天然のものではなく、陸上の孵化場で育てられたものを使うことが増えてきた。成熟したカキを水槽で育てて産卵を促し、幼生を集めて海水の孵化場で育てる。少し大きくなったら若いカキを台座に並べて籠に入れたりロープに取りつけたりする。イガイと同じようにカキも餌のプランクトンは海水から自分で濾し取るが、出荷できる大きさまで育つのに時間がかかる。もっともなじみがあるマガキは食用の大きさになるのに二年か三年かかるが、人の手を借りてはいるものの、カキ類の中ではいちばん成長が早い。

マガキの原産地はアジアの太平洋岸で、日本ではほかの国々に先立ち数世紀前から養殖されてきた。二〇世紀になると世界各地で養殖されるようになり、オーストラリア、南アフリカ、ヨーロッパ、北アメリカでは、多くの野生化したマガキの群生地が見られるようになった。カキの殻をむいて身を食べようとすると、今は地球上のどこで食べてもマガキを食べることになる確率が高い。そうしたときに一つの疑問が浮かぶ。私もよく尋ねられるのだが、カキを生きたまま食べるのは残酷なのだろうか。

ロブスターやカニを生きたまま茹《ゆ》でて食べるときにも同じような問いが投げかけられる。甲殻類が痛みを感じることを示す科学的研究は数多くあるが、軟体動物では研究が進んでいない。ふつうの軟体動物でもとくにハマグリ類、ホタテガイ類、イガイ類は、甲殻類よりもはるかに単純な動物である。二枚貝に脳がないということは、周囲の様子を感じ取って反応する能力が限られていることを意味するだろう。私たちが食用にする軟体動物の中できわめて賢いタコとイカ、それに徘徊性の巻貝は、知覚がすぐれているので痛みを感じる可能性が高い。これは、イカ料理やエスカルゴ料理を断りたいときの言い訳に使えるかもしれない。

逆に、カキやイガイはあまりにも植物的なので、食べるのは何の問題もないとする菜食主義者もいる。菜食主義を唱えるピーター・シンガーの再版された著書『動物の解放』では、カキを食べることをよしとするかどうかについての考え方が二転三転している。

カキが痛みを感じることを示した研究成果はないようだが、哺乳類や鳥をまるで工場のような悲惨な農場で飼育することに比べると、二枚貝を養殖したり食べたりすることに対する問題は少ないと私は考えている。こうした倫理的な面はさておいても、軟体動物を食べることを必ずしも勧められない理由はほかにもいくつかある。まず、貝類や甲殻類には食中毒の危険がつきまとう。そしてときにはもっと悪い事態も起きかねない。

## 事件の全容――貝毒による被害の原因

イギリス南部のチチェスター港の海岸ぞいに位置するエムズワースという小さな町は、かつては世界でもっとも古いカキ漁場の一つとして栄えた。エムズワース産のカキが食卓にのぼったことは、はるか昔の一三〇七年の記録にも残っている。ここのカキ漁は一九世紀を通じて盛んだったが、一九〇二年に悲劇が起こって突然すたれてしまう。

この年、ウィンチェスターとサウサンプトンの近くにある二つの町で、それぞれ大きな宴会が開催され、招待客にエムズワース産のカキがふるまわれた。ところがその後数日のあいだに六三人が体調を崩し、ウィンチェスター大聖堂の主席司祭だったウィリアム・ステファンズを含む四人が死亡した。いずれも、下水で汚染されたカキから腸チフスに感染して病気を発症した結果だった。新しく敷設した下水管の排水がカキの生息する港に直接流れこんでいることが判明した。このおぞましい真実が明らかになるやいなや、エムズワースのカキ漁は中止に追いこまれ、数百人の住民が職を失った。

軟体動物でも、二枚貝がときたま食用として失格になるのは貝が悪いわけではなく、人間が生息域の海を汚すからなのだ。人間の屎尿《しにょう》をほとんどすべて回収して処理しているもっと豊かな国でも、下水が海に漏れ出ることはある。とくに、強い雨のあとに下水管があふれたときに起きる。それ以外にも、農場の家畜の糞尿が地表面を流れたり地下水に入りこんだりして川や海に運ばれることもある。

その下水とともに病原性の細菌やウイルスが流下すれば、二枚貝がそれを取りこむのは時間の問題となる。カキ一個は、一日で湯船一杯に相当する一〇〇リットルの海水を濾過《ろか》できる。カキ自身は有害なものを取りこんでも問題ないが、それを食べる人間に害がおよぶ危険がある。とても運が悪ければ、下水で汚染された二枚貝からノロウイルス（冬に蔓延する嘔吐下痢症として知られる）、病原性大腸菌、リステリア菌、サルモネラ菌にも感染する。貝類による食中毒で記録に残る最悪のものは一九八八年に上海で起きたもので、三〇万人近くがハマグリ類を食べてA型肝炎にかかっている。

二枚貝から人間にうつる危険な病気はほかにもいくつかある。病名を聞けばおもな症状がわかるだろう。麻痺性貝毒、記憶喪失性貝毒、下痢性貝毒、神経性貝毒、そしていわゆる「潜在的河口関連症候群」である。

体の弱い人や摂取量が多かった場合には、感染すると死亡することもある。繰り返すが、この問題は二枚貝が海水を濾過して食物を集めるという習性が生み出したものだ。食物の大半は植物プランクトンで、この植物の性質をもつ微生物は、大量の太陽エネルギーを動物が利用できる形に固定している。数千種類はいる植物プランクトンのうち、渦鞭毛藻《うずべんもうそう》や珪藻《けいそう》など八〇種ほどが強い毒性を示すことがある。イエッソトキシン、サキシトキシン、ドウモイ酸といった奇妙な名前の毒素をつくり、さまざまな貝毒の症状を引き起こす。

これら毒性のある植物プランクトンはときに大繁殖して、以前は赤潮と呼ばれた現象を引き起こす。水が紫、緑、黒ずんだ茶色になることもあるため、現在の研究者はこの藻類の大発生を「有害藻類ブルーム」と呼ぶようになっている。二枚貝が有毒な藻類に取り囲まれると、貝は水からプランクトンを濾し取るときに毒素ごと藻類を取りこむ。また繰り返しになるが、二枚貝にとって毒素は無害だが、貝の身に取りこまれた毒素は、それを食べる人や動物にとって危険な量にまで蓄積する（古代アンデスの呪術師も、それを食べて霊界と交信したのかもしれない）。有害な藻類は、人間の影響とは関係なく自然に大発生することもある。チリ北部のアタカマ砂漠では四〇頭以上のクジラの墓場を考古学者が見つけたばかりで、これらのクジラは有毒プランクトンで汚染された魚を食べて死んだと考えられている。

有害な藻類の発生が増加傾向にあるという不吉な報告もある。数十年前には大発生が見られる海岸は数えるほどだったのに、現在では世界各地で見られるようになり、貝の毒化も頻繁に報告されるようになった。軟体動物は危険な食物になりつつあるのだ。

一九八〇年代には貝毒の事例は年に二〇〇〇件前後だったが、最近は六万件を超えると推定されている。貝毒の問題が広く知られるようになり、報告数が以前よりも増えたのかもしれない。世界の人口が以前よりかなり多くなったので、かつてないほどの人々が貝類や甲殻類を食べるようになったということもある。中国だけでも過去三〇年間にハマグリ類の消費量が四〇〇倍に増えている。しかし原因としていちばん可能性が高いのは、人間が海を汚していることだろう。病原菌という直接的な汚染だけでなく、有毒な藻類を繁殖させるという間接的な形でも汚染しているのだ。

藻類の大発生を引き起こす正確な原因については研究が進行中だが、一つには栄養塩の増加という確かな要因があげられる。土壌に肥料をまくと植物が成長するように、植物プランクトンは水中の栄養塩を取りこんで成長するので、陸上から硝酸塩やリン酸塩が海や湖に流れこむと、有害藻類の大発生の起きる確率が高まる。そして栄養塩が余剰だとプランクトンの増加も早い。

化学肥料の使用量増加と農場の大規模化は、大きな栄養塩汚染を引き起こしている。産業革命以降、沿岸地域の海水中のリン酸塩濃度は平均して三倍になり、硝酸塩濃度の増加はそれよりも多い。家庭用洗剤も汚染源になっている。これらの栄養塩を含む製品の生産を禁止するよう求める環境保全団体もあり、ヨーロッパ連合（EU）や米国では家庭用洗濯洗剤や食器洗い機用洗剤のリン酸塩濃度を制限する厳しい基準がやっと設けられた（硬水が供給される地域に住んでいる人たちも、ガラス製品がピカピカに光っていないことを我慢すればすむ）。ここ数十年はとくにサケなどの養魚場では生産性を上げることが重視されるようになり、魚糞や食べ切れなかった餌という形で多量の栄養塩が海に供給されている。

海に流れこむ多量の栄養塩はプランクトンの大発生を後押しするだけでなく、別の生態系の攪乱も引き起こす。プランクトンの大発生の終盤には（数日後のこともあれば、数週間から数カ月後のこともある）、死んだプランクトンが水の底に沈んで細菌に分解される。分解されるときに水中の酸素が消費されて、いわゆる「死の水」（貧酸素水塊）ができ、ここで生き残ることができる水生動物はほとんどいない。

一九六〇年代以降、世界中で「死の水」が一〇年ごとに倍々に増えてきた。中でも米国のテキサス州とルイジアナ州に面したメキシコ湾では、ミシシッピ川からの汚染が大きな原因となって、広い範囲に「死の水」が見られる状態が長く続く。二〇一四年にはその面積が米国のコネチカット州やイギリスのイースト・アングリアにほぼ匹敵する一万三〇〇〇平方キロメートルにおよんだ。そして気候変動によって栄養たっぷりの海のスープが温められると、有害藻類ブルームや「死の水」が出現する範囲はさらに広がり、持続する期間も延びる。

このようにさまざまな危険性が出てきたことから、多くの国では貝類や甲殻類を安心して食べられるように環境基準を設けたり監視体制を整えたりするようになってきた。警戒態勢の早い時期に有害藻類の大発生を予測することもあれば、藻類が発生しているかどうかの観測も行なう。実際に大発生が起きると、汚染の危険がなくなるまで近隣の漁場や養殖場は閉鎖される。貝類や甲殻類にひそむ細菌や毒素の濃度を定期的に検査している国も多い。昔のように下水が無処理のまま海に垂れ流されることは少なくなったが、沿岸域には水の汚染の問題が相変わらずつきまとう。

ヨーロッパの国々の貝類や甲殻類の漁場では、捕獲した動物に含まれる人糞由来の腸内細菌の量に応じて漁獲物の厳格な格付けが行なわれている。

レベルAの軟体動物は海から採ってきてそのまま食べてもよい（軟体動物の肉一〇〇グラム当たりの大腸菌数は二三〇個以下）。これに対して腸内細菌数が多いレベルBの軟体動物（一〇〇グラム当たり大腸菌数は四六〇〇個まで）は食べる前に殺菌（除菌）しなければならない。エムズワースのカキ中毒や、ヨーロッパや米国で発生したほかの腸チフス以降、二枚貝を除菌するさまざまな技術が開発された。現在の優れた技術では、きれいな水（紫外線照射をすることが多い）を勢いよく流している水槽に生きた二枚貝を四二時間つけて体組織から汚染を取り除く。レベルAの漁場で採れたカキでも、念のため除菌する場合がある。

そして格付けにはレベルCもある（一〇〇グラム当たり大腸菌六万個まで）。この汚染度になると、食用にするかどうかを検討する前に、捕獲した海域とは別のきれいな海域にいったん移さなければならない。腸内細菌数がレベルCよりも多い軟体動物は食用にするのは厳禁とされる。

自然界へ垂れ流した汚染物質から身を守る方法が必要に迫られて考え出されたので、今、市場に出まわっている軟体動物は、少なくとも先進国では食用にしても何の問題もない。軟体動物を食べようとするときにもう一つ問題になるのは、種類によってはおいしすぎるということである。養殖技術が開発されるはるか以前から、人は貝を採りすぎるという悪癖があった。

## 誰がシャコガイを食べたのか

人間によって絶滅の危機に追いこまれた最初の野生動物と考えられているのはシャコガイで、それは一二万五〇〇〇年ほど前にさかのぼる。シャコガイは地球上に現存する貝類でもっとも大きく成長し、長さは一メートルをゆうに超え、寿命は一〇〇年を超える。

何年も前になるが、私はオーストラリアのグレート・バリア・リーフで生きたオオシャコガイを初めて目にし、その大きさに息を呑んだ。私が貝を見下ろしてほほえむと、貝は色とりどりの波形の口で微笑み返したように見えたが（筋肉質の外套膜《がいとうまく》の中には渦鞭毛藻という光合成をする微生物が棲んでいて、この微生物の鮮やかな色で外套膜が染まっている。多くのサンゴの中に棲んでいるのと同じような微生物である）、私の影が横切るのを数百もある小さな目で察知し、ためらいがちに外套膜を引き入れてから殻を閉じてしまった（口絵④）。

人をはさんでつかまえる危険な貝というのは、まったくばかげたつくり話で、この巨大な二枚貝に体の一部をはさまれて動けなくなった人がいたという報告はない。数多くの伝説上の怪物と同じように、人が怖がるよりもオオシャコガイの方が人を怖がっている。

数年前に紅海の温かい透明な海を調べていた潜水調査隊が、これまで誰も見たことがないシャコガイを見つけた。ドイツのアルフレート・ヴェーゲナー研究所に所属するクラウディオ・リヒターは、大きく波打つ貝殻を見たとき、これまで知られている七種のシャコガイとは様子が違うと感じた。体の一部やDNAを分析したところ、新種であることが判明し、調査隊はこの貝をトリダクナ・コスタータ

(*Tridacna costata*) と名づけた(「畝《うね》がある」という意味のラテン語の「コスタートス」にちなむ)。その後潜水調査隊はアカバ湾と紅海北部のサンゴ礁を探しまわったが、生きたトリダクナ・コスタータは、ほんのわずかな数しか見つからなかった。

昔からこれほど数が少なかったのかを知るため、調査隊は陸地に上がって紅海を縁取るように広がる砂漠の中や、海水面が今よりはるかに上昇していた時代にできたサンゴ礁の化石の中に、このシャコガイがないか探した。そして、トリダクナ・コスタータは一二万五〇〇〇年前には今よりもはるかにたくさんいて、この海域のシャコガイの八〇パーセント以上を占めていたことをつきとめた。現在の生息数は生きたシャコガイ全体の一パーセントにも満たない。殻も昔より小さくなって三〇センチほどしかなく、重さも、二〇分の一しかない。

このシャコガイの数が激減して殻が小さくなった理由としてもっとも可能性が高いのは、人間による乱獲である。人が獲物を探すときには、たいてい、いちばん大きなものを最初に採る。このため、野生動物の集団の平均体長が小さくなるという現象が起き、それは人間が好き勝手に採集したことを示すよい指標となる。シャコガイの場合には、貝を採集した昔の人たちが使った道具も見つかっている。紅海の海岸ぞいのもう少し先にあるエリトリアのサンゴ礁の遺跡からは、シャコガイやカキを採るために海に入った昔の人たちが置いていった道具と考えられる旧石器時代の石器が発掘されている。

人の食べ物に関係するこうした新しい発見によって、人の移動についての理解が大きく変わってきていて、アフリカから海岸ぞいに移動する道筋が重要かもしれないと考えられるようになっている。そして、一〇万年以上も前に紅海からシャコガイが姿を消したことは、そのあとに続く事態の前哨戦にすぎなかった。

軟体動物の乱獲の物語は歴史の中で何度も繰り返されてきた。貝殻の山を見れば、大きな巻貝であるピンクガイがカリブ海にいかにたくさん生息していたかわかる。今は稀にしか見つからず、国をまたいで保護に乗り出しているものの数は減り続けている。また、カリフォルニア沿岸のケルプの森では、貴重なアワビを求めてダイバーが海に潜る深さがどんどん深くなっている。そしてシロアワビとクロアワビは絶滅危惧種になってしまい、アカネアワビと緑色のクジャクアワビもその後を追いつつある。人間はアワビを求めて深く潜ろうとするだけでなく、違う色もほしがるようになるらしい。

軟体動物の乱獲でいちばん知られた事例はニューヨークのカキだろう。かつてはハドソン川で一〇〇万個単位でカキが採取できた。マーク・カーランスキーは著書『牡蠣と紐育』に、マンハッタンの川で貝を採って、そこからすぐのところにある店でそれを料理して出していた時代があったと書いている。ニューヨーク周辺で採れなくなると、漁師は付近一帯の海岸線を漁場にするようになり、生息環境破壊の爪痕を残していった。アメリカ西海岸やオーストラリアでも同じで、サンフランシスコやシドニーのカキ需要を満たすために後先を考えずに乱獲した結果、漁業として長続きはしなかった。

このように漁獲高が減ってしまったので、今日私たちが食べる貝のほとんどは養殖されたものである。しかし世界を見わたすと、天然のカキがまだ豊富な地域もある。そこでは地元の人々が禍根の歴史を繰り返さないためにたいへんな努力をしている。

## カキの森の守護者――ガンビア

冒頭のバオバブの木と貝塚から海岸ぞいを少し南へ行ったところで、もっとたくさんの貝殻の山に出会った。ガンビア川の広い河口を、人が歩くよりのろのろと進む錆びたフェリーの混み合う船室の一員となって私はバンジュールへわたった。ガンビアの首都バンジュールは、川が大西洋に注ぐ地点にできた島の上にあり、国土は首都から東側に、まるでセネガルを指さしているかのように、信じられないくらい細く、長く広がる。港でタクシーに乗り、バンジュールと本土をつなぐ橋をわたると、道のわきに銀灰色の塚が連なるのが見えた（口絵⑫）。路肩には停車した車の列ができていて、ガンビアの人々がここへカキを買いに来ていた。

ほかの国々と同じようにガンビアでもカキはご馳走だ。そしてガンビアのカキは世界でいちばん安く買える。ブリキ缶ですくって袋につめた炙《あぶ》りガキが一袋二五ガンビア・ダラシもしない（一ガンビア・ダラシ二・五円として六二円くらい）。このカキは思いがけない場所で採れる。

バンジュールのわきにはマンハッタン島よりもわずかに狭いタンビ湿地国立公園があり、みごとなマングローブが緑豊かに茂る。この水に恵まれた森縁には家々が散在し、そこにはマングローブの根もとのカキを採集する女性たちが住んでいる。大黒柱として家族を養っている女性も多い。男たちはぶらぶらしているか、とっくの昔にいなくなっていた。私はこの女性ばかりのカキ漁業者と、女性たちの自立を支援すると同時にガンビアの傷つきやすい湿地を保護している女性に会いに来たのだ。

ファトゥ・ジャンハは敬意をこめてファトゥおばさんと呼ばれている。ガンビアで生まれ育ったが、外交官の夫とともに世界各地に移り住んだあと故郷へ戻ったある日、カキを売る女性たちと立ち話をした。

ファトゥは、バンジュールへと続く道路の端でカキを売る女性たちを少女のころから目にしてきた。「この人たちが支援を必要としていることに気づいたのです」。オールド・ジェシワンの市場の近くにある、小鳥の声が窓から聞こえる事務所に座ってファトゥは話し出した。「最初は、なぜ私が関心を持つのか理解してもらえませんでした。長いあいだ捨て置かれてきた女性たちだったのです。いつも言っているのですが、人はカキを買っても、その裏側の事情には目を向けようとしません」。

ファトゥが女性たちのところへ話を聞きに行くと、生活の様子や、生活費をかせぐときに直面する問題を話してくれた。自分の電話番号を教え、何か手助けできることがあれば知らせるように伝えて待っていたら、数週間後に電話が鳴った。

ファトゥはガンビアへ戻ってきたときに服を縫って売るブティックを始めた。しかしここ数年は「トライ（TRY）女性カキ漁業者協会」の運営にエネルギーをつぎこんでいる。女性たちと会ってから大きくしてきた地域振興プロジェクトで、団体名には、タンビの女性は生活をよくすることを「試す」（英語の「トライ」）機会を与えられるべきだというファトゥの理念がこめられている。

二〇〇七年にトライが設立されたときには、タンビの天然資源が過剰に利用されていることを否定する者はいなかった。一九六〇年代以降、隣接するセネガルやギニアビサウ共和国からの移住者が増えて地域の人口が増加していた。移住者の多くはこの近辺の海岸に何世紀も前から居住しているジョラ族で（紛争が起きているセネガル南部のカザマンス地方出身が多い）、長いあいだタンビで働いて生活してきた。ここの豊かな海の貝を採って生計を立てて家族を養ってきたのだが、ここ一〇年ほどのあいだに漁獲量が減ってきて、マングローブの森深くへと立ち入るようになった。しかし森の奥で見つかるカキは小さくて痩せていた。ファトゥが現われたときには、森のカキで生活していくのはとても難しい状況になっていた。

ファトゥは、カキを採集する人たちの声を取りまとめるという、じつに簡単だが影響力のある活動を始めた。当初のトライの構成員は、一つの集落の女性たち四〇人だけだった。カキが採れない雨季のあいだ、女性たちが小さな仕事で収入を得られるようにと、ファトゥは銀行に口座を開く手助けをして、補助金を使った小規模融資の事業を始めた。女性たちが料理や手工芸を習うための教室を開き、健康相談に乗り、貯金をするよう促した。とくに、女性たちが学費をためて娘たちに教育を受けさせるようになることを願った。すぐに噂は広まり、今ではタンビ一帯の一五の集落から五〇〇人以上が集う団体になっている。数年前には見知らぬ者どうしだった女性たちも、親しい友達、あるいは仕事仲間としてつき合うようになった。

## トライ女性カキ漁業者協会

マングローブ林で働いている女性たちに会いに行かないかとファトゥに誘われた。私たちは小さなモーターボートを借り、タンビの湿地の森を島のように分断するボロンと呼ばれる支流をいくつかたどりながらゆっくりと川をさかのぼった。

塩分で葉が白く覆われるマングローブの木々の根が水面からくねりながら立ち上がっている。青いカンムリカワセミが電光石火のごとく私たちの横を飛んで行き、高い枝に止まっていたペリカンはガアガア鳴きながら大きなくちばしで羽づくろいをしていた。この湿地には渡り鳥も含めて三六〇種ほどの鳥が生息していて、世界中の人がバードウォッチングにやって来る。

森には私が目にしなかった動物がほかにもいて、植物が密生する藪にはアカコロブスというサルがひそんでいること、コツメカワウソが水草の中を泳ぎながらカニを探していること、泥水の中にはマナティも隠れていることを教えてもらった。

エンジンの音を響かせてマングローブを進みながら、ファトゥはカキの採取や売買について詳しく話してくれた。ここの女性たちは、ときには集落の若い男性に手伝ってもらいながら長時間カキを採り続ける。採ってきたものは火で炙《あぶ》ったり燻《いぶ》したりするが、生で食べても安全かどうかを調べるための長期水質検査も行なわれている。ファトゥは、ここのカキが地元のホテルやレストランで使われるようになる日がくることを願っている。休暇をガンビアで過ごす人は大きく二つに分けられ、野生動物を見に来る人たちと、太陽と海と砂浜を求めてやって来る貧乏旅行の人たちがいるが、どちらにも地元の海産物を味わってもらいたい。

女性たちが稼げる仕事はほかには家政婦があるのだが、カキの採取は重労働であるにもかかわらず女性たちはカキ漁を好む。カキ漁ならば自活できるし、緊密に組織された女性団体にも属して自己実現にもつながる。ファトゥによれば、ここの女性たちは国内の最貧層で、ほかのガンビア人もほとんど知らないような見捨てられた地域に住んでいる。

「社会がここの女性たちに目を向け、敬意を払ってほしいのです」とファトゥは私に言った。多くのガンビア人がカキを喜んで食べるのに、カキがどこで採れるのか、誰がそれを採取するのか、ということについて関心を払う人はほとんどいないとファトゥは怒る。一緒に過ごしたのは短い時間だったが、ファトゥの率直な話し方や、人を惹きつけるエネルギーが女性たちに元気を与えることで、トライが軌道に乗っているのがわかった。ファトゥは、女性たち自身がたくましいのだと譲らなかったが。

船のエンジンを切ってファトゥが甲高い声で呼びかけると、数秒して返事があった。深い森の中で作業をする女性たちが仲間に居場所を知らせるための交信方法だ。小さな支流へ入ったところで、木をくりぬいてつくったカヌーを岸へ引っ張り上げて二人の女性がせっせとカキを集めていた。

季節は五月初旬だったのでカキの最盛期だった。数年前までは、カキの採取は雨季に入る六月まで続け、そのあと一二月に再開していた。今は、カキの成長を待つために再開は翌年の三月にしている。マングローブのカキは熱帯種なので温帯種の仲間よりもずっと成長が早く、数カ月待つだけで採取できる量が大きく違ってくる。禁漁期を延長したら、一年もたたないうちに以前より大きなカキが採取できるようになり、売値も上がった。もう一つよかったことは、貝が大きいほど次に残す世代の数が多いことだった。

トライの活動のうち先見性が高かったものの一つは、女性たちにタンビで働く権利を保証したことにある。トライの女性たちも、助言を与える委員会も、誰がカキを採取できるのかを自分たちで決められるようになり、決まりを破った人には罰金を科すことができるようになった。アフリカの女性団体が生活の基盤となる貴重な天然資源の所有者として認められた最初の事例である。ここの湿地は、もはや誰もが好き勝手できる場所ではなくなった。

それぞれの集落は、自分たちの共同体「ボロン」について責任を負い、トライの一員ならば誰が作業をしてもよい共同区もある。また、禁漁期を延長したことに加え、タンビの一部に採取しない区域を設けた。長期間手をつけないことでそこのカキの生息数を増やし、周辺地域の生産量を回復させたり、カキを補充しやすくしたりする。不法に薪を採取した人や、間違った場所や間違った時期にカキを採りすぎた人は多額の罰金を払わなければならない。この決まりは、女性たちが川底から採集するオヤカタサルボウという貝も対象になっている。取り決めより小さな貝を採集することも罰金の対象になる。

こうしたことはすべて、カキを採集する人たちがトライのもとで一致団結するまでは実現不可能だった。取り決めは、林業や漁業を管轄する省庁のほか複数の関係機関がからむ複雑な共同管理計画にもとづいている。関係機関の調整は並大抵のことではなく、女性たちは力を結集する必要があった。お互いの顔も知らず、話をすることもない人たちが個々に働きかけても、取り決めが成立することはなかっただろう。また、女性たちは望むとおりに湿地で働く権利を与えられただけでなく、湿地の世話をする権利もゆだねられた。今やタンビの公式管理人なのだ。

潮が引いてきたので、私は船から降りて岸を横切って女性たちが作業をしているところへ行こうとした。しかしすぐに泥に足をとられて動けなくなった。膝まで泥につかってしまい、靴の中まで泥が入ってきたので、その場で両腕をふりまわして、それ以上泥に沈まないよう最善をつくした。女性の一人が私の窮状に気づいて助けに来てくれて、こともなげに私を泥から引っ張り出し、水のない地面まで連れて行ってくれた。片言のウォロフ語で女性に礼を言うと、にっこり笑って作業に戻った。見ると、手に靴下を二枚重ねてはめて、とがった殻から手を守り、海水から出たマングローブの根についているカキを小さなナイフで素早くかき取っていった。木の根にはカキの殻の一部が厚く残り、ドロドロしたセメントを塗りつけてあるように見えた。

大小さまざまなカキに覆われた根を鉈《なた》でごっそり切り取る者も以前はいた。しかしこの採集方法だと、小さなカキも根こそぎ採取してしまうことになり、森も破壊する。トライの女性たちは適切な大きさのカキだけを選んでていねいに採取するようになっただけでなく、イガイ類の養殖のように、ロープを水中に垂らして稚貝を集める養殖技術も試している。

籠がカキでいっぱいになると、女性たちは岸辺に移動してカヌーの中にカキをあけた。そこへついて行こうとして、私はまた泥にはまってしまった。まったくもって恥ずかしい限りだ。そのたびに作業を中断して、信じられないくらいの腕力で私を助けてくれた女性が、少なくとも妊娠六カ月の身重だということにそのとき気づいた。

## 二日にわたるカキ祭り

マングローブ林へ行った数日後、私はガンビアのカキ漁の別の面を見る機会に恵まれた。ファトゥは毎年カキ祭りを開催する。目的はお金を稼ぐこと、ガンビアのカキの宣伝をすること、そしてトライのメンバーにお祝いの場を提供することだ。女性たちが道路わきでカキをむき（口絵⑯）、タバコを吸い、カキを売っている横のバオバブの小さな森の木陰に、お祭りのための砂の広場がつくられていた。

私がその広場に到着したのは女性たちが入場し始めたときだった。集落ごとにおそろいの服を着て、集落の名前を書いた横断幕を持っていた。披露された衣装はどれもみごとなもので、明るい色のワックスプリントの布地でつくったドレスにレースやフリルの縁飾りを施している集落もあれば、絞り染めのスカートに真っ白なシャツを着て、色とりどりのビーズをつなげた紐《ひも》を首と肩にかけている集落もあった。髪をきれいに編んできっちりと結い上げて髪飾りをしたり、服に合わせた色とりどりのスカーフをうまく結んだりかぶったりしていた（口絵⑮）。広場を誇らしげに歩いているうちに踊り、歌いだし、そうやって二日間おおいに楽しむのだ。

音楽は、疲れを知らない若い男たちの一団が演奏していた。バンドの構成はドラム四人のほかに、使い古したサックスを吹く男が一人で、サックスの音を間違えたり途切れさせたりしないように苦心していた。オーディオセットはやかましく音を発するスピーカーと、歌を歌うためのマイクが一本だけ。みんな、はにかむことなくこのマイクを持って歌っていた。

踊りには一〇代からおばあちゃんまで、みんなが参加した。輪になって順番に真ん中へ出て踊りを披露する。まわりの人たちは手拍子をしながら歌を歌ったり、囃《はや》し立てたりする。女性たちは首にかけた色とりどりの鎖にホイッスルもつけていて、リズムのよいドラムにホイッスルの音色も加わった。ホイッスルが入ると、一九九〇年代の初めに流行った大音量のダンスパーティーのレイヴの様相を呈した。私がカキ祭りに参加するのはこのときが初めてだったが、これほど楽しいお祭りは世界中見まわしてもめずらしいだろうと思う（口絵⑭）。

スピーチが始まると音楽も踊りも突然やんだ。木陰の貴賓席に座って祭りの成り行きを見物していた後援者や地元の名士は、スピーチをするというかたちで祭りに参加する。そしてスピーチが終わると、祭りの続きはじつに奇妙な催しになった。トライのメンバーがレスリングの勝ち抜き戦を始めたのだ。

西アフリカではレスリングはとても人気のあるスポーツなのだが、ふつうは男の子や成人男性どうしで対戦する。セネガルとガンビアの浜では、毎朝、毎晩、若者が集まってレスリングの技を磨く。プロのレスラーは、サッカー界のスター選手なみの報酬つき特別待遇を受け、試合には膨大な数の観客が集まる。女性たちにレスリングをけしかけたのはファトゥだった（口絵⑬）。

「ジョラ族はレスリングで有名です。女性がやってもよいのではないですか？」。女の子は家庭で兄弟姉妹とレスリングをして遊ぶので、トライの女性たちがレスリングの競技をしてもよいのではないかと思ったとファトゥは説明した。そんなことを考えた人は誰もいなかったので、どのような反応がかえってきたかは想像に難くない。しかし結果は、ファトゥがこれまで実行してきたほとんどのことと同じように大成功を収めた。

砂地のリングに相対する女性や女の子が二人上がる。色とりどりの衣装の上にはレスリング用の腰巻をしている。対戦の前に、相手を威嚇するような足踏みダンスを踊ってから、腕と頭を組み、つかみ合ったまま相手を地面に組み伏せようとした。対戦は常に審判の判定にそって進められた。対戦者の足のあいだにうまく手が入り、相手を空中に投げ飛ばす女性もいる。こういう対戦に観衆は大喝采を送る。勝者は誰かに肩車してもらい、競技場を一周するのだが、敗者も同じことをすることがあり、こうなると私にはどちらが勝者なのかわからなくなった。勝っても負けてもいいということだろう。

催しが進行するあいだ、私はカキを盛った皿を手に観戦していた。マングローブで採れたカキは、カキというよりイガイのような味がすると思った。ここのカキはマガキと同じ *Crassostrea* 属に分類されるが身は小さい。カキの春巻き、ピリッと辛みの効いた西アフリカの伝統料理「ヤッサ」、いちばんおいしいカキの食べ方を調べるのに熱中していたら、食事を中断することになった。

ファトゥは、私がリングに上がる番だと言うのだ。ルールを知らないからと固辞したが（競技を眺めていただけなのでルールを理解できていなかった）、ファトゥは聞く耳を持たなかった。しかしやはり可哀相だと思ったのだろう、ありがたいことに、トライの手ごわい選手や一〇代女性の選手とは組ませずに、観客の中にいた何も知らないヨーロッパ人を対戦相手に選んでくれた。

私とそのもう一人は、見よう見まねの前哨の踊りをおどり、観客の声援の中、数分にわたって相手をついたり押し合ったりした。子どものころに姉や妹と思いっきりレスリングをしてこなかったことが露見するのは時間の問題だった。私の対戦相手はまず私を自分に引きつけてから足を私の足の後ろに伸ばし、上手に私を背中から押し倒した。砂地のリングに倒れて雲にかすむ太陽を見上げている私のまわりに、大喜びのカキ採りたちが駆けつけてくるのを見ながら、カキの試食という大事な仕事に早く戻ろうと決めた。

海の環境のため、あるいは人の健康のために、どの海産物を食べるのがよいかということはそれほど重要ではない。食べる種類は何か、どこで採れたものか、どのような採り方をしたか、誰が採取したかによって重要度が違ってくる。タイでは、劣悪な環境の漁船に乗せられて、「捨てるような獲物」を採るためにただ働きさせられた人がいたという悪い知らせを最近聞いた。人間の食料にならないような小さい未成熟の海の幸を海底からかき取って生態系を破壊し、それをすり身や魚油に加工して養殖エビや養殖魚の餌にするためにヨーロッパや米国に出荷している。しかし祭りで料理を食べながら、ガンビアのカキは人間や自然の犠牲の産物ではないということを、しみじみと感じた。トライの女性たちがレスリングに興じて歌って踊っているのを眺めながら、とても簡単なことに私は気づいた。大切な生息地（マングローブ林のような）を保護し、成長がゆっくりで年数がかかる種類（シャコガイのような）を食べず、漁師に相応の収入があるようにすればよいのだ。私たちが食べるどの海産物もこの簡単な決まりで管理した方がよいのはわかっていても、残念なことに、これを実現できる事例はほんの例外にすぎないようだ。

chapter

# 5 貝の故郷・貝殻の家

**イギリス**

5章に登場する地名

## 失われたカキ漁

次のカキとの出会いでは、確かにそこにいるはずのカキの姿を見ることはできなかった。私はイギリスのマンブルズの桟橋の先端に立って、くすんだ緑色に濁った水面を見下ろしていた。スウォンジー湾を吹きぬける湿った風で水面は波立ち、船を出すのはためらわれる日和だった。湾の反対側には、モルドール（『指輪物語』に出てくる国名）の近代工業版とも言われるポート・タルボットの製鉄所の塔がぼんやりと見える。私のいる湾の西側では、それほど緊迫した雰囲気はなかった。

もっと穏やかな天気だったら、漁業研究者のアンディ・ウールマーのたよりになる調査船トリトン号に乗ってカキを探すのを手伝うことになっていた。小さな桁網《けたあみ》を水深四、五メートルの海底で曳《ひ》き、時々引き上げて網に何が入ったかを調べ、水がもっときれいだったら、ビデオカメラを下ろして何が映るかを見てもよかった。

しかしその日は水辺を歩くだけにした。マンブルズの桟橋は一〇〇年以上前に建設されたもので、現在は修復中である。桟橋の端の砂浜には騒々しい娯楽施設が立ち並び、もう片方の端には新品の救命ボートがつないである。私たちは沖に二つ盛り上がるマンブルズ島に目をやった（マンブルズという言葉は、女性の素敵な体型を連想させる響きがある……）。アンディは海面に浮かぶオレンジ色のブイの方を指さした。数年前に見つけた古いカキ礁の位置に目印として設置したものだ。

一八九八年に埠頭が建設されたとき、マンブルズ島を見下ろすオイスターマウスの町ではまだカキ漁が盛んで、数百人の労働者を雇ってイギリス全体にカキを出荷していた。しかし今はカキ漁の亡霊がさまようありさまで、漁に使った船は朽ちるにまかせて放置してあり、パーチと呼ばれた囲いの低い仕切り板も砂浜に打ち捨てられたままになっている。カキを採ってきた漁師はこの囲いの中に収穫物を数日置いておき、ロンドンまでの水なしの鉄道の長旅に耐えられるように休ませたり、殻を閉じたままの状態に慣れさせたりするのに使った。町にはカキ料理を出す居酒屋や屋台が何軒もあり、酒場ではステーキのあいだにカキをつめた料理（「絨毯《じゅうたん》カバン」と呼ばれた）を注文して、色も味も濃い黒ビールで胃に流しこむこともできた。当時カキは金持ちだけのものではなく、誰でも口にできる食べ物だった。

一九二〇年代までは毎年カキの季節がめぐってくると町をあげてお祝いをした。子どもたちは、カキの加工場で山のように出る殻を小さなトンネルのように積んで遊んだ。この炭酸カルシウムの穴の中でロウソクを灯《とも》せば、殻がパチパチとはぜる。海辺を散歩していてこれをつくっている子どもに出会うと、お駄賃をわたす人もいた。

サウス・ウェールズのこの地域には長いカキ漁の歴史がある。三〇〇年以上前にはオイスターマウスのカキ礁はイギリスでもっとも収穫量が多いと言われていた。紀元が始まった最初の世紀にこの地方を支配したローマ人も、ここでカキを採ったと考えられている。町にはローマ人の住居跡があり、海を望むマンブルズの高台にはカキ殻の貝塚が最近見つかった（年代推定はまだ行なわれていない）。しかし今のオイスターマウスにはカキ漁師はもういない。屋台も、絨毯カバンも、カキ殻のトンネルもない。

マンブルズのカキ漁を復元してみようというのはアンディ・ウールマーの発案だった。うまくいくようなら、失われたカキ漁を復活できるだけでなく、失われた生態系も復元できると考えた。

## カキと生物群集

木が茂って森になったり、サンゴ虫が礁という構造物をつくったりするの[redacted]じように、カキも天然の建築家だ。大集団をつくるカキの種類は世界中にたくさんいて、海底[redacted]岸線にカキ礁を形成する。そして、ほかの無数の生き物がこれを住処《すみか》として使う。ほとんど[redacted]ない動物は巣として使える穴に落ち着き、植物食の動物は赤や緑や茶色の海藻が生育してい[redacted]を探す。死肉をあさる動物は飢えることがない。さまざまな動物種が互いに密接に関係し、[redacted]し合っているこのような集団こそが生態系と言える。現代の生態学につながる道筋を最初につ[redacted]たのもカキ礁の研究だった。

カール・メビウスがドイツのキール湾の[redacted]カキ礁を見つけたとき、メビウスの頭を駆けめぐったのはカキ漁としての採算が取れるかとい[redacted]とだった。一八六〇年代にメビウスはプロイセン政府からの依頼で、需要が大きくて利益が見[redacted]る種類の貝の収穫を倍増させる方法を探した。バルト海のこの海域はカキの養殖には向かない[redacted]ビウスは結論したのだが、その調査をしてみて、もっと壮大で興味深いことを考え始めた。

カキ殻の山には死ん[redacted]カキの殻に混じって生きたカキがいることは知っていたが、魚、カニ、ゴカイ、ヒトデなど、ほかに[redacted]さまざまな生き物が殻に付着していることにメビウスは驚いた。海底のどこよりもカキ礁は生き物[redacted]豊富な場所だと確信し、一八八三年に「生物群集（biocönosis）」という用語をつくった。

メビウスの考え方が革新的だったのは、動物種をそれぞれ個別に考えるのではなく、相互に影響し合っている多種類の動物集団を総体として考える点だった。メビウスが提唱した生きた生物群集と、海水、雨、土といった生命のない物理環境の両方を合わせて、もう一歩進んだ「生態系（ecosystem）」という言葉が生まれるまでに、さらに五〇年かかった。メビウスが生態学の基礎を築いているあいだに、彼の新しい考えに火をつけた当のカキ礁と、そのカキがつくった生態系は急速に失われていった。

ヨーロッパの海岸には、かつてはいたるところにカキが群生していた。どれくらい高密度だったかは、もはや知るよしもないが、手がかりがないわけではない。一八八三年に出版された『漁獲分布図』の図版には、ヨーロッパに固有のヨーロッパヒラガキ（*Ostrea edulis*）の分布が色つきで記されている。著者のオール・テオドル・オールセンが、何年もかけて旅をしてまわって漁師と世間話をしたり、海でどのようなものが採れたかを尋ねたりして集めた情報をもとにしている。オールセンの地図からは、フランス、イギリス、ドイツ、オランダの海岸だけでなく、イギリス海峡、ワッデン海、北海南部の広大な海岸線がカキで覆われていたことがわかる。

ヨーロッパのカキがとてつもなく広大な地域に生息していたということは、その利用もまた計り知れないほど激しいものであったことを意味していた。一九世紀のカキ漁の最盛期には、小さな帆掛け舟で三人の漁師が海底を数時間さらうと、三〇〇〇個のカキが収穫できたと言われている。一九世紀の半ばになると、ロンドンのビリングスゲート市場で取引されるカキは毎年五億個にのぼった。

しかし、繁栄が長続きしないのは世の常である。ローマ時代から続いてきたご馳走の宴は二〇世紀の初頭に衰退していった。鉄道が整備されて内陸部の市場を潤すために輸送量が増大し、漁船は以前より大きくなって馬力が上がり、底をさらうための道具も大きく重くなって効率がよくなったので、海底のカキがどんどん採取されてしまった。さらに悪いことに、産業革命が軌道に乗るにつれて、工場や鉱山からの廃水による海の汚染が人類史上で類をみないほど深刻になった。乱獲と海の汚染だけでもヨーロッパのカキを急減させるには十分なのに、とどめを刺した要因がもう一つあった。かろうじて生き残っていたカキが原因不明の病気で死んでいったのだ。

死んだのはヨーロッパのカキだけではなかった。カキはさまざまな種類が世界各地で繁殖していたが、同じような破局的な事態が各地で続いて、どこでもカキは一掃されてしまった。それまで知られていた世界のカキの繁殖地のうちの八五パーセントがこの時期に消滅している。

この数値は、おもに北アメリカ、オーストラリア、ヨーロッパの一四四カ所の汽水域について得られている、カキの消滅前後一三〇年間の膨大なデータから算出した平均値である。初期のデータには、カキの様子がおかしいと感じるようになってから集め始められたものもあるので、実際の消滅率はもっと高いかもしれない。何が起きているかを調べるために派遣された専門家は、鋭い殻のカキ礁がないか海底を文字通り手探りで調べて分布図をつくった。調査が終わるころには、手つかずだった場所の多くでも状況の悪化が始まっていた。

このような経緯だったにもかかわらず、完全に絶滅してしまったカキの種類はない。以前の分布域にちらほらと見かける程度になってしまったものの、まだ各地に残ってはいる。しかし、ヨーロッパの主要なカキ生育地は殻ばかりになってしまった。二〇一〇年にアンディ・ウールマーが、セント・ジョージ海峡をはさんでアイルランドの対岸にあるウェールズ西南部を海岸にそって一六〇キロメートルにわたって調べたときにも、見つけたのはカキ殻の山だけだった。

## カキ漁の復活をめざして

アンディが調べた海岸はスウォンジー湾からミルフォード・ヘブンにいたる地域だった。調査を始める前に漁師の記録をあたり、これまで知られていたカキの生息地を調べておいて、何が残っているかを自分の目で確かめに行った。調査隊は海底にビデオを下ろして生きているカキの痕跡を探し、海底の泥をすくい上げてカキがいるか調べた。

わずかばかり見つかった生きたカキには、最近になって侵入してきたボナミア（*Bonamia*）の寄生も見られ、新たな脅威にさらされていることもわかった。病気を引き起こすこともあるこの微生物は一九八〇年代に初めてイギリスに現われ、おそらくは感染した稚貝に運ばれて徐々にイギリスの海岸に広がった。感染してもほとんどのカキは正常に見える。しかし成貝の心臓や鰓《えら》を顕微鏡で見ると球形の微生物がいるのがわかり、状態が悪化していることを物語る。この微生物に感染した五つのカキのうち四つは死んでしまう。

もともとイギリスに生息していなかった移入種の問題もある。一八八〇年代には、減少した地元のカキの生息数を回復させるために大西洋を隔てたアメリカ大陸からカキを輸入し、それにくっついてネコゼフネガイがイギリスにやって来た。この貝は性転換しながら同種の仲間と積み重なるように塊になって増え、大量の粘液を出す（消化する前に要らないものを吐き出す偽糞）。この粘液が海底を厚く覆うと、カキの稚貝の着底が妨げられる。またウェールズ以外のイギリス各地では、別の移入種であるカキナカセガイという巻貝がカキを貪《むさぼ》り食っている。故郷のアメリカ大陸にはいる天敵がイギリスにはいないので、ヨーロッパヒラガキを平らげながら増えている。

アンディが調べたときにウェールズのカキは明らかに悲惨な状況にあったが、アンディはカキが完璧に消滅したとは考えなかった。カキの復活の可能性を探る研究会に参加し、カキの生態がいかにとらえがたいものであるかを研究者たちが論ずるのを聞きながら、もう議論はやめて行動に移らなければならないと考えた。ウェールズの海にカキを復活させられるかどうか、やってみたくなったのだ。

マンブルズを試験地に選んだ理由はいくつかあった。まず、ここはボナミアの寄生が起きていない数少ない海域の一つだった。そしてアンディが拠点にしていたスウォンジー港に近かった。ウェールズの漁業協同組合から借りた高解像度のソナー（魚群探知機）を使って海底を精査し、打ち捨てられたカキの群生地をいくつか見つけた。古い殻の山があれば、カキが新しい集団をつくるときの産卵地として使える。そこでアンディは、カキの漁師として経験を積んだフェントン・デュークと一緒に「マンブルズ牡蠣会社」を立ち上げた。

「全財産をカキにつぎこむ気はないよ」とアンディは私に語った。それほどの財産があったわけではなく、事業で儲けようと考えているわけではないということを言いたかったのだろう。経済的にも生態的にも疲弊しない漁業をマンブルズで始めるのが夢だった。よそからもらった補助金をあてにせずに操業でき、カキ礁という生態系をこの先ずっと残せる、そんな漁業をめざすということだ。

マンブルズ牡蠣会社に集う仲間は、何か貝を復活させて、かつて村が誇った産業も復活させたいと考えている。マンブルズで初めてカキが採れてから世の中は大きく変わったので、二一世紀の技術と、慎重で前向きな維持管理をもってすれば、カキは復活できるとアンディは固く信じている。ヨーロッパヒラガキを絶滅の淵からよみがえらせることが可能であることを世界に示したいと思っている。

マンブルズの桟橋の沖にある三五ヘクタールの長方形の海底をマンブルズ牡蠣会社が利用する許可をもらうための書類づくりには数年かかった。やっと許可が下りて最初に行なったのは、海底のカキ礁にカキを撒くことだった。

ここの湾全体を調べてアンディが見つけたカキは、成貝が数個と、カキの死貝の殻にくっついて成長している稚貝（スパット）がたったの二個だけだった。カキの数を増やすためには、ここで繁殖する集団をまずは構築する必要があった。そこで、ウェールズ政府とEUから起業支援のための資金をもらい、ボナミアに感染していない、スコットランドのロック・ライアン産の元気なヨーロッパヒラガキの成貝四万個を購入した。数百袋のカキはトラックで何回にも分けて、市場ではなくマンブルズに運ばれ、二〇一三年から二〇一四年にかけての冬に海底のカキ礁の残骸の上に撒かれた（口絵⑨⑩）。

その年の冬は長くて海が荒れたので、海底のカキが無事かとアンディは気をもんだが、春になってカキ礁を調べに行ったら、移植したカキがかなり生き残っていたので胸をなで下ろした。ヨーロッパヒラガキがスウォンジー湾で生息できることを実証したのだ。

マンブルズの桟橋の端から濁った海面を見下ろしながら、いちばん大事な次の疑問に私は思いをめぐらせた。移植されたカキは満足しているのだろうか。増殖できるくらい元気にしているのだろうか。

## カキの冒険

カキは複雑な生活史を営む。カキが成長するのを見ていると、大きくなったときにどのような生活をしたいのかわからずに成長していくように見える。ヨーロッパヒラガキでは、雄のカキが海水中に一群の精子を放出するところから成長が始まる。うまくいけば、受け入れ態勢が整った雌のカキのわきを漂う精子があり、それを雌が吸入管から吸いこんで殻の中の卵子を受精させるのに使う（カキの種類によっては雌も卵子を水中に放出するので、この場合は受精は殻の外で起きる）。カキが生きていくうえで乗り越えなければならない問題がまずここで持ち上がる。雌が近くにいなければ、放出された精子は無駄になるのだ。

二枚貝は巻貝のようにベタベタした交尾はしないが、直接接触しないにしても、カキの場合は雄と雌があまり離れていては受精が成功しない。あっちにカキが一つ、こっちにも一つというのではだめで、アンディが産卵を控えたカキをたくさん運んできた理由もここにある。海底に密集させるように投入すれば（一平方メートル当たり一〇個くらい）、受精が成功する確率がもっとも高くなる。

受精が成功すれば雌が鰓や外套膜《がいとうまく》のすき間で受精卵を一〇日ほど育てる段階に入る。親貝の閉じた殻の中に見られる滑らかな白い乳のようなものが幼生である。これを嫌う人の中には、見た目のとおり白い反吐《へど》と呼ぶ人もいる。カキはRがつく月に食べるのがよいと言われるゆえんである（イギリスのヴィクトリア朝時代に初めて広まった決まりごと）。英語でRがつく九月から翌年の四月までのこの時期は北半球では冬にあたり、まだ産卵の最盛期になっていない。雌のカキを産卵最盛期に食べても何の問題もないが、幼生でいっぱいの白い汁は誰の口にも合うものではないだろう。また、この時期に食べないことは、カキの生態的な面からも経済的な面からも好ましく、次の年のためにより多くの子孫を残すことにつながる。母貝の中で成長した幼生は灰色になり、やがて黒くなると、母のもとを去って自分で生きていく準備が整う。

ヨーロッパヒラガキの母貝一個からは、大きさにもよるが最大で一五〇万もの幼生が海へ送り出される。世界中の海がカキだらけになる数のように私は感じてしまうのだが、海はもちろん危険に満ちていて簡単に生き延びられる環境ではないので、送り出された幼生のうちほんのわずかしか成貝になれない。

自立したカキの赤ちゃんは分泌物で二枚に合わさる殻をつくる。そこに、くねくねと動く小さな毛の束が生え、それをプロペラのように使って水中を泳ぎ、この状態で数週間さまよったあと、もう一度体型を変化させる。二枚の殻から舌をつき出したような足ができるのだ。そして海底に沈んで歩き始め、生涯でもっとも重要な探索を行なう。

カキの幼生は這《は》いまわりながら海底の表面を調べ、落ち着くのに適した場所を探す。降りた海底が気に入らなければ再び水中を浮遊することができ、流れに乗って少し移動してからまた海底の探索を続ける。

幼い貝が必死になって探すのはカキ殻にたどり着くためのにおいや味で、着地する場所としては空っぽになったカキ殻がいちばん望ましい。生きているカキ殻にも、死んだカキ殻にも、細菌やほかの微生物が膜状に生育していて、これらの生き物が揮発性の化合物を生成している。化合物は目には見えないが、「集まれ」という情報を幼いカキに発信している。ほかに適当なものがなければ石や木片にもくっつくが、同じカキの殻のにおいの方がずっといい。

求めるにおいが漂ってくるのを嗅《か》ぎつけると、微小な貝はその方向へ這っていって最後の変身の準備に取りかかる。突然立ち止まると石灰質の糊のようなものを一滴吐き出し、別のカキの殻や死んだ貝の殻の外側に自分の左の殻を貼りつける（糊は数分で固まる）。ここからあとの段階をスパット（稚貝）と呼ぶ。固着すれば移動する必要がなくなるので、自分の足を分解再吸収して巨大な鰓をつくるのにあてる。その鰓で生涯（運がよければ二〇年くらい）、酸素と餌の微粒子を濾《こ》し続ける。

続く一二カ月間でカキの稚貝は親指の爪より少し大きいくらいの成熟雄に成長する。ヨーロッパヒラガキは成長過程でまず雄になり、産卵期間中に何度か性転換を繰り返す。産卵しては精子をつくり、また産卵する。

三、四年すると長さが七センチくらいになり、一五年くらい海底に放っておかれると、毎年殻の上塗りを続けて一一センチ以上の大きさになる。それほど大きくならないうちに魅惑的なにおいが幼いカキ（おそらく自分が産んだものも）を惹きつけ始め、毎年毎年、産卵のたびにカキの殻が世代を重ねて積み重なり、カキ礁やカキの護岸が築かれる。

## 生育の足場になるカキ殻

カキがこうした生活を営んでいることを人間は昔から知っていた。多くの種類のカキが殻どうしくっついて身を寄せ合うことを利用して、収穫を倍増させる手軽な方法も考え出されている。米国のカキ漁が黄金期だった一八〇〇年代には、漁師はカキをむく作業場や缶詰工場へ出向いて、「カルチ」と呼ばれるカキ殻を集め、その殻の貝がもともと棲んでいた海へ投げ入れた。海に成熟したカキが十分にいれば、そのカキから生まれた稚貝が居を定めて成長するための空間を増やすことにつながった。

カキ殻を撒くときにヒトデなどの天敵を一掃する作業をすることもある。米国コネチカット州のニューヘブンでは、一八七九年に「ヒトデ一掃モップ」が使われるようになった。綿のロープをほぐして束ねた「モップ」を海底に下ろして引きずり、ヒトデのねばねばした管足をひっかけて集めた。ヒトデがたくさんついたら船に引き上げ、大きな釜《かま》に沸かした熱湯につける。そうしておいて、大量のカキ殻と、次世代を増やす一助になるカキの成貝を海に投げこんでいった。農家と同じように漁師も海の資源を育てていたのだ。

ここ数十年のあいだに破壊が進んだ環境をもとに戻すのに、カキ殻を海に戻すという手法を環境保全活動でも取り入れるようになっている。生態系の回復には手間ひまがかかるのに、必ずしも首尾よく事が運ぶわけではない。しかしカキについてはうまくいくようだ。とくに米国で行なわれている再生事業では、カキの生息地の生態系機能を完全に回復できる見通しが出てきた。

米国では東海岸にも西海岸にも、群生する性質のカキが生息している（大西洋岸にはバージニアガキ、太平洋岸にはオリンピアガキ）。密度が高い場所では海底から数メートルの高さのカキ礁が形成され、かつては船の航行の障害にもなった。米国でカキが大繁栄を誇っていた時期には、たまに通る船体を切り裂く事故も起きている。しかしカキ礁が人の役に立つことも多かった。

大きなカキ礁は、高潮や浸食から海岸を守る。稚魚や稚貝の揺りかごにもなり、そこで成長した貝や、海へ泳ぎ出た魚は、人間に捕獲されて食卓にのぼった。ぽかんと口をあけているように見える二枚貝は、沿岸の海水を浄化してきれいな海を維持する重要な役割もになう。

米国各地の汽水域では、川から海へ流れ出る水がすべて、カキの鰓を通過した計算になるくらいカキが多い時期もあった（一〇〇年ほど前のことだ）。水を濾過《ろか》して浄化するという、なくてはならない仕事を無数のカキが何の見返りも求めずに行なっていたことになる。水中を漂う泥の粒子は、放っておくと海草やほかの太陽を好む生き物に降り積もる。カキはこうした粒子を取り除いてくれる。陸から流れこむ化学肥料や下水由来の余剰な栄養塩も吸収して有害な藻類の大発生を防いでくれる。しかしヨーロッパにおける乱獲、海洋汚染、病気の蔓延と並行するように、米国の海岸一帯のカキ礁も似た運命をたどってきた。

川から流入する水をすべて浄化するのに十分な数のカキが生息している汽水域は、今は米国には一カ所しかない。この事実を明らかにしたのは、過去と現在のカキ礁についての膨大なデータを解析したケンブリッジ大学のフィリーン・ツ＝エルムガッセンだった。調べた一三カ所の汽水域のうち、フロリダ半島のつけ根にあるアパラチコーラ湾では、湾に流入した水がメキシコ湾に注ぐ前にすべて浄化できるだけの数のカキが生息する。そしてカキがこれほど有益に働いているのは、カキを復活させた環境保全活動のおかげだった。

米国の海岸に面した州のほとんどは、何らかのカキ復元事業を実施している。こうした事業の多くは地元の住民有志が時間を割いて行なっているもので、身近な海岸にカキが復活するのを楽しみにしながら活動している。海にカキを取り戻すためにいろいろな方法が試された。

フロリダ州のジョン・F・ケネディ宇宙センターを遠くに望むカナベラル国立海岸の浅い海域では、海底の砂の採取や漁業が禁じられている。にもかかわらず、カキ礁はまだ回復してこない。かつてはカキが生育していた海底でも、船の航跡による波がたつとカキがまったく根づかない。こうした不毛の海底にカキを回復させるために、一万人のボランティアがプラスチックの格子のマットにカキを一つ一つ結びつける作業を行なった。参加した人たちの中にはクルーズ船の乗組員もいた。乗船していないときも海に出て、礁に固定できるようにと数万個のカキの殻にドリルで穴をあけた。復元予定の海域では新しいカキが群生するようになり、目で見ただけでは、航跡の弊害を受けなかった海域と区別できなくなっている。

ルイジアナ州とアラバマ州では、ハリケーンなどの高潮から海岸線を守るためにカキ礁を利用しようとしている。不要になったカキ殻を網の袋につめ、新しいカキが生育できるように袋を海岸にぶら下げた。また、巨大なフットボールのようなコンクリート構造物に穴をあけてカキ殻を固定し、より多くのカキが定着してカキ礁が育つ工夫をした。

ほかの国々でも米国にならってカキを回復させる試みが行なわれている。イギリスでは、かつてカキ漁が行なわれていたエセックスのブラックウォーター入江や、南部のソレントなど数カ所の海域に、イギリスの固有種のカキを復活させる計画が練られているが、現時点で計画を実施するところまでこぎつけたのはアンディ・ウールマーとマンブルズ牡蠣会社だけである。実施するためには大量のカキ殻を集めなければならないことが障壁になっている。

スコットランドのカキをウェールズに移植する際には、不毛だったマンブルズのカキ生育地に生きたカキだけでなく、四トンのサルボウガイの貝殻も投入した。古いカキ殻が残ってはいたのだが、貝殻を足すと効果があるかどうかをアンディは確かめたかったのだ。

サルボウガイの貝殻は近くのバリー入江で集めた。ここでは、干潮時に熊手や篩《ふるい》を使って泥や砂から手作業でサルボウガイを採取する漁が数百年間続いていた。加工場の経営者たちは、山のように出る加工後の貝殻をアンディに自由に持っていってよいと言ってくれたのだ。サルボウガイの貝殻はただでもらえたが、それをマンブルズまで運ぶ船を借りたり作業員を頼んだりするのに数千ポンドという費用がかかるので、事業全体で採算がとれるようにするためにアンディはまだ奮闘している。

アンディが温めているもう一つのアイデアは、移入種のネコゼフネガイを有効に使うというものだ。カキを集めるときに粘つくこの移入種が一緒に網に入ったら、それをできるだけたくさん集めておいて、冷凍して確実に死なせたあと塩漬けにし、地元の釣り人に販売する。ネコゼフネガイの身は塩漬けにするとゴムのような感触の小さな楕円盤になり、海水に浸してもとの形に戻したものを釣り餌にすれば、アラやタラがよくかかるとアンディは話してくれた。

マンブルズのカキ漁復活計画は、新たな成貝の移植、孵化したカキが落ち着くための貝殻の投入、不要な軟体動物の除去、という三本立てで進められてきた。あとできることは、大事なカキがうまく産卵するかどうかを見守ることだけだ。

## 共同体をつくる炎貝

生態系をつくり出すのはカキだけでなく、ほかの軟体動物もそれぞれに生態系をつくる。ヨーロッパイガイは大西洋でも太平洋でも浅い海域でよく見かける種類で、ねばねばした糸で岩や仲間の殻に自分の殻を固定し、波があたっても耐えられるように群生する。海岸の岩などを覆うように生育しているのを見たことがあるかもしれない。

ホンヒバリはヨーロッパイガイを大きくしたような貝だが、味は明らかに劣る。群生するのは水深数百メートルの海底で、寿命は五〇年にもなる。多くは単独で生活し、厚く群生することは少ないが、米国メイン湾の中にあるファンディ湾にはめずらしいことにホンヒバリの群生地がある。幅二〇メートル、高さ三メートルに積み上がった群生地が数百メートルも続くさまは壮観である。このような生息地は底引き漁の影響を非常に受けやすく、一度破壊すると回復させるのに数十年という年月がかかると思われる。

自分で生息環境を整備する軟体動物でおもしろいものの一つは、英語で「炎貝《ほのお》」（和名はガラスユキミノ）と呼ばれる小さな二枚貝だろう。鮮やかな赤やオレンジ色の触角を常に殻からつき出していることから名前がついた（殻をぴったりと閉じることができない）。一カ所に殻を固定して生きるカキの成貝とは異なり、炎貝は泳ぐことができる。つつかれたり身の危険を感じたりすると、殻をパクパクと開閉して水中に跳び上がる。しかし平穏な環境では巣をつくるのに忙しい。

炎貝はイガイと同じようにネバネバした柔らかい糸を吐いて、小石や砂利や貝殻の破片もつなぎとめ、蜂の巣状の構造物で海底を厚く覆う。貝は小さなトンネルの中に身をひそめ、派手な触角をふりまわすようなことはしない。炎貝の群生地があると初めて耳にしたとき、触角を広げた貝が赤い絨毯になって広がり、海底が燃えているような場面を想像してしまった。しかし実際は内気な慎み深い貝で、私はますますこの貝が好きになった。

エディンバラを本拠地にするヘリオット・ワット大学の学術潜水調査隊のダン・ハリスは炎貝に詳しい。「巣の入り口まで出てきたときに目にすることはあるが、ふつうは巣の中に隠れている」ので、見落とされることが多いと教えてくれた。もしこの貝を見たければ、波が砂利や砂を洗うような平らな海底にある不自然なこぶや盛り上がりを探すとよい。そこを手でそっと押さえると、こぶはスポンジのように柔らかいことがわかる。

そして、さまざまな動物が炎貝と一緒に生活している。クモヒトデ（ヒトデの仲間で足が長い）も炎貝の礁の表面に群生し、数千というクモヒトデが腕をふっていることもある。真珠光沢のある棘《とげ》に覆われた贅沢なコートを着たコガネウロコムシと呼ばれるゴカイも炎貝の礁でにおいを嗅いでまわっているのを見かける。カイメン、軟質サンゴ、ヒドロ虫（ミニチュアの常緑樹のように見えるクラゲの親戚）も炎貝の礁を好む。常に形を変える生息地なのだが、足がかりがないまわりの環境と比べると、礁の硬い表面を住まいにできるのはありがたい。炎貝とその巣は、つかみどころのない海底の構造をにぎやかな共同体へと変化させている。

ダンをはじめとするスキューバ・ダイビングの調査隊は、つい最近、世界で最大の炎貝の群生地を見つけた。スコットランドの高台の崖とスカイ島にはさまれたロック・オルシュ（アルシュ湖）の湾口には船が忙しく行きかうが、それを避けながらダイバーが海底に潜った。満潮と干潮のたびにこの狭い海峡を海水が出入りし、内海と外海へ通じるラッセイ海峡をつないでいる。流れがある海水が大好きな炎貝にとって、ここは絶好の生息地なのだ。

ダンと潜水チームの仲間がアルシュ湖の海底の様子を地図に記入してみたら、炎貝が「いたるところ」で見られることがわかった。発見された群生地はおよそ七五ヘクタールあり、これはテニスコート三〇〇〇面分に相当する。ここには一億個の炎貝が生息すると推定された。

「これまで誰も見つけなかったのが不思議だ」とダンは言う。見つからずにいた理由として、群生地が形成されたり消滅したりするからだという説を確かめようとしている。貝は海底に固着しているわけではないので、荷物をまとめて自由に移動し、別の場所で巣をつくるというのだ。

ほかの生き物のためにもなる巣をつくるには、必ずしも数百万個もの貝が集まって大きな礁や群生地を形成しなくてもよい。単独行動をする貝でも、ほかの生き物に住処を提供できる。魚やタコの中には空になった貝殻の中に産卵するものもいる（陸上ではツツハナバチがカタツムリの殻を利用する）。シラクモガイなどは、ほかの巻貝の殻を巣として利用するときに、その巻貝が死ぬのを待っていたりしない。犠牲になるのは、筒状の殻をサンゴ礁に固定して生活するムカデガイという巻貝だ（ヘビガイとも呼ばれる）。殻は、練り歯磨きをチューブからでたらめに押し出したような形をしていて、幾何学的な美しさは持ち合わせておらず、筒の端に開いた入り口から貝が頭を出すと、棒の先に化け物の目玉がついているように見える。シラクモガイは、まずこのムカデガイの中身を吸い出す。吸いながら背後に気持ちの悪い青い粘液を残す。そして体の向きを変えると、空になった巣の中に卵を産む。なんて奥ゆかしい……。

使い古しの殻を利用する動物としてあげられるのは、よくご存じの動物で、研究者にも素人にも人気があってかわいがられる。ほんとうは甲殻類なのだが、自分を軟体動物だと思っているかもしれない。死んだ貝殻を生き返らせるエキスパートだろう。

## ヤドカリ――殻をつくるのをやめたカニ

潮だまりを静かに見ていると、奇妙な動きをする貝がいるのに気づくかもしれない。動かずにじっとしているのでもなく、滑らかな動きで移動するのでもない。走るように動いたり、短い距離をダッシュしたかと思ったら、危険が迫ったと感じて突然ちぢこまって動かなくなったりする。このおかしな貝を指でつまみ上げると、貝の柔らかい触角を目にするのではなく、指をはさまれて痛い思いをする。

カニの多くは自分の殻を持っている。体を鎧《よろい》のような殻で覆い、それを脱ぎ捨てては新調するということを一生のあいだ繰り返す。着替えたときには新しい殻が乾いて硬くなるまで安全な場所に隠れている。しかしおよそ一〇〇〇種類くらいのカニは、そのような着替えをしない。殻をつくるのをやめたカニたちで、空になった貝殻を利用するという戦略を進化させてきた。これらはヤドカリと呼ばれ、大昔から貝殻を仮の住まいにしている。

イギリスのヨークシャー地方の北海に面した高い崖からそれほど離れていないスピートンという村で、興味深い貝の化石が二〇〇二年に発見された。およそ一億三〇〇〇万年前の白亜紀前期という古い時代に海を泳いでいた頭足類《とうそく》の絶滅種アンモナイトだった。死んだアンモナイトは海底に沈み、そばをカニが通りかかって貝殻を頂戴して中に潜りこんだ。オランダ人の考古学者ルネ・フラアイジは、アンモナイトの殻の中に完璧な保存状態のこの居候を見つけた。殻からは爪が二本出ていた。これが、ヤドカリのいちばん古い化石で、これまでのところアンモナイトから見つかっている唯一のものである。

裸のヤドカリは見るに堪えない姿をしている。柔らかくて長い腹部は先端がねじれてとがり、異様なエビか何かに見える。腹足類《ふくそく》の貝殻に棲むヤドカリは（多くの種類が巻貝を利用する）、屈曲自在の体の後部を貝殻に差しこんで中央部の柱を腹部でしっかりとつかみ、尻から貝殻に潜りこんで殻口《かくこう》を爪でふさぐ。爪は殻口と同じ形に変形している。罠《わな》に取りつけられた落とし戸のようなものだが、餌物をはさむところが罠とは違う。

二枚貝（ハマグリやサルボウガイなどが多い）の片方だけの殻にしがみついて傘のように殻を頭の上に掲げて歩くヤドカリもいれば、細長いツノガイに特化した種類もいる。筒状の殻の入り口をきれいにふさげるように、はさみは丸い。ヤドカリは殻に棲んでいたもとの動物を殺すということは決してしない。空になった殻を物色するだけで、貝の持ち主を食べることはない。ほかの動物が食べ終わるのを待つのだ。

ほとんどのヤドカリは海に生息する。臭覚が非常にすぐれていて、軟体動物が食べられているにおいをたよりに現場へたどりつく。捕食者の唾液の中の酵素が軟体動物の肉を消化し始めると特殊なペプチド（アミノ酸の鎖）が生成し、これが水中に漂い出るとヤドカリがそれに気づき、捕食者が食事を終えたあとに残る殻を探しに、においの方向へ移動する。ヤドカリにとって新しい貝殻が見つかるかどうかは生死にかかわる重大事なので、多くの時間を貝殻探しに費やす。殻を自分でつくるという手間は省けるのだが、成長すると、巣にしている貝殻から体がはみだす。イギリスの古い童話『三匹の熊』の主人公ゴルディロックスが自分にぴったりのものを次々と調べたのと同じように、ヤドカリは好みに合う巣を探し続けなければならない。小さすぎれば体が入らないし、大きすぎれば重くて持ち運びに不便になる。

ほかの動物が残したものに完全に依存する動物がどのように進化してきたかということは興味をそそる問題で、多くの研究者がヤドカリを詳しく調べてきた。動物行動学の研究者はたくさんいて、動物がなぜそのような行動をするのかを理解するために、その動物の観察に時間を割く。ヤドカリを専門にする研究者は、貝殻に少し手を加えて番号を書き入れ、ヤドカリにその新しい殻を与えて古いものと交換させ、どのように反応するかを観察してきた。行動についての詳細な研究から明らかになったことが一つある。英語名が意味する「隠者ガニ」の通り、ヤドカリは社交ぎらいなのだ。

まず、ほかのヤドカリの殻を盗むことになんら良心の呵責を覚えない。具合のよい貝殻はいつも足りないので、常に立ち退きの脅威にさらされていることになる。このため二匹のヤドカリが出会うとさまざまなことが起きる。ヤドカリどうしが出会ったときには、喧嘩をせずに場を収めるために、まずは儀礼的に爪を見せ合う。大きい方のヤドカリは相手にわかるように爪を掲げる（爪の大きさは体の大きさのよい指標で、戦いになったときの強さを示す）。これだけで相手が降伏することもある。負けた方は貝殻を捨てて裸で逃げていく。勝った方はゆっくりと貝殻を調べ、家を取りかえると決める前に試しに体を入れて大きさを確認することもある。出会ったヤドカリの大きさが同じくらいだったら、多少なりとも小さい方のヤドカリは、拳《こぶし》のように爪を繰り返し前へつき出す。こうすることで攻撃相手がおびえて引き下がることを期待しているのだろう。

しかしときには争いが避けられなくなり、戦いの火蓋が切って落とされる。取っ組み合いになったら、相手の殻が奪い取る労力に見合うものかどうかを戦いの最中に調べる。見合うと判断すると相手の殻の上によじのぼり、爪で殻を繰り返し叩《たた》き続ける。叩いている方が疲れ果てて逃げ出すか、叩かれた方が参ってしまって殻を手放すかのどちらかで決着する。

## 順番待ちするオカヤドカリ

しかし陸上に生息する一〇種類あまりのオカヤドカリでは事情が異なる。海水に浸からない乾いた浜では貝殻がきわめて入手しにくいことがわかっているので、使えそうなものは何でも利用しなければならない。それが木片のこともあれば、捨てられていたプラスチックの容器のこともある。マダガスカルでは、崩れかけている崖の下でたまに化石の貝殻が落ちてくるのをオカヤドカリが待っているのが観察されている。砂浜のオカヤドカリは漂流物やゴミの中に新しい家がないかと波打ち際近くまでせかせかと走っていくが、ほかにもオカヤドカリがたくさんいるので、好みの家はほとんど占領されてしまっている。このようなひどい住宅不足の結果、オカヤドカリは独自の社会性を身につけた。

オカヤドカリが運よく空っぽの貝殻に遭遇して（行動生態学者が置いたものかもしれない）まわりにほかの仲間がいなければ、立ち止まって貝殻を調べてから、大きさが合うかどうかを見るために体を入れかえるだろう。見つけた貝殻が気に入れば、それを自分の家にして先を急ぐ。しかし大きすぎれば、殻をかえずに通り過ぎるのではなく、殻のそばに静かにうずくまり、長いときには二四時間も動かなくなる。そのあいだにほかのオカヤドカリがわきを通りかかって、何かあったのかと寄ってくるかもしれない。そうするとヤドカリの集会が自然発生する。しかし、あまり心配しないように。オカヤドカリが集まったときには順番待ちの列ができるだけなのだ。

大きな空っぽの殻のまわりに集まったオカヤドカリの集団は、先頭の大きな貝殻のものから、しんがりの小さな殻のものまで、貝殻の大きさの順に並ぶ。このような整列は「空席待ちの列」と呼ばれ、人間でも仕事や家を選ぶときには順番待ちの列ができる。オカヤドカリは殻によじ登ったり触ったりして互いの殻を調べ合い、誰がどの殻を取るかを決めていく。オカヤドカリが多いときには、一個の大きな貝殻のまわりにいくつかの列ができることもある。このような場合には、おもしろいことが起きる。激しい争奪戦になるのだ。

人気の空の貝殻をいちばん大きなオカヤドカリが抱えこもうとする一方で、列の後ろについていた小さなものは並ぶ列を変える。スーパーマーケットのレジで、いちばん早く進む列に並ぼうとするのと同じである。最後は、そうした列のうちの一列が空の貝殻を掌握し、はさみで合図したように一斉に殻を取りかえる。自分の古い殻から体を引き抜き、順番待ちの列の一つ前のヤドカリが出た殻に体を滑りこませる。どのヤドカリも、もとの殻よりひとまわり大きな貝殻を手に入れ、思い思いの方向へ急いで立ち去っていく。行動生態学者は、順番待ちの列ができると、そこに並んだオカヤドカリすべてが得をすることを実証した。新しい貝を一個用意してやるだけで、ちょうどよい大きさの新しい家がオカヤドカリの集団全体に行きわたる。

動物行動学者のマーク・レイダーは、コスタリカの太平洋岸の森が茂るオサ半島の砂浜でオカヤドカりについての素晴らしい研究を行なった。ある実験では、ヤドカリに殻から出てもらい、新品の殻か、ほかのヤドカリが使った中古の殻を与えた。殻の外径は同じだが、使用ずみの殻は入り口が大きく、以前の住人が内部も広げていた（オカヤドカリは炭酸カルシウムを柔らかくする化学物質を分泌し、殻の内部を削り取る）。ヤドカリの体は新しい殻には大きすぎることが多く、殻からはみ出した部分は捕食者から攻撃されやすい。それに対して使い古しの殻を与えられたヤドカリは問題なく体を殻に収めることができた。内部空間が広いだけでなく、殻は軽くなっているので持ち運びもしやすい。レイダーはオカヤドカリを小さな足踏み水車に入れて、新しい殻と古い殻を運ぶときに使う労力も測定した。その結果、中古の殻で動きまわる方がずっと楽であることがわかった。

この話でおもしろいのは、新しい殻に引っ越して手間がかかる内部の改装を仕方なく始めるのは、いちばん小さな若いオカヤドカリが中古の殻を見つけられなかったときだけだという点である。砂浜には改装ずみの中古の殻が景気よく出まわっていて、先祖伝来の貝殻として代々受け継がれている。

## ヤドカリに居候する生き物たち

しかし海中のヤドカリは、海水中では殻に浮力が働いて軽くなるので殻の改装をしない。海の中には硬い貝の殻を割ることに長《た》けたカニなどの捕食者がいて、身を守るためにはできるだけ頑強な殻が必要になる。貝殻の内壁を削って居住空間を広げても、殻がうすくなって身の危険が大きくなるなら苦労をした甲斐がなくなってしまう。

波に洗われているうちに空の貝殻が砂に埋まってしまうと、せっかくの殻が砕かれて砂になってしまい、使いまわしの仕組みが滞る。それを防ぐヤドカリは生態系の土木技術者だと生態学者は言う。ビーバーは、川にダムを築いて池をつくることで生態系を操作している。キツツキが木にあける穴も、ヨーロッパハチクイという鳥が地面や急な崖に掘る巣穴も、つくり主がいなくなってから別の種類の鳥がそれを巣に使う。こうした動物の土木技術者たちは、生息地をつくり変えてほかの動物種が利用できるようにしている。ヤドカリの場合、有効利用した貝殻に住まうのはヤドカリ自身だけではない。殻にはほかにもちゃっかり動物が同居し、移動可能なミニチュアの生態系ができる。

ヤドカリの殻に入りこんだり、殻の外に付着したりしてヤドカリと共に移動する生き物は数百といて、共生する生き物をリストにすると五〇ページ近くになる。殻にくねりながら体を押しこむゴカイは、入り口に頭だけ出して殻の持ち主の口からこぼれ落ちた食べ物をくすねている（ヤドカリの卵もかじる）。ほかにもカイメン、ホヤ、フジツボ、コケムシ、サンゴ、エビなどがヤドカリの殻の内側や外側に棲みつく。ヤドカリが再利用した殻の内側にぴったりとはまるような、平らな、あるいはへこんだ殻を持つ腹足類までいる。貝殻の中に二重に居を構えるこのような軟体動物は、一つの貝殻の中に二、三匹が共同生活している場合が多い。

各種取りそろえて居候するこれらの生き物は、間借りすることで捕食者から身を守ることができ、生活の基盤を確保できる。ヤドカリが歩きまわる砂地や泥地は柔らかいので、貝殻のような固い足場を見つけるのは難しい。ヤドカリ自身もこのような大家族から恩恵を受けている。ヤドカリの中には自分でイソギンチャクを殻に取りつけて刺胞の防護壁を構築するものもいる。新しい家に移るときは、お気に入りのイソギンチャクをつけかえるということすらやってのける（口絵⑪）。

ある特殊なイソギンチャクはヤドカリの殻に拡張工事を施してヤドカリの生活を助けている。米国の博物学者ウィリアム・ヒーリー・ダールが一八九五年にスティロバテス属（*Stylobates*）のイソギンチャクを見つけたときは、最初は深海のめずらしい巻貝と同定した。しかし二五年後にもう一度調べ、キラキラと光る紙の模型のような黄金の螺旋《らせん》は、巻貝を覆うように成長するイソギンチャクだということに気づいた。ランプシェードの骨組みに和紙を厚く貼りつけるような感じで成長するイソギンチャクは、ヤドカリの殻の開口部まで成長すると、もともとの貝殻と同じような螺旋を殻に継ぎ足しながら成長を続ける。イソギンチャクは貝殻という硬い足場を使わせてもらい、ヤドカリは成長して体が大きくなっても新たに大きな貝殻を探す必要がない。理想的な協力関係と言える。

アンディ・ウールマーから再び連絡があったのは数カ月後だった。移植したカキはマンブルズで二度目の冬を迎えようとしていたので、アンディは様子を見に行った。海底にビデオカメラを下ろしたが、近くのタウ川とニース川から流入するシルトや栄養塩が綿毛状の浮遊物になって吹雪のようなありさまで海底の様子はよくわからなかったと電子メールで知らせてきた。何度か桁網を曳いてみたところ、スコットランド産の元気なカキがたくさん入り、スウォンジー湾の新しい生息場所でも今のところはうまく成長しているようだった。殻の縁には成長していることを示す白いフリルがあるカキもあった。

私はマウスをクリックしてアンディが送ってきた写真を開いた。画面には大きな天然ガキの成貝を持つ手が現われ、殻には小さなスパット（稚貝）がついていた。スコットランドから運ばれてきた成貝についていたものか、ウェールズ生まれのものかはわからないとアンディは言う。いずれにしても、ウェールズの海岸では失われてしまったカキが、移植によってまた成長し始めた兆候に違いない。

chapter

# 6 貝の物語を紡ぐ

——貝の足糸で織った布

**イタリア**

6、7章に登場する地名

## 海の絹でつくられた伝説の布

「海の絹」と呼ばれる奇妙な伝説の布をめぐっては数多くの物語が残っている。ギリシャ神話のジェイソンが率いる海兵隊がアルゴ船に乗って航海に出たのは、海の絹でできた「金色の羊毛」を探すためだったのかもしれないという説すらある。ローマの皇帝はキラキラと光る海の絹で縁取りしたローブを、踊り子たちは同じ布で縫ったスケスケの衣装を着ていたという話も一つや二つではない。海の絹でつくった手袋はとてもうすく、胡桃《くるみ》の殻の片割れに収められるという。古代エジプトの王たちは海の絹の帆をかけた小船を使い、エジプトのミイラは海の絹の衣装を着ていたとも考えられていた。海の絹は、聖書で幾度となく語られる「金糸織の布地」と関係があると思われることが多かった。ヘンリー八世が一五二〇年にフランス王と会ったのは「金の布の草原」だった。草原には金の布の旗や吹流しがたなびき、ヘンリー八世の家臣はそれに合わせたきれいな金の上着（チュニック）を着ていたと伝えられる。

このきれいな布の素材については、二世紀から三世紀に中国の商人が一風変わった話を広めた。水の羊（と商人たちは呼んだ）がローマ帝国の海底に棲んでいて、時々岸に上がってくる。そして体を岩にこすりつけて毛の塊を残していくので、この毛の束を集めてきれいな布に織ったという。一〇世紀のアラビアの商人たちのあいだでも似たような話が伝わる。アブ・カラムンという野獣が一年のある決まった時期に海から現われて金色の毛を波打ち際に残していったというものだ。この毛で織った布はたいへん希少で高価だったので国外へ持ち出すことは禁じられた。さらに時代が下り、一二世紀のムーア人の文筆家は小さな羊に似ているが鴨のような足をした動物から繊維がとれたと書き記している。

どれも信じるには足りない話に思えてくる。水の羊にいたっては、冗談で語った話がまことしやかに広まってしまったのだろう。しかしローマ時代以降、地中海近隣の文筆家は、海の絹の素材について別の説を書きとめている。その記録には、輝くヒゲがある大きな貝がきれいな絹のような糸を吐くと書かれている。ここでやっと海の絹の噂が信憑《しんぴょう》性をおびてくる。

## ピンナの足糸《そくし》

地中海に生息する大きな二枚貝の一種は古い時代からピンナと呼ばれてきた。正式にはシシリアタイラギ（*Pinna nobilis*）と呼ばれ、巨大なイガイが海底に寂しくつき立っているように見える（口絵㉑）。殻の幅は細いところで人の手のひらを広げたくらい、長さは一メートルにもなり、海草のふわふわのコートをまとっている。寿命は二〇年以上で、数種類のピンナ属（*Pinna*）のうちでいちばん大きく、地中海に生息する貝の中でも最大である。

背の高い殻からは、先端が粘つく絹のような糸がたくさん生え出て、殻が冷たい潮の流れで倒れないように海底につなぎ止めている。ほかの二枚貝もよく似た糸状のものをつくる。イガイを料理する前に、海藻のようなヒゲを取り除いたことがあるかもしれない。

この繊維状の錨《いかり》は、プラスチックをトコロテン式に押し出すのと同じ手法でつくられる。分泌腺から液状のコラーゲン蛋白が分泌されて足の溝を流れ落ち、タンパク質は数秒で固まるため、貝が海底に足を押しつけているあいだに細い糸になる。その糸の先には粘着質の部分があり、海藻の根や砂の粒子など、海底にある物なら何にでもくっつく。新しい糸ができあがると貝は次の糸をつくり始め、一〇〇〇本くらいになるまでつくり続ける。殻から出ている糸の根もとは束になって、身の奥深くにある牽引筋につながっている。糸は人間の細い毛くらいの太さで、長さは二〇センチくらい。この糸を「足糸」と呼び、英語で足糸を意味する「バイサス」という語は海の絹を指すときに使われることも多い。古い時代の金色の織物は、この細い繊維で織られたのだろうか。調べてみると、そうである場合も、そうでない場合もある。

## シシリアタイラギと海の絹

米国の生物学者でもあり科学史家でもあるダニエル・マッキンレイは一九九〇年代に、海底に生息していたピンナがなぜこれほど神話や伝説に登場するようになったのか正確ないきさつを明らかにしようと考え、海の絹にまつわる物語を集めて、それがいつごろから語り継がれ始めたのかさかのぼっていった。数百という記録、本、博物館の標本を調べ、世代を重ねながら語り継がれてきた伝説に埋もれている真実を探した。海の絹とはいったい何を指すのか。うすい織物が数千年も前に実在していたのか。マッキンレイは調べたことを論文にまとめて、一九九八年に『ピンナと絹のような髭《ひげ》：不適切引用の歴史への挑戦』という題で発表した。題を見れば、結論はおのずと明らかだろう。

海の絹の物語を調べていてマッキンレイが困ったのは、いい加減な言葉の翻訳と、用語の意味の変遷だった。今は「バイサス」という語の意味ははっきりしている。二枚貝が殻を海底に固定するために足糸腺でつくる繊維（足糸）を「バイサス」と呼び、この繊維で織られた布も「バイサス」と呼んで差しつかえない。問題なのは、これまでこの語が必ずしも貝がつくる繊維だけを指すわけではなかった点にある。「バイサス」という語について調べていくと、時代をさかのぼるほど意味があいまいになり、やがては書き手がどのようなものを指すのに使っているのかまったくわからなくなることをマッキンレイは明らかにしている。

ラテン語、ギリシャ語、ヘブライ語、フェニキア語などの古代語には、きれいな布全般を指すときに使う似た用語がある。それはリネンでもよいし、綿のこともあれば、絹を指す場合もあり、素材は問題にしていないことが多い。たとえば旧約聖書に出てくるヘブライ語の būş と šēš は、時代によってラテン語の「綿布・麻」を意味する語に訳されることもあれば、英語の「高級リネン」や「絹」、イタリア語の「亜麻」を意味する語にも訳されてきた。

足糸との関連で重要な役割を演じたのはアリストテレスで、「バイサス」という語を最初にシシリアタイラギや、そのふさふさしたヒゲの説明をするときの関連用語として使った。しかし、そのときに記述された内容がどのような語に翻訳されたのかを詳しく調べていくと、アリストテレスが意図したのとは異なる意味へと変わってきたことがわかる。

アリストテレスは紀元前三五〇年の著書『動物誌』でピンナについて触れ、その後、そのギリシャ語の原書から数多くの翻訳が生まれた。

たとえば一九一〇年には貝の形を研究していた動物学者のダーシー・ウェントワース・トムソンがアリストテレスの文章の一部を引用し、ピンナは砂地や泥地に張った「房状の繊維」から上方向へ成長するとしている。ところが、それよりはるか以前の一三世紀にラテン語に翻訳された文書には、ピンナは砂地の「深いところ」から上方向へ成長するとしか書かれていない。これはアリストテレスの原書にあるギリシャ語のβυσσουを「深み」という意味のβυσσόςと解釈したものである（英語で「深海」や「深海潜水艇」という言葉の語源にもなっている）。アリストテレスはこの語を「深い所」という意味で使ったのだろう（トムソンが「泥地」という語をどこから探してきたのかは不明だが）。

しかし一五世紀の後半になると話がややこしくなる。イタリア在住のギリシャ語翻訳家セオドラス・ガザがアリストテレスの本をあっちこっち書き換えてしまったのだ。そのうちの一つがここで問題にしている単語で、ガザはβυσσουという語を「深み」ではなく、「きれいなリネン」と解釈してしまった。アクセントを最後の音節（βυσσός）ではなく最初の音節（βύσσος）に読み間違えただけのことだったが、語の意味がまったく変わってしまった（アリストテレスの時代にはギリシャ語にアクセントはなく、あとの時代に使われるようになった）。ということで、たかがアクセントの問題で、ピンナは海底の「深み」からではなく、ちょうど根を張った木が上へと成長するように、「きれいなリネン」から上方向へ成長することになった。

ガザが翻訳した『動物誌』は一四七六年にベニスで出版され、それまでに翻訳されていたものをはるかにしのぐ売れゆきを誇った。しかし、ピンナときれいな布の関係について、中国人がそれ以降広め続けた誤解を生む発端をつくってしまった。話には尾ひれがつき、ほとんどの文筆家や歴史家は、「バイサス」と言えばシシリアタイラギの糸で織られた海の絹を指すのだと疑わなくなったのだ。

ということで、きれいな布とピンナを結びつけるものは一五世紀までは何もなかったというのが真実ということになり、今では誰もそれを知らない。古い記録に残る「バイサス」は（聖書であろうと、ロゼッタストーンであろうと、古いパピルスに書かれた記録であろうと）、桑の葉を食べる蛾の幼虫が紡ぐ絹か、リネンを指していた可能性が高い。

こうしたことが明らかになり、ダニエル・マッキンレイは古代から伝わる海の絹についての数多くの物語に懐疑的なままだった。ジェイソンと勇士たちが海の絹でつくられた衣を追い求めたという設定は、お話としてどれほど魅力的であっても、何世紀にもわたって神話が語り継がれるうちにつけ足されたあまたの誇張の一つにすぎなかったと確信している。詳細な分析の結果、エジプトのミイラは海の絹ではなくリネンにくるまれていたことがわかっている。聖書に出てくる金糸織の布地と海の絹のつながりも、同じように根拠薄弱だとマッキンレイは考えている。ヘンリー八世と家来たちが頭からつま先まで海の絹に包まれていたというのも、まずあり得ない。

逸話で語られるほど広く流通していたわけでもなく、ないと困る布ではなかったにしても、海の絹は古くから実際に存在した。しかしそれは非常に希少なものだった。

## 海の絹の神話と現実

海の絹についての記録でもっとも初期の信頼できるものは（噂や誤訳ではなく）、三世紀の初めに書かれている。「上着（チュニック）をつくるには、糸を紡いだり縫ったりするだけでは十分でなかった。服をつくるためには漁をしなければならなかった」。これはローマ帝国のアフリカ地方にあるカルタゴ出身のテルトゥリアヌスが言ったものとされている。さらに続けて、コケが生えたような房飾りのある「特大の貝」から繊維をとると説明している。どう控えめに見ても、テルトゥリアヌスはピンナとその足糸の話をしている。

商人が暴利をむさぼるのをやめさせるために、ローマ皇帝ディオクレティアヌスが紀元三〇一年に帝国全体に出したおふれの価格固定計画のリストにあげられた日用品にも海の絹が入っている。そして六世紀の半ばになると海の絹がまた顔を出す。コンスタンティノープルの皇帝ユスティニアヌスは、来訪した高僧に「羊の毛ではなく海で集めた毛でつくったマント」などの贈り物を手わたしている。

古い海の絹の実物は、言葉の記録よりさらに断片的で見つけるのが難しい。布を食べてしまうイガ(衣蛾)の幼虫のせいでもある。イガはほかの自然素材も喜んで食べるけれど、ほかの素材は考古学的な記録が海の絹よりもはるかに多い。

いちばん古い海の絹は、ブダペストの遺跡から見つかった四世紀の布の切れ端で、一七〇〇年以上前のものだ。アクインカムは当時ローマ帝国の北の辺境にあったローマ軍の町だった。一九一二年にここで見つかった墓の中にはリネンに包まれた女性のミイラがあり、足のあいだにあった布の切れ端は発見当時に海の絹と同定された。目が粗く、崩れやすく、まるで人の毛で織ったようだとの記録が残る。繊維の断面は顕微鏡観察から楕円形であることが明らかになっていて、これは海の絹に特徴的な形である。この織物がどこでつくられたのかはわかっていない。というのも、その布の切れ端は第二次世界大戦の混乱の中で行方不明になってしまったからだ。

次に古い海の絹は、一〇〇〇年ほどあとの一四世紀まで時代を飛び越えなければならない(実物が残っているものの中でいちばん古く、科学的なお墨つきももらっているもの)。パリのすぐ郊外にあるジメジメした地下室から、繊維を編んだ当時の帽子が一九七八年に見つかった。穴がいくつかあいていたが、頭にぴったりとかぶるビーニー帽(ニットキャップ)だということは明らかだった。この帽子を見る限り、海の絹がうすくてもろいとは言えない。むしろ柔らかくて温かいと言う方がよいだろう。

ダニエル・マッキンレイは、透けるようにうすい布に織ったり編まれたりした海の絹を探しまわったが、無駄骨に終わったと著書に書いている。胡桃の殻の片割れに収まる手袋も、何か別の布でできたものと取り違えているのだろう。一九世紀初頭に、うすい皮を使ったリマリックの手袋と呼ばれる手袋がアイルランドやスコットランドでつくられて流行した。実際に胡桃の片方の殻につめて販売されているので、これかもしれない。

このとらえどころのない織物が文学作品にほとんど登場しないことも、海の絹は着心地がとてもよいだろうという幻想を広めた一因かもしれない。

ジュール・ヴェルヌの『海底二万里』では、潜水艦ノーチラス号の無法者の探検家であるネモ船長と乗組員は、「バイサス」の制服を着ている。物語の始まりの部分でネモ船長は科学者のアロナックス教授を捕虜にする。探検中だった教授がノーチラス号に遭遇したときに、危険な怪物だと思って潜水艦を攻撃したからだった。そのあとネモ船長と潜水艦の乗組員は世界中の海を探検してまわるが、あるとき、海底火山のわきを通り過ぎる。船内が異常に暑くなり、アロナックス教授は「バイサス」のコートを脱がざるを得なくなった。

ヴェルヌが書いたフランス語版では「バイサス」について簡単に説明してあり、乗組員が集めたピンナの繊維でつくられていたようだ。英語版ではここの説明を省略した翻訳が多いので、ネモ船長の制服は何でできていたのかという疑問を読者に抱かせることになった。

私は初めて海の絹の断片を見たときに、ローマ皇帝の前で悩殺的な踊りを披露した踊り子たちは、海の絹を与えられてさぞかしがっかりしただろうと思った。それはロンドンの自然史博物館の軟体動物のコーナーを訪ねたときのことだった。学芸員のジョン・アブレットと博物館の正面入り口のホールにある恐竜ディプロドクスの骨格標本の下で落ち合い、小さな扉の裏にある狭い階段を下りて膨大なコレクションの収蔵庫へ案内してもらった。軟体動物の収蔵品だけで、大きな部屋をいくつかと木製の戸棚が並ぶ長い廊下を占領していた。

ジョンは廊下の戸棚の引き出しの一つから小さな箱を取り出し、中の金褐色の手袋を見せてくれた。それはハンス・スローンが四本所有していた海の絹の手袋の一つだった。スローンが一七世紀に集めたコレクションが大英博物館の基礎となり、のちに自然史博物館となっている。手袋を手に取ることはできなかったが、透き通るようにうすいと言うよりは、見るからに厚くて、はめるとチクチクしそうだった。その手袋を収められるほど大きな胡桃の殻を探すのは至難の業《わざ》だろう。

海の絹の製品は六〇品目ほどが現存し、手袋はそのうちの一つだ。スイスのバーゼルに本拠地を置く「プロジェクト海の絹」では、設立者でもあり海の絹の研究者でもあるフェリシタス・ミーダーが海の絹についての記録や情報を集めてウェブサイトですべてを閲覧できるようにしている。

フェリシタスは一九五〇年代以前につくられた海の絹の製品を求めて、世界中の博物館を探しまわった。メリヤスに編んだ手袋と乗馬用の長手袋がいちばん多く、そのほか、帽子、スカーフ、ネクタイがいくつか見つかった。金色の海の絹の房をそのまま毛皮のように仕立てたものもある。米国シカゴのフィールド自然史博物館にはイタリア製のマフ（両手を入れて温める円筒状の防寒具）があり、モナコ海洋博物館には女性用のハンドバッグ（スコットランドの男性が下げるスポーランというウェストバッグのようなもの）など、毛皮のように仕立てた海の絹の製品がいくつかある。

「プロジェクト海の絹」が記録として集めた品々のほとんどは一八世紀から一九世紀のもので（一四世紀のパリの帽子も含まれる）、多くがイタリア製である。南地中海でシシリアタイラギと海の絹が関係づけられるようになったのもこの時期で、伝説の織物の全容がしだいに知られるようになってきた。

「とても手に入りにくいものなので、だからこそ、あなたに受け取ってもらいたい」。これは、ホレーショ・ネルソンがトラファルガーの海戦で死ぬ一年前の一八〇四年に恋人のエマ・ハミルトンに宛てて残した言葉である。「イガイのヒゲからつくり、サルディニアでだけつくられる」手袋についての記述だった。このころにはエマの手袋のような上等な品が出まわるようになってきていた。

海の絹が最初につくられたのがいつなのかは、いまだに大きな謎である。ルネサンスのころまでにはシシリアタイラギや海の絹の製品が珍品コレクションに登場するようになったのは確かなのだが、大きな貝から毛を抜いて紡いで布に織ることを誰が最初に思いついたのかを知る人はいない。

ヨーロッパの学者や貴族には、さまざまな風変わりな品を集めて展示会を開く習慣があった。こうした珍品には自然の姿のままのものもあれば、人が加工したものもあり、特注の家具をあつらえてその品々を陳列したり、部屋全体を飾りつけたりもした。剝製、骨格標本、鳥の羽、蝶、貝、サンゴ、古い陶器のかけら、頭蓋骨、コインといった品々で、中には、動物の体の一部を継ぎはぎしてつくった一角獣の角《つの》や人魚まであった。

こうした蒐集が行なわれた背景には、見たところはまったく異なる品の関連性を調べて世界の仕組みを解明するための天然物百科事典を編纂したいという思惑があった。科学と芸術がそれぞれ異なる価値観を与えられて引き裂かれる前の傾向だった。蒐集品を見物した人たちは海の絹を見て驚いたに違いないが、どのような素材でつくられたものかはわからなかっただろう。

一九世紀になると海の絹は高級な工芸品として国際的な展覧会で展示されるようになる。パリのルーブル美術館の収蔵品には一八〇一年に海の絹が加わり、一八七六年に米国で開催された独立宣言署名の一〇〇周年を祝うフィラデルフィア万国博覧会でそれが初めて展示公開された。

海の絹の製品がどこでどのようにつくられたのかという点については、イタリアへ遊学旅行した昔のイギリスの上流階級の子弟の紀行文に記述が散見する。彼らが見聞したところによれば、イタリアの地中海沿岸の漁師は鉄製の細長い漁具で海底を探ってピンナを探し、海に潜って殻をロープで縛って海上へ引き上げた。そして、おもに修道女や孤児院の女性たちが殻を洗って繊維を集め、紡いでから編んだり織ったりした。一七七一年に書かれた記述には、「布にする作業は手間がかかるが、よく思いついたものだ」とある。

海の絹の産業拠点はイタリア先端のターラント（ブーツ形の半島の踵の部分）にあったと多くの文書が記している。この町ではタランティネと呼ばれるきれいな布も生産され、これが海の絹と混同されることがあるが、タランティネはおそらく上質の羊の毛で織られたものであろう（ふつうの陸上の羊の毛で、「水の羊」の毛ではない）。古い文献には、海の絹がナポリ、シチリア、コルシカを産地とすると書かれているものもあれば、スペインやフランスとするものまであるが、はっきりと生産が確認されているのはサルディニアだけである。

ターラントとサルディニアの海の絹の生産量は決して多くはなかったようだ。エマに贈った手袋がきわめて希少なものであるとネルソンは言っているが、まさにその通りだった。まず足糸の供給量がきわめて少なかった。手袋を一組編み上げるのにおそらく一五〇個の貝が必要だったろう。綿花の畑や羊の群れなら、繊維を収穫してもまた素材は成長してくる。ところがピンナは海底から引き上げられてヒゲを採集したあと殺されてしまうので、素材の採集は一回限りになる。

貝の身は食用にすることもあった。ギリシャやローマの文筆家は「ピンナ」の味を評価するにあたっての複雑な心境を記している。消化が悪く利尿作用があるが、小さな貝の肉はワインと酢であえるとおいしい。つい最近までは、イタリア南部でピンナは安価な食材だった。パン粉をつけて揚げたり、茹《ゆ》でてスープにしたり、レモン汁に漬けて煮てから、焼いたプルーンと合わせて食べるなど、さまざまな調理法がある。

海の絹の生産を増やすためにつくしたものの失敗に終わった事例の記録からも、繊維の生産量は多くなかったことがうかがわれる。一七八〇年代に大司教だったジョゼッピ・ケイプセラトロは、貧しいターラントの海の絹の織り子たちが職にありつけるようにと、訪れる高僧に海の絹を手わたして需要を増やそうとした。一九世紀の半ばにサルディニアで医者をしていたジョゼッピ・バッソ゠アーヌイは、子どものころ日曜日になると家族できれいな海の絹のスカーフをしたり手袋をはめたりして着飾ったことを覚えていて、大人になってから、以前のこのような風習を復活させようと思い立った。ロンドンへ行って海の絹を取引しようとしたが、ケイプセラトロらと同じように、努力の甲斐なく販売量を増やすことはできなかった。

もっと後の時代にも海の絹の製造を活性化する試みがある。一九二〇年代にリタ・デル・ベーネはターラントで海の絹を管轄する政府機関をつくろうとして失敗し、かわりに海の絹を使った工芸品のつくり方を教える私設の学校を設立している。しかし順調な学校運営が続いたのは第二次世界大戦が勃発するまでのあいだだけで、戦争のあとに平和な時代がおとずれても、海の絹への関心がターラントで再燃することはなかった。とは言っても、海の絹の製造がまったく消滅したわけではない。

ターラントからティレニア海を越えて二〇〇キロメートルほど西へ行くと、サルディニア島の沖の小さな島に行きつく。そこではまだ製造が続いているので、ここで私は海の絹の手がかりを追ってみた。いまだに神秘的な糸がわずかながらつくられていて、海の絹の逸話が数多く残っている。

サンタンティオコ島までの道のりを説明すると、お伽《とぎ》話のように聞こえる。棘《とげ》のある梨の木が並ぶ道を車で行き、ピンク色のフラミンゴの群れのわきを通り過ぎて橋をわたると、小さな島に着く。その島には、大きな貝から毛の房を抜いてきれいな金色の布に織り上げる人たちが住んでいる。今もこのようなことをしているのは世界でここだけだ。

空港で借りたフィアット五〇〇のエンジンの音を響かせながら走り、果てしない青い海を望む斜面にオレンジ色や黄色の家々がかたまって建っているのが見えるところに来てスピードを落とした。この海にはシシリアタイラギが人知れず生息していると聞いていた。私は神秘的な織物の真実をできるだけたくさん知るために、海の絹の秘密を知っているという女性に会いに行くところだった。

斜面のいちばん高いところにある狭い石畳の道の上には高い塀が築かれていて、小さな石づくりの建物と中庭を囲んでいる。かつてはここでブドウを加工してワインをつくっていた。今は、サンタンティオコ島で過去数世紀にわたって使われてきた道具や機械を収蔵する施設になっている。この民俗誌博物館は地元の「アーケオツール」という協同組織が運営していて、過去の生活や伝統が近代的な喧騒の中で失われたり、昔の習慣が忘れ去られたりすることがないようにと活動している。ここには、地元の商業取引、パン・チーズ・靴・樽の製造方法、染色方法、および海の絹や地元特産の布の織り方などの記録が保存されている。

私の訪問をアーケオツールの代表イグナチオ・マーロクが歓待してくれた。明るいピンク色のシャツに銀色の口ひげの笑顔が印象的だった。イグナチオはすぐに私を大きなガラスのケースのところへ案内して、砂の中に立てて展示してあるシシリアタイラギを一つ引き抜いて私に手わたしてくれた。殻は長さが少なくとも五〇センチはあり、びっくりするほど重かった。砂の中から海中につき出す殻口《かくこう》は、ねじれた白いゴカイの巣や干からびた海藻に覆われていて、反対側はとがって表面に爬虫類の皮膚のような鱗《うろこ》があった。

次にイグナチオは、小さな貝殻や海藻がからみついて毛玉になった糸の塊のようなもの（海の老人の赤褐色のひげに夕食のかけらがくっついているような感じ）を持ってきた。シシリアタイラギから採取したままの未処理の足糸だった（口絵㉓）。そして次に、日の光に輝く柔らかい金色の繊維の束を私の手のひらにのせてくれた。紡ぐ前の、洗って梳《す》いただけの足糸だった。これが海の絹なのだ。

博物館には、かつて海の絹を紡いでいた人たちの写真を一面に貼った大きな展示ボードがある。一枚の白黒写真に、頭にスカーフをかぶって丈の長い服の上にエプロンをかけている四人の若い女性が写っていた。一人はもつれた足糸がいっぱい入った籠を膝に置いている。ほかの三人は木製の紡錘《つむ》を持っていて、繊維によりをかけて糸にしていた。

もう一枚紹介しよう。今度はカラー写真だ。大きな丸い眼鏡をかけて白いスカーフを頭にかぶった青い服の年配の女性が写っている。こちらは海の絹の織り方をイタロ・ディアナから教わったエフィシア・ムローニで、二〇一三年に一〇〇歳の誕生日を迎えた直後に亡くなったとイグナチオが教えてくれた（口絵㉒）。イタロはサンタンティオコ島に工房を開いて一九五九年に亡くなるまで、伝統的なサルディニアの模様や織物を製作していた。

エフィシアの写真のまわりにはイタロの作品の写真が貼ってあり、幼児用の帽子と上着、金色の房飾りのついた幅の広い襟巻き、刺繡を施したつづれ織りなどが写っていた。つづれ織りは女性が立って手で広げていた。図柄では二頭の馬（一角獣かもしれない）と派手な七面鳥のような鳥のまわりをほかの動物が取り巻き、さらにそのまわりを人が手をつないで取り囲んでいる。中央には複雑な刺繡がしてあり、このつづれ織りがつくられた歴史を物語っている。

イタロはこの作品を、一九三〇年代にベニート・ムッソリーニが近くのカルボニアの町に立ち寄ったときに織って刺繡をほどこした。カルボニアは炭鉱のまわりに建設された新しい町で（イタリア語でカルボンは石炭を意味する）、自負心の強いムッソリーニの顔をかたどって道路が建設されていた。つづれ織りの中央には、もともと「総統」を意味するイタリア語の単語が縫い取られていたが、このファシズムを賛美する刺繡をのちに別の図柄に刺繡しなおしてあった。

イタロの技術は刺繡を習うことをいやがった自身の娘ではなく、エフィシアを通じてサンタンティオコ島に住む別の女性二人が受け継いでいた。数年前にアスンティーナとギウセピーナ・ペス姉妹が海の絹を織るという町の伝統に興味を持ち、エフィシアが二人に技術を教えたのだった。

## 海の絹を織る姉妹

ペス姉妹は子どもを学校へ送っていってから博物館に来て、私と笑顔で挨拶のキスをかわした。海の絹を織る技術を私に見せることをとても喜んでくれて、アーケオツールのボランティアのギウスティーノが運転する古いＢＭＷ《ビー・エム・ダブリュー》に三人で乗りこんだ。ギウスティーノは私のイタリア語よりもずっとうまい英語を話す。そしてサンタンティオコ島の町はずれへ向かい、よく鳴くが人なつこい猫が番をする小さな家の前に車をとめた。

アスンティーナが玄関をあけて家の中へ招き入れてくれた。明るい日が差しこんでいる部屋には、鮮やかな色のウールの生地を投げかけてある大きな機織り機が所せましと二台置かれていた。壁には伝統的なサルディニア島の模様の織物や刺繍作品が飾られている。アスンティーナは階段を下りて、もう少し小さくて暗い部屋に私たちを案内し、フェレロ・ロシェ（イタリア製のチョコレート）の容器だとわかる大きなプラスチックの箱に入れてあったビニール袋を取り出して、集めた足糸を机の上に並べた。そして二人は海の絹をつくる工程を私に見せてくれるための準備を始めた。

最初の工程では足糸を数時間海水に漬けたあと真水に漬ける。この時点では見た目の変化はほとんどないが、そのあと繊維の中から砂や貝殻などのゴミを除くと少し違って見えてくる。アスンティーナは赤い紙の箱をあけて、中から赤褐色の人の毛に似たふわふわの繊維を取り出した。それを一つかみ手に取ると、おそろしく先のとがった櫛で繰り返し梳《す》いた。それを見て私は、子どものときに、もつれやすい巻き毛を毎朝学校へ行く前にいやいや梳《と》かしたことを思い出した。

アスンティーナは次に、綿、ウール、リネンの糸を紡ぐのに使われる木製の紡錘を取り出した。キノコのような形をしたもので柄《え》は長くて先がとがり、柄の先に鉤《かぎ》がついていた。梳き終わった足糸の繊維をその鉤に取りつけてまわし始めると、紡錘がまわりながら足糸によりをかけて糸にしていき、それが柄に巻きついていくのを私は眺めていた。糸が長くなるとさらに繊維を器用に足していった。簡単そうに見えるけれど簡単ではないことは知っていた。

一メートルあまりの糸ならばアスンティーナは数分で紡ぐ。かなり太い羊毛のようだが手触りは柔らかい。レモンの汁に浸せば色が鮮やかになると言っていた。姉妹の作品の一つに、二羽の鳥がくちばしをつき合わせるように見つめ合っている刺繍の図案がある。白いリネンの布に、深い青銅色と明るい金色の二色の足糸で縫い取ってあった（口絵㉔）。

海の絹は刺繍糸として利用するだけでなく布に織りこむこともできる。ギウセピーナが小さな卓上織り機を取り出して、織りかけの細いネクタイを見せてくれた。姉妹のおじいさんは日曜日に教会へ行くときに、こんなネクタイが似合う服に身を包んだのだろうと想像した。ギウセピーナは指をせわしく動かしながら金褐色の横糸を縦糸のあいだに通してからトントンと糸の目を整えた。柔らかい布に織り糸がまた一段つけ足された。

しかし、このネクタイができあがることも、誰かが身につけることもないだろう。というのも、新しい足糸の繊維を手に入れるのが非常に難しいからだ。博物館でイグナチオは、水深一メートルくらいの浅い海底からピンナを掘り出すための長い木の柄がついた鉄製の道具の使い方を見せてくれたが、今ではそれも使えない（口絵㉕）。一九九二年にシシリアタイラギの採集が全面的に禁止されたのだ。

タツノオトシゴ、カワウソ、アザラシなど二〇〇種類以上のヨーロッパの動植物とともに、シシリアタイラギもEUの領域内のものは法的に保護されている。海洋汚染や生息地である海藻の生態系の破壊によって存続が脅かされていると学術関係者は言う。船の錨や漁具があたっても殻は簡単に割れてしまう。足糸を採集するためではなく、殻を家に飾るため、あるいは電灯の笠などをつくるために殻を集めるダイバーもいる。今ではシシリアタイラギを故意に傷つけたり殺したりすることは犯罪とみなされるようになった。

シシリアタイラギが保護されるようになってから、アスンティーナとギウセピーナは海の絹を手に入れることができなくなってしまったが、そうした状況を二人は冷静に受け止めている。エフィシアとイタロから受け継いだ技術を守りたいと二人とも思っているのは確かなのだが、手もとに残る足糸の繊維は少なくなってきた。死んだピンナを地元の漁師がたまに見つけると、二人が使えるようにと持ってきてくれる。それでも足糸のたくわえは少なく、海の絹はかつてないほど希少で貴重なものになりつつある。

海の絹の伝統を守っているのはペス姉妹だけではない。ペス姉妹の作業を一緒に見に行っていたアーケオツールの会員のパトリシアは、私たちの話が途切れたときに微笑みながら何かをイタリア語でささやいた。ギウスティーノが通訳してくれた。「彼女のおばあさんも海の絹を織ると言っています」。姉妹に別れを告げてギウスティーノの運転で町へ戻り、サンタンティオコ島で海の絹を織る別の女性の家で降ろしてもらった。こちらは、ペス姉妹もパトリシアのおばあさんも手に入れることができない新しい足糸を持っている。

## 海の絹の殿堂——足糸博物館

ひんやりとしたうす暗い「足糸博物館」の建物に入ると、おとぎの国に足を踏み入れたような気分になる。サンタンティオコ島への旅を象徴するかのようだ。石づくりの丸天井の部屋はかつて穀物貯蔵庫だったが、今は海の絹の殿堂になっている。海の絹の芸術家の最後の生き残りを自称するキアラ・ヴィゴの館でもある。

壁にはガラスの棚が並べられ、なぜここにあるのかわからないような雑多な品々が飾られていた。ピンナのブロンズ像（本物よりもはるかに大きい）も床に立てられている。キアラの巨大な肖像画もある。魚と貝と人魚の大きな立体模型も置いてあった。忙しそうに何かしているキアラの机の前に並べられたいすには数人の訪問客が無言で座っていた。

糸を紡いだり織ったりするという行為には神秘性がつきまとう。織り手が女性の場合にはとくにその傾向が強い。眠れる森の美女が深い眠りに落ちたのは紡ぎ車で指を刺したからだった。アーサー王物語やラファエル前派の絵画によれば、アルフレッド・テニスンのシャロットの姫君は目で見た現実の景色ではなく、鏡に映った「景色の半分」しか織ることができないという魔法にかかっていた。ローマやギリシャの神話では三人の女神が命の糸を紡いでから長さを測って切る。世界各地の伝承では機織りをする女性が大きな権力・知恵・魔力を持っている。私は通訳として同行してくれたレベッカの隣に座って待ちながら、足糸博物館は古くからの魔法の世界を再現しようとしているように思えてならなかった。

机の上の明るい電灯に照らされたキアラは、私がペス姉妹の家で見たのと同じ足糸の繊維を梳いて紡ぐという手順を慎重にふんでいたが、キアラ独自の変更も加わっていた。海の絹の糸をよりながら、キアラはお話を語り続けた。古代の海の絹が一万年前には中東のどこでとれたか、聖書に出てくる海の絹の物語、ソロモン王が輝くローブをどこで手に入れたか、海に自ら誓ったことは何か、といったことだった。

そしてキアラは一日に何度も繰り返すであろう来館者向けのお楽しみを私にもしてくれた。目をつぶって手を出すように言われ、目をあけると手のひらには重さを感じないふわふわの海の絹の繊維が乗っていた。次に木製の紡錘を手にとって歌を歌いながらその繊維を紡ぎ始めた。イタリア語の海の歌の詞をレベッカに通訳してもらうのはやめて歌の調べに聞き入った。キアラは足糸をくるくると紡ぎながら、そこに目が釘づけになった聴衆にニコニコと微笑みかけた。すると一緒に歌い始める人もいた。

足糸の繊維が長い一本の糸になると、キアラはそれを紡錘から外して、黄色い液体が半分ほど入った白いプラスチックのコップを取り出した。黄色い液は、レモンの汁に一〇種類あまりの海藻の抽出液とサルディニア産の大きな果物の汁を混ぜた特別なものだという（配合量は秘密）。その液に足糸で紡いだ糸を浸して引き上げ、手でやさしく絞ってから紙で水気を吸い取った。そして「まるで魔法のように……」と言っているような目つきで私たちを見つめながら、ここで初めて糸の両端を持って引っ張った。足糸にはけっこう弾力性があって伸びるのだ。

キアラは立ち上がると足早に窓のそばへ行き、糸を日にかざして、明るい金色に輝く様子を見せてくれた。そして糸を二つに切ると、レベッカと私にそれぞれくれた。

お話が終わって糸もできたので、キアラは部屋の中を案内しながら飾ってある作品の説明をしてくれた。世界中の個人や団体がキアラに織物や刺繡の作品の製作を依頼する。少し前には英雄ネルソンのファンから連絡があり、ネルソンと同じような海の絹の手袋をつくってくれないかと頼まれたという。海の絹を粗い目で四角に編んだ小さな切れっ端を出して私の手に乗せてくれた。うすくて華奢《きゃしゃ》だったが、これでも胡桃の殻には収まらないのではないかと私は思った。キアラの作品は教会や大聖堂で使われるものが多い。マリアと赤ん坊のイエス・キリストの素晴らしい刺繡の作品も見せてもらった。値札はなく、販売はしていないという。唯一の共同製作者が偉大なる海だと言うキアラの職業観が、流通販売のシステムとは相容れないためらしい。見返りを期待しない寄付を博物館の入り口の箱に入れてもらい、それだけで運営している活動だということだった。

木の額に入れて飾ってある金のライオンの刺繍もあった。尾が素敵なライオンで、前足を持ち上げている。キアラに海の絹のつくり方を教えた祖母が数十年前につくったものだ。キアラは一族で三〇代にわたって海の絹をつくり続けてきたと信じている（私の計算では六〇〇年から九〇〇年間ということになる）。サンタンティオコ島に住む人たちによれば、キアラの祖母はエフィシア・ムローニと同じように海の絹の紡ぎ方や織り方をイタロ・ディアナに教わったということだ。

石の窓枠には色つきの液体が入った容器が並べてあった。キアラは紫色の器を持ち上げ、それをまわして中身をかき混ぜた。かの有名な、数種類の海棲軟体動物を使ってつくられる染料だった。地中海では無数のアッキガイの仲間を海底から採集し、粉にして、濃厚な特上の貝紫という染料をつくり、古くはフェニキア王やローマ皇帝のローブを染めるのに使ってきた。

キアラはライラックのような淡い紫に染めた足糸の束も見せてくれた。このように海の絹を染める技法も、これまで海の絹を織ってきた先祖から伝承されたものだとキアラは言う。これがほんとうならば、このような染色を行なう唯一の家系ということになる。レモンの汁で染める以外に海の絹を貝の染料（ほかの染料でも）で染めるという記録は見つかっていない。

## 極秘の足糸の採取方法

海の絹の織物に関してキアラが決して教えてくれなかったのは、糸にする貝の足糸をどのように手に入れるかという正確な情報だった。キアラは五〇代の女性なのだが、生きたピンナを傷つけずに繊維をとる方法を三〇年前から知っていたと言っている。貝が保護されるようになり、その方法以外に道がなくなった。キアラがどのような方法で集めるのか詳しいことは秘密のままである。作業をする様子の見学や研究を申しこんでくる生物学者をキアラは信用していない。一度教えると、それをまねて海の絹を新しい産業にしてピンナの生息地を荒らしてしまうと確信している。

一年のある時期の、ある月齢のときにサンタンティオコ島のまわりの海底が柔らかくなり、ピンナを海底からそっと引き抜くことができるようになる、ということだけ教えてくれた。地元の信頼できる漁師に手伝ってもらってスキューバの道具を使わずに素潜りし、生きた貝一つから一〇センチほどの足糸を切り取るという。人の髪を切る、あるいは爪を切るのと同じような感覚らしい。そして貝をまた泥の中に戻す。ほんとうにそのようなことをしているのだろうか。それとも自分のまわりに紡いでいるおとぎ話の延長なのだろうか。

現実の冷たい波がキアラの世界にひたひたと押し寄せて架空の世界と交じり合うと、実際がどうなのかを見きわめるのは難しくなる。法的な許可を得て貝そのものを採取しているわけではないのに、ウェブサイトには、一年に約六〇〇グラムの海の絹が採れると書かれている。貝が死なないにしても、回復するまではそっとしておかなければならない。サンタンティオコ島の周辺には十分な数のシシリアタイラギが生息していて、このような形で順番に採取すれば、集団全体としての被害はないのかもしれない。しかし誰にも（キアラは別かもしれないが）ほんとうに大丈夫なのかはわからない。

キアラが言っている害のない足糸の集め方については、いくつかの疑問が湧いてくる。まず、足糸を切り取られた貝が死なずに足糸を再生できるのだろうか。ピンナをはじめとする足糸をつくる二枚貝の生態の研究では、内臓の足糸腺が被害を受けない限り貝は生きながらえる可能性が高いことが明らかになっている。足糸腺が正常に機能していれば、海底にまた根を張るために、新しい足糸の繊維を一からつくればよい。繊維が途中から切り取られると粘着性の先端部が失われることになるが、それほど大きな問題にはならないだろう。二枚貝の多くは、ちぎれた繊維を補充するために、生きているあいだはずっと足糸をつくり続けている。中には足糸を使って海底を移動するものもある。繊維を一本遠くへ投げ、足糸牽引筋を使って投げた糸を手繰り寄せて前進する。

わかっていないことのもう一つは、新しい繊維が伸びて根を張るのにどれぐらいの時間がかかるかということだ。繊維が伸びるまでは粘つく繊維なしで泥や砂につき刺さったままの姿勢を保持しなければならない。もし何かの弾みで倒れたら、殻を立てなおす手段がないので、海底の砂に埋もれて窒息するか捕食者にかじられるがままになる。貝が生息している場所が波の立たない穏やかな海域ならば、殻が倒れる危険はずっと低くなるということなら頷ける。

ほかの貝の足糸をつくる早さから推測すると、足糸は結構早く回復すると考えられる。ヨーロッパイガイの足糸はシシリアタイラギよりだいぶ短いものの、新しい繊維を一本つくるのにほんの数分しかからない。イガイは一日に最高で五〇本の繊維をつくることができる。つくる数はさまざまな要因によって増減し、水の流れが速いと貝がつくる繊維は増えるが、かと言って速すぎてもよくない（速すぎると繊維があっても殻をつなぎとめられない）。また、カニやヒトデなどの気配があると足糸の増産が始まる。海底に殻をしっかり固定して捕食者に食べられにくい状況をつくるのだろうと考えられている。

イガイの殻をつついて波に洗われているかのような状況をつくりだすと、イガイは足糸をつくり始める。ある研究では、イガイの殻をさまざまな間隔（四・五〜二七秒の範囲）で二週間つつき続けるという実験をした（自動イガイつつき器を使った。学生が寝ずの番をしてつついたわけではない）。頻繁につつかれるほど、つくる繊維の量は多かった。

足糸を生産するのは重労働なので、生産量を調整できるということは貝にとって重要な意味を持つ。繊維をつくるときにはエネルギーとタンパク質を使うため、イガイはまわりの環境や捕食者から襲撃される危険度に応じて必要な分だけ繊維をつくる。だから、キアラが繊維を切り取ったことに反応して体のほかの部位にふり向けていたエネルギーを足糸の増産にまわすということは十分考えられる。これが貝の成長にどのような影響をもたらすかはわからない。

ヒゲを切り取られたピンナがほんとうに海底に再び根を張るのか、それにはどれくらいの時間がかかるのか、ということを調べるのはそれほど難しくないが、研究テーマにして調べた人はまだいない。たまたま実験することになった事例はある。二〇一二年にクルーズ船のコスタ・コンコルディア号がイタリアで座礁して転覆したときのことだった。船が横倒しになって海面に浮かぶさまは、まるで巨大な白いクジラの死体が浜に打ち上げられたようだった。ダイバーが潜って船体の下の海底を調べたところ、すぐ近くに海草が繁茂する海域があり、そこに二〇〇個前後のシシリアタイラギが生息していることがわかった。船の引き上げ作業の邪魔にならないように、貝はほかの場所に移されることになった。

インターネット上のニュース報道を見ると、ダイバーは貝を抜き取り、海底に置いたプラスチック製の籠にとりあえず集め、船を引き上げたあとにもとの海底に移植しなおす計画になっている。この結果を見れば、ピンナは移植されても問題なく生育できるかどうかがわかるだろう。キアラはこの事態にとても頭を悩ませている。こうした報道によって、ピンナを引き抜いて海の絹を採ろうと考える人が出てくるのではないかと言うのだ。キアラの方法をまねる一般の人がたくさん出てきたら、大事なピンナの破滅につながると心配している。

大きな貝が足糸のために危機に陥るとすれば、それは海の絹がファッション界で人気の的になるとか、

## 《植物・環境の本》

### 豆農家の大革命 アメリカ有機農業の奇跡

リズ・カーライル［著］三木直子［訳］
2700円＋税
大規模単一栽培農業と決別した有機農家たちの、レンズ豆によるフードシステム革命。

### 原子力と人間の歴史

**ドイツ原子力産業の興亡と自然エネルギー**
ヨアヒム・ラートカウ＋ロータル・ハーン［著］
山縣光晶ほか［訳］ 5500円＋税
政治、社会、科学、技術を横断して描く。

### 木材と文明

ヨアヒム・ラートカウ［著］山縣光晶［訳］
◎3刷　3200円＋税
ヨーロッパにおける木材とそれを取り巻く社会を、環境歴史学者が紐解く。

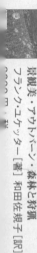

### ナチスと自然保護

**景観美・アウトバーン・森林と狩猟**
フランク・ユケッター［著］和田佐規子［訳］

### 樹は語る

**芽生え・熊棚・空飛ぶ果実**
清和研二［著］　◎2刷　2400円＋税
森をつくる12種の樹木の生活史を、緻密なイラストを交えて紹介。

### ヨーロッパ・バイオマス産業リポート

**なぜオーストリアは森でエネルギー自給できるのか**
西川力［著］2000円＋税
地形や人件費など厳しい条件の中で、林業とバイオマス産業が成り立つ理由とは。

### 大麻草と文明

J. ヘラー［著］J.E. イングリング［訳］
2700円＋税
栽培作物として華々しい経歴と能力をもった植物・大麻草の正しい知識を得る一冊。

### 柑橘類と文明

**マフィアを生んだシチリアレモンから、**
**ノーベル賞をとった壊血病薬まで**
H・アトレー［著］三木直子［訳］2700円＋税

## 野生ミツバチとの遊び方

トーマス・シーリー［著］小山重郎［訳］
2400円＋税
ミツバチ研究の第一人者が、ミツバチを追いかける「ハチ狩り」のノウハウを大公開。ハチ狩りの面白さと醍醐味を伝える。

## ミツバチの会議 意思決定ができるのか

トーマス・シーリー［著］片岡夏実［訳］
◎5刷　2800円＋税
新しい巣の選定は群れの生死にかかわる。ミツバチたちが行なう、民主的な意思決定プロセスとは。

## お皿の上の生物学

小倉明彦［著］　◎2刷　1800円＋税
阪大出前講座！
味・色・香り・温度・食器……。解剖学、生化学から歴史まで、身近な料理・食材で語る科学エンターテインメント。

## 鳥の不思議な生活

**ハチドリのジェットエンジン、ニワトリの三角関係、全米記憶力チャンピオンVSホシガラス**
ノア・ストリッカー［著］片岡夏実［訳］
2400円＋税
鳥類観察のため南極から熱帯雨林へ旅する著者が描く、鳥の不思議な生活と能力。

### 《地球・地質の本》

## 地底 地球深部探求の歴史

D・ホワイトハウス［著］江口あとか［訳］
2700円＋税
人類は地球の内部をどのように捉えてきたのか。地球と宇宙、生命進化の謎が詰まった地表から内核まで6000 kmの探求の旅。

## 日本の土 地質学が明かす黒土と縄文文化

山野井徹［著］　◎3刷　2300円＋税
火山灰土と考えられてきたクロボク土は、縄文人が1万年をかけて作り出した文化遺産だった。日本列島の形成から表土の成長まで、考古学、土壌学を交えて解説する。

価格は、本体価格に別途消費税がかかります。価格・刷数は2016年7月現在のものです。
総合図書目録進呈します。ご請求は小社営業部（tel:03-3542-3731　fax:03-3541-5799）まで

何かほかの趣味の対象として新しい市場や需要が生まれたときだけだと私は思う。もしそのようなことになれば、天然のシシリアタイラギを犠牲にしない持続可能な足糸の採取どころではなくなる。現実の世の中を見ていると、持続可能な採集が行なわれることなどまずないからだ。

アンデス山脈の標高が高い草原に生息しているアルパカやラマの野生種のビクーニャがよい例だろう。この華奢なラクダ科の動物は、暖を取るための超極細の毛をまとっている。これを集めて紡げば品質のよい高価な織物になる。ビクーニャを撃ち殺して毛皮を取る方が確かに手間は省けるが、ペルー政府は、一頭ずつつかまえて毛を刈り、傷つけずに放すという作業を二年以上の間隔をあけて行なった場合には、集めた毛の品質を保証するラベル表示ができる制度を始めた。この新しい採取方法によってビクーニャの頭数は回復してきているが、密猟は続いているし、保証書のない安価な毛織物が出まわる闇市もなくなってはいない。海の絹が今後流通するようなことになれば、似たような状況が生まれるだろう。幸運なことに、海の絹の需要は無視できるほどしかない。

海の絹を追い求める情熱は人一倍のキアラだが、サンタンティオコ島の周辺のどこに貝が生息しているかについてはきわめて口が堅い。海の絹を産業として活性化して織り手の生活を助けようとしたこれまでの慈善家たちとはまったく逆の方針を貫いていると言ってもよい。

キアラが直面している問題は、海の絹が希少なものであり、それを手に入れるのは難しいという点にある。しかしその事実こそがキアラを成功に導いて有名にした。博物館を守りながら生計を立てなければならないのと同時に、そのために必要な繊細な糸の出どころも守らなければいけないのは当然だろう。伝承されてきた民話を伝え、今の時代に合った新しい伝統を紡いでいくことで、キアラは自分のつづれ織りの糸にからめ取られ、自分自身が物語に組みこまれていく。廃れていく習慣や工芸品の守り手を自任することで、衆目の関心を彼女自身に集めておくという手段を使って。

## シシリアタイラギと共生する生き物

明るい屋外へ出てキアラからもらった一筋の糸を握りしめると、古い物語が博物館の扉から聞こえてくるような気がした。イガイの仲間が搾《しぼ》り出した繊維でできた糸を手にしていることがとても特別なことに思えた。と同時に、羊の背中に生える毛や蚕が口から吐く絹とどれほどの違いがあるのだろうかとも思った。マダガスカルに生息するジョロウグモの一種の糸を大量に集めて織った豪華絢爛《けんらん》なケープが二〇一二年にロンドンのヴィクトリア&アルバート博物館で展示されていたことも脳裏をよぎった。

海の絹のつくり方を見ることができ、そういうものが確かに実在することはわかったが、海の絹の物語について知りたいことがもう一つあった。

そこで、小さな船着場へ行くために斜面を下った。グネグネと形をかえる白くて柔らかいタコを漁師たちが両手でつかんで水揚げしているかたわらで、釣り船の勧誘に忙しい人たちがいた。昨今は観光客を釣りに連れて行く方が、今までのように自分で魚を捕まえて売るよりも稼ぎになるらしい。日帰りの釣りと宴会ができるように改造された大きな漁船のわきを通り過ぎると、もう少し小型の青い木製の船が見えた。ロープとポリスチレンのブイと使い古された櫂《かい》が二本載せてある。船尾の船底からは、死んだばかりの小さなハゼのような魚の目が私を見上げていた。

船長の手を借りて船に乗り移りながら、二人で船を漕ぐのかと考えていた。しかし船尾のめだたないところにあったエンジンが息を吹き返し、ボッポと音をたてながら潟湖《せきこ》の沖へと進んだ。船長は錨のかわりに船べりの穴から木の杭を浅い海底に打ちこんで船を固定し、私は船べりを乗り越えて冷たい水に入った。

シュノーケルをくわえて海底に目を向けながら泳ぎまわり、青々と茂る海草や海藻の中に、初めてシシリアタイラギを見つけた。殻の外側にはひらひらとしたものがついて柔らかそうに見えたが、浅い海底に手を伸ばして爪で殻をトントンと叩いてみると硬いことがわかった。叩いたら、貝はぴくぴくと動いたかと思うと、黒い斑点のある白い外套膜《がいとうまく》を殻に引き入れて、ゆっくりと閉じてしまった。閉じられた襞《ひだ》のある半円の口は、海面に向けてアーチを描いていた。

ピンナのまわりはほかの動物でにぎやかだった（口絵㉑）。小さな緑色の魚が私のまわりを泳いでいる。鮮やかな赤いヒトデが貼りついている貝もある。ケヤリムシというゴカイが巣から頭を出して羽のような触手の冠を広げている。ウミウシの一種の嚢舌《のうぜつ》類のナツメガイがピンナの殻の上を滑るように移動するのも見える。このウミウシはうすい大理石のような殻を持ち、それを、住処《すみか》としている海藻のイワヅタ（*Caulerpa*）の色とそっくりの黄緑色の外套膜に大切そうにはさんで背中にしょっている。

できるだけ静かにゆっくりとピンナに近づき、殻の中に隠れている甲殻類がいないかを調べるために中をのぞきこんだ。昔からピンナの中には小さな生き物がいることが知られている（大げさに語られることが多いが）。

それはカクレガニと呼ばれるカニで、目を持たない貝のために、危険が迫っていることや餌が近寄ってきたことを知らせるために見張りをしていると説明されることが多い。大プリニウスは小さな魚が貝の中に迷いこむとカクレガニがやさしく貝の身をつねって知らせ、貝がパタンと殻を閉じれば中で貝とカニがご馳走にありつくと書き残している。

最近の研究からは、ピンナに棲む甲殻類は二種類いることがわかっている。ピンノと呼ばれるカニ（*Nepinnotheres pinnothere*）と、カクレエビ（*Pontonia pinnophylax*）である。しかし、どちらも番人でもなければ狩りの仲間でもない。貝がカニやエビに安全な逃げ場を提供しているだけだ。このカニは、貝が食べるのと同じ浮遊性の餌を水から濾《こ》し取って食べている。エビは、貝の鰓《えら》の表面の食物粒子をかき取ったり、消化前に貝が吐き出す偽糞をかじったりしている。

人間はこのピンノというカニをおもしろいことに使ってきた。古い調理法を見ると、ピンノがスープの具材にあげられている。道徳教育の教材にもなる――ピンノのように、もう少し自分を捨てて協力し合おうということだ。二世紀にギリシャで書かれた『夢の解釈』には、結婚してからピンナとピンノを夢に見れば、夫婦仲よく暮らせて幸せが続くとある。そんな夢を見ることができるのだろうか。

私は海中で次から次へとピンナを見てまわったが、小さなカニやエビがいそうな貝はなかった。死んだ貝は口をあけたまま動かず、中にひそんでいる魚の黒い影が見えただけだった。私の気配でイソギンポ科の魚（バシリスク・ブレニー）が奥へ後ずさりする姿は、あたかも荒れ果てた家の窓から外をうかがっていた人影が、それを知られたくないかのごとく物陰に身を隠すようだった。

私が見てまわったほとんどのシシリアタイラギは小型で、長さは手のひらを広げたくらいしかなかった。まだ若く、成貝になっていないことから、ここはシシリアタイラギが成長する大切な場所であり、サルディニア島のピンナが好ましい環境で育っていることがわかる。ほんとうにそうなのかは、数日あるいは数週間かけて貝を数えてまわり、しばらくしてからまた貝の数を調べればよい。しかし若い貝がいるということは、成貝が近くにいてうまく繁殖していることも示している。この海域は町に近く人の目があるので、キアラが足糸を採集している貝ではないだろう。水面から頭を上げると、数百メートル離れた海辺を観光客の乗ったバスが通り過ぎるのが見えた。

二〇年前に保護活動が始まったのに、シシリアタイラギが地中海でどのような状況に置かれているのかはよくわかっていない。大きさや分布を調べた学術的な調査からは、元気な貝の生息数が回復している兆候は見られる。シシリアタイラギが生息している海域の海草は海水温の上昇などの悪影響にあえぐ状況が続いているが、貝はそれ以外の砂地や泥地などにも生息し、そこはそれほど環境の悪化がひどくない。シシリアタイラギの保護は破局的な状況を待って講じられたものではなく、どちらかと言うと生息数を大きく減らさないための予防的措置の色合いが濃い。破局が訪れてからでは遅すぎるのだ。

海底へ目を戻すと、シシリアタイラギが海底を移動しているように見えた。だが、まわりの海草が水の流れになびいてそう見えただけだった。ピンナは動いていなかった。目には見えない足糸で、柔らかい海底に殻の半分までしっかりと埋まっていた。

海の絹が人間を魅了し続けていることは確かだ。古くさい物語の中で、もっともらしく大げさに語られていると、なおさら興味をそそられる。金色のヒゲがある大きな貝が実際にどのような生活をしているのかと不思議に思うのは当然だろう。生きた貝の中で小さなカニが共同生活を営んでいることや、貝が死ぬと殻を住処とするタコや魚がいるということにも驚かされる。ピンナからヒゲを取り上げて美しい布にしようと最初に思いついたのは誰かという謎もある。何世紀も前に起きた単語の翻訳の間違いで、海底に深くつき刺さっていた貝が根を張る貝になってしまったのもおもしろい。さらにあとの時代から現在にいたるまで、人々が手のこんだ刺繡を製作してきたことにも感嘆する。

アスンティーナとギウセピーナのペス姉妹は、織物の仕事を続けるのに海の絹ではなく別の糸を使うようになるだろう。キアラ・ヴィゴは博物館の運営を続け、物語を伝えながら誰も見ていないときに足糸を集めに海に潜るだろう。

シシリアタイラギは確かにめずらしい海の幸をもたらしてくれる生き物の一つではあるが、人の需要や欲望を満たすために乱獲するのはやめなければならない。海の絹は、光を放つ不思議な糸で、小さな島でだけ新しいものがときおり織られる程度にとどめておくのがよいのかもしれない。

chapter

# 7 アオイガイの飛翔

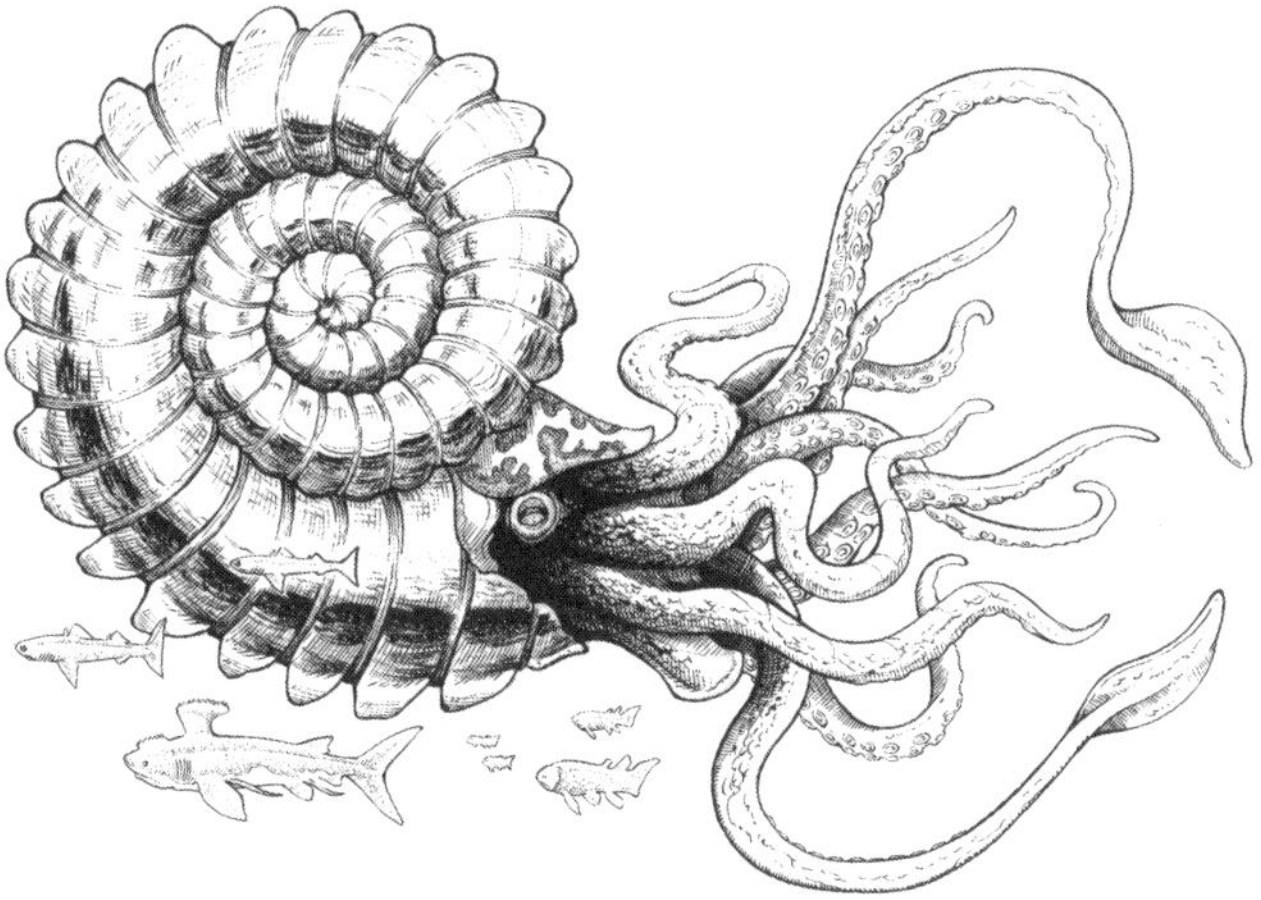

## 殻をつくるタコ

私は生きたアオイガイをまだ見たことがない。ほとんどの人は見たことがないだろう。二〇一二年にロサンゼルスの海岸から数キロメートルの沖合でイカ漁をしていた漁師が、たまたま雌のアオイガイを捕まえるというめずらしい出来事があった。漁師はその奇妙な動物を持ち帰って地元の水族館にわたした。熱帯の海にいるアオイガイが温帯のカリフォルニア沖で見つかることはめったにない。カブリロ海洋水族館の職員は、南から北へ流れる海流に乗ってきたのだろうと推測し、水槽を温かい水で満たしてアオイガイを入れた。疲労困憊していたアオイガイは、初めは水槽の底にぐったりと横たわっていて、死んでしまうのではないかと飼育係を心配させたが、しばらくすると体勢を立てなおして水槽の中を泳ぎ始め、魚やエビを小さくちぎった餌をつかみとって食べるようになった。

インターネット上でこのカリフォルニアのアオイガイの動画を見ることができる。鈍い銀色の光沢がある虹色の殻が水中でホバリングしている。最初の数秒は、殻の中にいる動物を見分けるのが難しい。しかし突然、殻から何かが飛び出し、それが華奢《きゃしゃ》で光沢のある小さなタコだということがわかる。殻から引っ張り出した八本の腕で殻をつかみ、器用に回転させてからまた殻の中に潜りこむ。

アオイガイはタコの中で唯一殻をつくる。頭足《とうそく》類のタコ目という分類群には三〇〇種類前後の仲間がいるが、ほかのタコは柔らかい裸の体で生活することを選んだ。殻を持たないタコが、主のいなくなった二枚貝の中に入りこんで、外界をうかがっている姿を見たことがあるかもしれない（口絵㉛）。インドネシアで撮影された映像（数年前にウイルス感染してインターネット上では見られなくなってしまった）に出てくるタコは、半分に割られた椰子の実を拾って頭にかぶり、腕を足のように動かしながら海底を誇らしげに歩いていた。

しかし、常に殻を持って生活しているのはアオイガイ属（*Argonauta*）のアオイガイ、タコブネ、ヤサガタタコブネ、チリメンアオイガイの四種だけである。どれもよく似たうすい白っぽい殻を持っており、殻の表面には一面に稜線やこぶがある（口絵㉜）。種類によって殻の大きさは異なり、小さいものは五センチ、大きいものは三〇センチになるが、中にいるタコは殻よりかなり小さい。熱帯や亜熱帯の海に棲み、海底で暮らす種類のタコたちのはるか頭上の流れが速い表層を漂ったり泳いだりして一生を過ごすが、陸から離れた外洋へ出ることはほとんどない。

驚いたことにカブリロ海洋水族館のアオイガイの水槽には、保護されて一週間目に何千匹という小さな仲間が出現した。受精卵を持っていたらしく、それが孵化し始めたのだ。

新しく仲間入りしたアオイガイを数えるために、動員できる助っ人がすべて集められた。事務員はデスク作業をあとまわしにし、見学に来た小学生も科学研究の一端をになった。最終的にアオイガイは数日間で体長一ミリメートルほどの小さな子どもを二万二二七二匹産んだ。インターネット上で今度は、顕微鏡を通して新生アオイガイを見ることができる。

ピクピクと動く楕円形の粒はほとんど透明だが、大きな黒い目が二つあり、大きくなったり小さくなったりする斑点に覆われている（口絵㉚）。キリンのような模様になるときもあれば、ごま塩模様になるときもある。色素顆粒をたくさん含んだ色素胞と呼ばれる細胞が外套膜《がいとうまく》の中にあり、この細胞が微小な筋肉の収縮と弛緩によって外套膜の表面に現われたり、埋もれて消えたりすることで、点滅するような色の変化が起きる。アオイガイの幼生は小さな腕で動物プランクトンを捕まえて口へ運んでいる。これほど小さなアオイガイが餌を採るところを映像にとらえたのは初めてのことだった。

しかし残念なことに、このアオイガイとたくさんの子どもたちは飼育下で数週間しか生きられなかった。海へ戻すわけにもいかなかった。母親のアオイガイをカリフォルニアへ運んできた暖流が止まってしまい、棲み慣れた熱帯の生息地からはるか離れた海に放すのはためらわれたからだ。同じころに近くの海岸に死んだアオイガイの殻が打ち上げられたので、大量死か何かが起きたと推測された。飼育していたアオイガイを海に放しても、やはり死んでいたかもしれない。アオイガイが放浪してきたことによって、これまで謎に包まれていた貝の生活の一面を、少なくとも研究者は垣間見ることができた。

人間は数千年前からアオイガイという生き物がいることを知っていたが、どのような生き物なのかはわかっていなかった。学者の頭を悩ませた問題は二つあった。アオイガイは何のために殻をつくるのかということと、どのように殻をつくるのかということだった。

アオイガイは英語で「アルゴノート」と呼ばれ、それはギリシャ神話のジェイソンと共にアルゴ船に乗って金色の羊毛を探すための航海に出た勇士の一団の呼び名にちなむ。この殻に棲む軟体動物について最初の記録を残したのはギリシャの哲学者アリストテレスだった。アオイガイの殻は海に浮かぶためのもので、腕はオールのように使って殻を漕ぐか、平たく変形させて頭上に掲げる帆として使うとアリストテレスは考えた。博物学者やアオイガイを実際に見た人たちのあいだでは、この説が長いあいだ語り継がれてきた。帆を揚げて進むタコの話はジュール・ヴェルヌが一八七〇年に書いた『海底二万里』にも登場する。ネモ船長の潜水艦ノーチラス号に囚われの身となった海洋生物学者のアロナックス教授は、無数のアオイガイが腕を空中にはためかせながら移動していく光景を見ながら、あれこれと考えをめぐらせている。

## オウムガイの殻

アオイガイは英語で「紙のオウムガイ」とも呼ばれる。殻は紙のようにうすく、形がオウムガイの殻にちょっと似ているためだ。

オウムガイは英語で「小部屋のあるオウムガイ」とも呼ばれ、その名のとおり、殻の中に小部屋がある。成長するにつれて殻口《かくこう》に新しい殻を継ぎ足し、体を開口部へと少しずらす。そして体と背後にできた空間とのあいだに定期的に壁を築いて小部屋を増やしていく。小部屋どうしは連室細管と呼ばれる小孔でつながっていて、新しい小部屋ができると中の海水が浸透圧によって抜き取られ、かわりに気体が拡散して入りこむ。小部屋の中の液体量は潜水艦のバラスト・タンクのように調節でき、この仕組みによって浮力を獲得して遊泳に必要なエネルギーを節約している（口絵⑳）。

ほかの頭足類と同じようにオウムガイも、二ストロークエンジンのように、まず海水を吸いこみ、それを漏斗《ろうと》状の器官から噴き出すことで推進力を得る。漏斗の位置を変えれば、進む方向を多少は調節できる（前向きにはゆっくりしか進めないが、後ろ向きだとはるかに速く動ける）。身の危険を感じると殻の中に体を引き入れて、皮製の頭巾《ずきん》のような落とし戸式の蓋で入り口をふさぐ。

オウムガイの殻の内壁は真珠層になっていて、英語では「真珠のようなオウムガイ」という呼び名もある。殻の外壁の上面は赤褐色の横縞模様が走るが、下面は、海の水に浸していくうちに色が洗い流され始めたように、縞がうすれて白っぽい。以前はオウムガイ属（*Nautilus*）には、オオベソオウムガイやコベソオウムガイを含む四種類が含まれていた。しかしこのうち二種類は数年前に初めて生きた貝が捕まり、体の構造が前記の二種とかなり異なっていることがわかったので、新しいアロノーティルス属（*Allonautilus*）として分類されなおした。四種とも九〇本ほどの細い触角があり（現生の頭足類ではもっとも多い）、スパゲティを口いっぱいに頬張って食べているように見える。インド洋と太平洋の熱帯域の深い海に広く生息し、生きたオウムガイはめったに目にすることができないが、死ぬと殻が海面に浮かび、かなり流されて海岸に漂着する。

人間が知っているオウムガイと言えば貝殻だけ、という時代が長く続いた。貝の蒐集家はオウムガイの殻の光沢や優美な螺旋《らせん》に魅せられ、博物学者は軟体部も含めた完全な標本を手に入れようとやっきになった。これに対してアオイガイはたまに生きた貝が打ち上がった。だからと言って、殻の中にいる小さな動物が何なのかという博物学者の議論が終わることはなった。

イギリスの博物学者ジョン・クランチは一八一六年に行なわれたコンゴ川源流の探検に同行した。途中の西アフリカのギニア湾で生き物を集めていたときに、生きたアオイガイをいくつか見つけ、バケツに海水を張って数日飼育して、生きている貝を観察している。アオイガイは殻から体を出したいと思えば全部出すことができ、見た目や動きはタコに似ていることがわかった。バケツの壁面にくっつくことができる吸盤があり、水を噴射して泳ぎまわり、皮膚の色を変えることもできた。

これらの観察結果は、のちに大英博物館の学芸員だったウィリアム・リーチが報告している。クランチ自身は、ほかの多くの船員と同じ熱病にかかって死んでしまい、アフリカから帰国することはなかった。リーチは亡くなった友を悼んでこのアオイガイをオサイト・クランチアイ（*Ocythoe cranchi*）と命名したが、この名は軟体部につけられたもので、殻は名前に含まれなかった。当時の博物学の大御所たちは、タコが貝殻をつくったのではなく、タコは殻のもとの所有者を殺して殻を乗っ取ったと考えていた。大御所たちにとってタコは単なる居候にすぎなかったのである。

それより前の一七五八年にカール・リンネが著書の『自然の体系』でアオイガイの殻をアルゴナウタ・アルゴ（*Argonauta argo*）と命名し、一八一四年にはコンスタンティン・サミュエル・ラファイエスクが、その殻の中でよく見つかる寄生動物をオサイト・アンティクオラム（*Ocythoe antiquorum*）と名づけていたので、ジョン・クランチが見つけたのは新種のタコということになった。

長いあいだ、貝殻をつくるアオイガイの生体は見つからなかった。生きた貝はどこかの深海にいるに違いない。オウムガイとよく似た種類だろう。だが、生きた貝がまったく見つからないことが問題なのではなかった。結局のところ、オウムガイは生きたものが見つからず、貝殻ばかりが見つかっていたという点が問題だった。

一八二八年にイギリスの博物学者のウィリアム・ブローダーリップは動物学雑誌で、アオイガイの殻を拝借しているタコのオサイトではなく、「本物の」アオイガイを見つけたとフランスの貝の蒐集家のマッセイルが言っている、と報告した。雑誌に投稿する原稿を書いているブローダーリップの顔が引きつっているのが目に見えるようだ。ブローダーリップは、タコなのか、タコでないのか、はっきりと決める前に調べるべきことがたくさんあると、どちらの側にもつかずに傍観する姿勢をとった。しかし最終的にはタコが居候していたと結論づける方向で議論し、ブローダーリップ自らが「おとぎの国の船」と呼んだ船をつくった動物の肩を持つことはなかった。

奪い取った貝殻に乗って海をわたるタコという説は、もっともらしいつくりごとに聞こえるかもしれないが、科学者を考えこませるような、これよりもさらに奇妙な説が横行していた。アオイガイは生きた貝から殻を奪うのではなく、はるか古代の生き物の殻を乗っ取ったのではないかという説である。

## アンモナイトが祖先？

現存する数種のオウムガイは、膨大な種類の頭足類が君臨した時代のほんのわずかな生き残りにすぎない。今の世界の海を泳ぎまわる頭足類でいちばん数が多いのは、体を覆う殻を持たないイカやタコたちだ。しかし、過ぎ去った時代に目を向けると、世界を支配していたのは殻を持つ頭足類だったことがわかる。オウムガイとそっくりの数多くの動物たちが、数億年という年月のあいだ広大な海を泳ぎまわっていたのだ。そうした種類の中でもっとも数が多く、種類も多かったのがアンモナイトだった。アオイガイと同じ型で抜いたのではないかと思うくらいアオイガイとそっくりのアンモナイトもいた。そして一九世紀の後半に突拍子のない説が浮上した。裸のタコは、もともとアンモナイトの殻を借りるか奪うかして生活していたのではないか、アオイガイは古い近縁種をまねて殻をつくることを覚えたのではないか、というものだった。

この説は、一八八八年に最初にドイツの地質学者グスタフ・シュタインマンが提唱した。一九二三年にスイスの古生物学者アドルフ・ネフが注目し、その後一九九〇年代にイスラエルの地質学会のジーフ・ルイがまた取り上げた。三人とも、現生のアオイガイの祖先はアンモナイトの抜け殻に隠れ棲んだと考えた。棲んでいるうちにアオイガイは借り物の殻にあいた穴やひび割れを修復する能力をなぜか身につけ、殻の修復が上手くなるにつれて手本が不要になり、あらかじめアンモナイトの殻を探さなくてもめでたく殻がつくれるようになった。

ルイはさらに一歩踏みこみ、死んだばかりのアンモナイトを「腐敗後浮遊動物」としゃれた呼び方をして（アンモナイトの死骸入りの殻が海面に浮かんで、しばらくのあいだ漂流していたということになる）、アオイガイはじつは死後まもないアンモナイトを食料にしていたと主張した。ルイの説によると、裸のアオイガイの先祖はこうした腐敗後浮遊動物の中に産卵し、孵化した幼生は死んだ宿主をゆっくりと食べつくして、最終的に空っぽになった殻もいただいたということになる。

これらの説の信憑《しんぴょう》性を調べ、アオイガイとアンモナイトには関係があるかどうかを見ていくためには、これらの生き物が現われた五億年前の地球に時代をさかのぼらなければならない。頭足類の進化の系統樹の根もとにあたるカンブリア紀の終わりには、小さな頭足類が生息していた。大きさは足の小指くらいで、魔法使いの帽子のような形の、細くて少し曲がった殻を持っていた。バージェス頁岩《けつがん》で有名になったチャールズ・ドゥーリトル・ウォルコットが最初にこの動物を報告し（実際はもっと後の時代の化石だったが）、プレクトロノセラス属（*Plectronoceras*）と名づけた。

プレクトロノセラスが最古の頭足類であるという点は議論の余地がない（バージェス頁岩から出土したネクトカリス属（*Nectocaris*）という奇妙な動物も頭足類かもしれないが、こちらは疑問視されている）。殻の中はオウムガイと同じように小部屋に仕切られ、海底を飛び跳ねるように、あるいは浅い海をプランクトンのように漂いながら生活していたのではないかと考えられている。このおとなしい漂流動物のあとに、もっと存在感のある（恐ろしい）頭足類が出現する。

四億八五〇〇万年前ごろに始まったオルドビス紀は地球の歴史の中で二番目に長い時代で、地球上の環境は今とまったく違っていた。気温は今よりずっと高く、二酸化炭素濃度もかなり高く、陸地はひと続きで、大きな超大陸のゴンドワナ大陸が一つあるだけだった。しかしこの大陸には生き物がほとんどおらず、生命体はまだ海の中にしか見られなかった。そして海の中には、今の私たちが目にするような動物たちに加えて、とても奇妙な動物がたくさんいた。

海底では三葉虫が走りまわり、二枚貝や腕足動物はじっと動かずに水を濾《こ》して餌を集め、腹足類《ふくそく》は赤や緑の海藻や群生するサンゴのわきを這《は》いまわっていた。水中では、コノドントと呼ばれる初期の脊索《せきさく》動物がウナギのような体をくねらせながら鋭い歯で餌にかぶりつき、水面には、もろいノコギリ歯でつくった音叉のような形をしたフデイシ類が群れをなして浮かんでいた。オルドビス紀の海のこうしたすべての動物にとっていちばん危険だったのは、大きな殻を持った頭足類に遭遇することだった。

カンブリア紀には目だたなかった頭足類の仲間はオルドビス紀に繁栄した。頭足類は多様なグループに進化し、きっちりと螺旋に巻くものもあれば、鉛筆のようにまっすぐな殻をつくるものもいた。カメロケラス属（*Cameroceras*）と名づけられた動物については、全長が一〇メートル（ロンドンの二階建てバスほどの長さ）と推定される、特大のまっすぐな殻の化石の一部が見つかっている。ダイオウホウズキイカの太古版とでも言うべき恐ろしい肉食獣だが、生物史上いちばん長い貝殻の中に棲んでいた点が現存するイカと違う。

カメロケラスはほとんどの時間を海底で過ごしながら何本もの腕で移動したり、餌を捕まえて口へ運んだりしていたのだろうと考えられている。まっすぐな殻を持った頭足類の中には頭を下にして水中を漂いながら海底の餌をあさっていたものもいるだろう。長い殻の両側に錘《おもり》をつけて殻を水平にして泳いだ。大きな槍のように海の中の餌めがけて突進したのだろうか。いろいろ考えられるが、いずれにしても頭足類はオルドビス紀に隆盛をきわめた。

オルドビス紀の終わりになるとゴンドワナ大陸が南極の方向へ移動したため、陸地は広大な面積が氷で覆われて、地球は深刻な氷河期に突入した。海水面が下がり、大陸棚の浅い海がなくなり、海洋生物の住処《すみか》がなくなって大量絶滅が起きた。海の無脊椎動物の半数が消滅したが、頭足類は生き残った。

数千万年のあいだ頭足類は盛衰を繰り返した。シルル紀とデボン紀には何度も衰退の危機に直面したが、そのたびに数と種類数を増やすことで勢いを盛り返してきた。そしてデボン紀の初期（四億年くらい前）に頭足類の系統樹に新しい枝がいくつも芽生え、現在のオウムガイの先祖となるオウムガイ目の一種や、のちに現生のタコやイカとなる鞘形亜綱《しょうけいあこう》の動物も現われた。そしてデボン紀に出現した三つ目の頭足類の大きなグループは、アンモナイトという、かつてない繁栄をきわめることになる海の動物だった。

## 蛇石《へびいし》と雷石《かみなりいし》

もう絶滅してしまった動物の化石を自分で探したいなら、まずアンモナイトを探すことを勧める。アンモナイトは化石として魅力があるだけでなく、数が多く、どこでも見つかるからだ。私は地質学者の妹のケイトが見つけてくれたアンモナイトをいくつか持っている。海にまつわる事柄に興味があるという私の弱点を知っていて探してくれたのだ。その中でいちばん好きなものは親指に隠れるくらいの大きさのもので、きれいにしっかりと巻いた殻を細かい筋が覆っている。そのアンモナイトが埋まった黒いシルト質の泥の層はのちに泥岩に変化して、イギリス南部の海岸にあるキムリッジ湾に崖として露出することになった。一億五〇〇〇万年前にこの海を泳いでいたアンモナイトが、今は私の机の上に鎮座している。そして、私が世界を見つめる目線を間違わないよう、また過去の時間を正しく見つめられるように助けてくれている。

アンモナイトの化石は数が多くて見つけやすいので、数千年にわたって人間の生活に入りこんできた。人が気づかずにいる場合もある。私の故郷イギリスのケンブリッジでショッピングセンターを歩きながら足もとに目をやると、磨かれた石灰岩のタイルに古代の渦巻きを見ることができる。その奇妙な渦巻きを見つけた世界各地の人々は、商店街の床に姿を現わすはるか以前から、それが何なのかと不思議に思ってきた。

ヨーロッパではアンモナイトの化石を「蛇石」と呼び、どのようにできるのかという言い伝えでは、聖人が生きたヘビをぐるぐるとまわしながら石に変え、崖から投げたというような内容が多い。蛇石はヘビに噛まれたときの治療薬や強壮剤にはじまり、牛の痙攣《けいれん》止めなど、あらゆる症状に効くと広く信じられていた。

古代ローマでは、金色のアンモナイトを枕の下に入れて眠ると未来を知ることができると信じられていた。北アメリカのブラックフット族には、アンモナイトは眠っているバイソンという動物（バッファローとも呼ばれる）に見えたらしく、バッファロー石と呼ばれ、旅に出る前に化石を見つけると幸先《さいさき》がよいとされた。ヒマラヤ山脈のガンダキ川で見つかる黒いアンモナイトはシャリグラムと呼ばれてヒンドゥー教のヴィシュヌ神を象徴するものとして寺院に祀られ、その神聖な石を浸しておいた水を死に際に飲んでこの世の穢れを祓《はら》った。

イカやタコなどの鞘形亜綱の一種でアンモナイトの親戚筋にあたるベレムナイト（やはり絶滅してしまった）をめぐっても似たようなことが信じられている。見た目はイカによく似ているが、体内に弾丸の形をした貝殻を持っていた。

ベレムナイトの貝殻の化石は雷石として知られ、雷が地面に落ちたときにできると信じられていた。

これもヘビに噛まれたときの治療に使ったり、雷が家に落ちるのを防ぐために窓枠に置いたりした。スウェーデンの民話では、雷石は邪悪なものから身を守ってくれる強い魔力を持つ石だ。家の床下に棲んでいるヴァターという超自然的な動物がロウソクの燭台に使っていたと考えられていて、ヴァターは家がきれいに片づいていないと住人を困らせた（サンタクロースの親戚とする話もある）。イギリスでは一八世紀にベレムナイトを粉にして、馬の目が腫れたときに塗る軟膏として使った。スコットランドでは伝統的に蛆石《うじいし》と呼び、馬が水を飲むための飼葉桶《かいばおけ》にベレムナイトを一個入れて蛆を退治した。

## 肥料になったコプロライト（糞石《ふんせき》）

たくさん手に入るアンモナイトの化石を実用化した例もある。イギリスのヴィクトリア朝時代には、化石を掘って世界初の人工肥料をつくるのに使った。都市の人口が増えるにつれて食料増産が必要になったころ、作物の成長にはリン酸が欠かせないことがわかり、リン酸が多く含まれるガウノと呼ばれる高価な鳥の糞をペルーから輸入したり、屠場《とじょう》から出る動物の骨や、ナイフの柄《え》を動物の骨でつくっている工場から削りくずを集めて粉にして、肥料にしたりしていた。エジプトの猫のミイラや、一九世紀のヨーロッパの戦場の馬や人の遺骨まで粉に挽いてやせた畑に撒いたと伝えられている。そうしているうちに、リン酸の供給源がすぐ近くで見つかった。化石化した骨が埋まっていた場所には、太古の動物の歯、爪、貝殻、絶滅した海棲爬虫類の糞などが入り混じり、それがリン酸を多量に含んでいることがわかったのだ。

この雑多な混合物には糞の化石そのものはわずかしか含まれていなかったものの、ギリシャ語の糞や石を意味する言葉にちなんでコプロライト（糞石）と呼ばれた（糞以外のものはすべて、偽コプロライトかリン酸塩土粒と呼んだ方がよい）。ここにアンモナイトが含まれていた。死んだアンモナイトの殻に含まれていた炭酸カルシウムが海水中のリン酸カルシウムと置き換わっていた。

白亜紀にはイギリス東南部は浅い海だったので、さらに古い時代のアンモナイトの化石を波が岩から削りだして一カ所に集めた。これが太古の遺物として見つかったことでコプロライト・ラッシュが起き、イギリス各地で露天掘りが始まった。とくにケンブリッジ近郊にはイギリスで生産するリン酸のほとんどを供給できる埋蔵量があり、コプロライトを掘って粉に加工するだけで大もうけできた。

ケンブリッジのセジウィック地球科学博物館にはコプロライトをたくさん並べた展示棚がある。その多くを見つけたのがハリー・シーリーだった。一九世紀半ばにケンブリッジ大学の地質学の教授だったアダム・セジウィックの助手をしていたシーリーは、一八六〇年代によくコプロライトの鉱山へ行き、何かおもしろいものやめずらしいものが残っていないかと、粉にする前の化石から粘土質を取り除くための洗浄タンクをたんねんに調べた。博物館には灰色や黒いアンモナイトのほか、二枚貝や巻貝も展示されている。

シーリーが手に入れたわずかばかりの化石標本のほかに、二〇〇万トンのリン酸に富んだ化石が採掘されたと推測されている。それを、馬が引く荷車、蒸気機関車、平底荷船に乗せて風車があるところまで運んで粉にした。そしてその粉に硫酸を加えて過リン酸石灰にし、ペルーの鳥の糞の半値で世界各地に輸出した。一八八〇年代にさらに安価なリン酸を含む岩が発見されてコプロライトの生産が落ちこむまで、ロシアからオーストラリアにいたる世界各地のやせた農地の作物は、古い古い時代の貝殻の助けを借りて成長した。

アンモナイトの化石は、人間の世界に長く語り継がれる伝説をもう一つ残している。イギリスの技師だったウィリアム・スミスは、二〇〇年前に国中を旅しながら新しい運河を掘る仕事をしていて、化石の中でもとくにアンモナイトが岩盤の年代を知るためのタイムカプセルとして使えることに気づいた。作業員が地面を深く掘ると岩盤の種類が変わり、そこに含まれる化石も違うものになる。そこで、アンモナイトをはじめとする化石をていねいに集めて分類し、岩が最初はホットケーキのように水平に分布していたことや、のちに地殻変動によって砕かれることもあれば、傾いたり、折りたたまれたりすることもあるのを示すのに使った。

スミスが地層を調べるときにアンモナイトの特徴のいくつかがとても役に立った。アンモナイトの化石は数が多くて探しやすかったこともあるが、種類が非常に多かったからだ（殻の表面の縫合線と呼ばれる横縞模様で指紋のように見分けられるものが多い。この模様は殻内部の小部屋の壁が殻の外壁と出会うところにできる。殻に泥が入りこんで殻の内型が化石になれば、表面に縫合線の模様が浮き出る）。寿命は比較的短かったようで、地質学的時間で見ると、新しい種が現われたかと思うと絶滅するのも早かった。中には数十万年という短い寿命のものもいた。同じ種類のアンモナイトが別の場所で見つかれば、化石が見つかった岩盤の年代はほぼ同じと推測できた。

これは、地層の年代を推定するのにたいへん有効な地質学的手法の基本的な考え方で、のちに生物層序学と呼ばれるようになった。アンモナイトは世界中に分布しているので、地球の裏側にある地層との関係の推定にも使える。チリ、オーストラリア、ヨーロッパ、マダガスカル、中国、南極大陸で同じ種類が見つかっている。

スミスは、異なる場所の岩盤の年代と種類をつき合わせ、イギリスのイングランド地方・ウェールズ地方・スコットランド地方についての、縦が二メートルもある詳細な地質図をつくった。異なる地層ごとに色を塗りわけると、それまで誰も見たこともなかった虹色のイギリス諸島の地図ができた。この地図とスミスの着想は、長い年月をかけてどのように地層ができるのかという理論を展開させる推進力になり、新しい地質学の時代の幕あけに大事な役割を果たした。

## アンモナイトかアンモノイドか

アンモナイトを見ていくうえでややこしいのは、専門的に見たときにアンモナイトの多くがほんとうはアンモナイトと呼ばれるべきではないということにある。アンモナイトが属する「アンモノイド」という分類群は、およそ四億年前のデボン紀にほかの頭足類から分岐した。正真正銘のアンモナイトがそれから二億年以上たったジュラ紀の初期に現われるまで、数多くのアンモノイドの仲間が現われては消えていった。一般にこれらをすべてまとめてアンモナイトと呼ぶことが多いが、近縁の仲間ではあるものの、ほんとうは違う動物群である。

デボン紀以降の古生代の海で数が多かったのはアンモノイドの中のゴニアタイトというグループで、多くは殻が小さく、螺旋の巻きも緻密だった。二億二五〇〇万年前まで繁栄を誇ったが、かつてなかった地球の危機に遭遇した。ペルム紀の終わりの大量絶滅（「大絶滅」とも呼ばれる）は、おそらく超巨大な火山爆発と、深海からのメタンの噴出と、それに続く地球温暖化が合わさったことがきっかけになったのだろう。陸上の生き物の七〇パーセントと、三葉虫を含む海を謳歌していた生き物の九六パーセントが死に絶えた。ここでゴニアタイトも絶滅したのだが、アンモノイドの中には、セラタイトのように三畳紀まで生き延びた系統がいて、その後はこの系統が海に君臨することになった。しかし寿命はそれほど長くなく、五〇〇〇万年ほどで支配は終わった。ジュラ紀の初期以降は、次のアンモノイドとなるアンモナイトが大きく数を増やして中心に躍り出て、海を席巻することになる。

アンモナイトの化石の数はずば抜けて多いが、アンモナイトもその近縁の仲間たちも、いまだに謎が多くて過去の扉は閉ざされたままになっている。知られているのは貝殻だけで、貝の中に軟体部を残した化石は一つも見つかっていないことから、動物本体がどのような姿をしていたのかはわからない。タコのように腕が八本だったのだろうか。イカのように腕が八本と触腕が二本だったのだろうか。それともオウムガイのように数十本のヒゲのような付属肢があったのだろうか。まだわかっていない。

一つわかっているのは水をジェット噴射して泳いだということだ。殻口には、頭足類特有の筋肉質の漏斗を持っていたことを推測させる切れこみがある。いちばん大きなパラプゾシア属（*Parapuzosia*）のアンモナイト（殻の化石の直径は二メートル）が海の中をジェット噴射しながら泳いでいる光景を想像するだけでも身震いしてしまう。貝の中にいた動物は長さが三メートル、体重が一・五トン以上あってもおかしくないと専門家は考えている。怪物が巨大なトラックを乗りまわしていることにたとえれば、貝殻はタイヤになるだろうか。

アンモナイトの時代の海には、ほかにも奇妙な形の貝がたくさんいた。アンモナイトの殻は概してきれいな螺旋につくられている。しかし、あらゆる形がそろったデイヴィッド・ラウプの仮想博物館の貝殻では、このようにきれいな形はほんの一部にすぎない。アンモナイトの中には、まったく違う形の殻をつくったものもいた。

ヘリオセラス属（*Helioceras*）は棘《とげ》がたくさんある螺旋が高く巻き上がり、まるで危険な螺旋の滑り台のように見える。これでは頭を下にして漏斗から水をやさしく噴出するだけでコマのようにまわってしまっただろう。おそらくはワインのコルク抜きのように、つま先旋回しながら水中を上下に移動していたのだろう。ニッポニテス属(*Nipponites*)も奇妙なアンモナイトだった。殻が蛇行しながらからまってこぶ状になっている。ボルネオ島の石灰岩の丘にいた現生の微小巻貝と似ている(はるかに大きいが)。

アンモナイトについてもう一つわからないことは、何を食べていたかということだ。胃の内容物だったかもしれない動物とともに出土したアンモナイトも、わずかだが見つかっている。甲殻類(海底を這いまわるカイムシ類)、ウニ(花のようなウミユリ類)、アンモナイトの殻などである。これがほんとうにアンモナイトの最後の食事だったかどうかについては、専門家の見解は一致していない。

しかし、アンモナイトがほかの動物に食べられたことを明らかに示す痕跡なら見つかっている。アンモナイトはオルドビス紀に栄えた祖先のように海の食物連鎖の頂点にいる捕食者ではなかったのだ。獲物を狩っていた貝が、狩られる貝に進化したことになる。

アンモナイトの殻にはきれいな丸い穴があいているものがあり、アンモナイトが死んでからカサガイが殻に取りついたときにできた傷だという専門家もいる。しかし詳しく調べたところ、アンモナイトはもっと残酷な最期をとげたことがわかってきた。

ジュラ紀のアンモナイトの化石は、イルカに似た爬虫類である魚竜や、時代が下るとモササウルスといったさまざまな海の獰猛《どうもう》な肉食動物の化石と一緒に見つかっている。いずれも恐ろしい海棲爬虫類で、体長は二〇メートルもあり、巨大な顎には鋭い歯が並んでいた。この歯の大きさと間隔が、多くのアンモナイトの殻にあいた穴と一致する。カサガイがつけた傷というより、穴は歯形である可能性が高い。

一匹のカサガイがあける穴は一個なので、アンモナイトの殻に、いくつものカサガイが同じようにV字型に並んで穴をあけたとは考えにくい。

あるアンモナイトには二種類の大きさの穴があいていて、その大きさがモササウルスの成体と幼体の歯の大きさとぴったりと合った。モササウルスの親が子どもに狩りの仕方を教えていたのだろうか。それとも親が子どもの食事を横取りしたのだろうか。どちらにしても、このアンモナイトにとっては迷惑なことだった。

大型の爬虫類が泳ぎながらアンモナイトを追いまわしていた時期に、海の生き物すべてにとっての脅威が迫っていた。貝殻を持った頭足類の繁栄はやがて終わろうとしていた。そして最後の疑問が浮上する。なぜアンモナイトは今見つからないのだろうか。

## 白亜紀末の大量絶滅とアンモナイト

アンモナイトは中生代を通じて頭足類の中心の座を謳歌した。そのあいだに水面下で（表立たずに）勢力を伸ばした貝殻を持つ頭足類がいた。オウムガイだ。外見はアンモナイトとよく似ていたが、名の知れた親戚と比べると数がはるかに少なく、種類数もそれほど多くはなかった。

アンモナイトとオウムガイは数回の大量絶滅事件をくぐりぬけ、六五五〇万年前までは手を携えて生き延びてきた。そして白亜紀の終わりにまた大量絶滅の大事件が起き、片方しか生き延びられなくなった。

このときの大量絶滅は、飛翔しない陸上の恐竜が終焉を迎えたことから、いちばんよく知られていると思う。海もたいへんな事態になった。海洋生物のうち新生代の第三紀まで残ったのは五種のうち一種だけだった。もしアンモナイトとオウムガイのどちらが生き残るかで賭けをするなら、私だったらアンモナイトにお金を積んだだろう。数は圧倒的にアンモナイトの方が多く、分布も広かった。絶滅の脅威にさらされたときに優位に働く条件はアンモナイト側にそろっていたのだ。それなのに地球に別れを告げたのはアンモナイトで、生き残ったのはオウムガイだった。これがなぜなのか、長いあいだ古生物学者の頭を悩ませてきた。

今となっては絶滅の原因を特定するのは難しい。たとえ現実に絶滅の危機に瀕する生物に接することができても、そして観察を通して衰退に追いやっている原因を推定できても、根本的な問題点をあぶり出すのは非常に難しい（絶滅しないよう対策を講じるのはもっと難しい）。だから、問題の生き物の痕跡が岩に残っているだけで、絶滅してしまってから時間がたっている場合には、それがどれほど難しいかが想像できるだろう。私たちには理論を組み立てることしかできない。専門家はアンモナイトを調べ、アオイガイを調べ、大量絶滅の跡を調べて、アンモナイトに何が起きたのか、なぜいなくなったのかを説明しようとしてきた。

アンモナイトがいなくなった理由は、生まれたての貝の生活様式と関係しているという説が長く支持されてきた。アンモニテラと呼ばれるアンモナイトの稚貝はとても小さい。なぜ小さいとわかるかというと、アンモナイトの化石をよく見ると、まだ卵の中にいて卵黄の栄養を取っていた段階の殻は順調に成長して滑らかな巻きになっているからだ。貝は孵化すると気まぐれな外界に自分で対処しなければならなくなるので、殻の巻きが不規則になる。アンモナイトでは、殻がまだ一ミリしかない貝にこうした不規則な巻きが現われる。ところがオウムガイの稚貝は、孵化したときの大きさがアンモナイトの一〇倍くらいある。このためアンモナイトとオウムガイの稚貝の生活は大きく異なっていたと考えられている。アンモナイトの稚貝は水中をプランクトンとして漂い、オウムガイの稚貝は海底付近を離れなかったのだろう。

環境の大きな変化がなければ、このような違いはあまり大きな問題にならなかっただろう。しかし環境が悪化したときには、アンモナイトの減少に影響したかもしれない。標的となる種類がこのように次々と変わる大量絶滅が起きた正確な原因についてはまだ議論の真っ最中である。化石の記録をさかのぼって見ていくと、繁栄を誇ったアンモナイトは大量絶滅以前に死滅した種類も多く、すでに衰退の道を歩んでいたことがわかる。一〇〇万年のあいだに海水面が一五〇メートルも低下したこととも関係があるかもしれない。

そうこうしているうちに、あの忌まわしい小惑星チチュルブがメキシコのユカタン半島に激突した。衝突で舞い上がった粉塵は世界中の空を覆い、暗い冬の時代が始まった。この出来事だけで大量絶滅を引き起こすのに十分と考える専門家が多いが、インドで起きた激しい火山活動も、地球上の生き物を衰退させる要因になったと考える学者もいる。インド中部に広がる今日のデカン・トラップは、深さ二キロメートル、面積五〇万平方キロメートルの硬い玄武岩の地層でできている。このときの火山の噴火やマグマの流出がいかに規模の大きなものだったか想像できるだろう。マグマから二酸化炭素や二酸化硫黄が大気中にばら撒かれ、地球規模の気候変動を引き起こしたことは十分に考えられる。

大気中に放出された硫黄ガスは水に溶けて酸性の大雨が降った。浅い海は酸性が強くなり、浮遊生活を送る生き物には具合が悪かったに違いない。石灰質の殻を持って漂っていたアンモナイトの稚貝も困っただろう。これとは対照的にオウムガイの跡継ぎたちは深い海の底にいて、貝殻を蝕む酸性の水の影響は最小限ですんだ。

アンモナイトの死滅には食べ物も関係していたかもしれない。二〇一一年に、イザベル・クルータは仲間と一緒に三次元内部構造顕微鏡を使ってバキュリテス属（*Baculites*）のアンモナイトの殻の内部を調べた。そしてアンモナイトが最後に食べた餌と考えられるプランクトンの殻や腹足類の幼生を見つけた。このプランクトンがほんとうに食べ物だったのか、たまたまアンモナイトのそばを通ったときに同じ岩に閉じこめられてしまったものなのか、ほかの専門家は確定的なことはわからないとしている。しかし、もしアンモナイトが微小生物を食べていたのなら、大量絶滅の時期に酸性の水の温度が上昇してプランクトンが死滅し、アンモナイトの成員が飢えてしまったということは考えられる。

太古のオウムガイの食べ物については、生き残っている子孫から手がかりが得られる。オウムガイは数百メートルという深さの海底に棲んでいて、夜になると浅いサンゴ礁に浮上して死んだ動物をあさって食べる。視力はきわめて悪いので、目で餌を探すのではなく、においをたよりに食物にありつく。オウムガイには臭検器と呼ばれる鋭敏な窪みが一対ある。それで腐り始めた動物の体のにおいを少なくとも一〇メートル離れたところから嗅ぎ取り、上下左右どちらの方向へもにおいをたどることができる。人間でたとえるなら、一〇〇メートル走のスタート地点にいる人が、ゴール地点で誰かが食べているサンドイッチの熟成したブリーチーズのにおいがわかるというのに等しい。太古のオウムガイも同じようににおいをたよりに死肉にたどり着き、海水の変化に柔軟に対処できたのかもしれない。深海には、食べ物の好みがうるさくなければ生育に十分な栄養源があった、ということも考えられるだろう。

最近になって、ニューヨークにあるアメリカ自然史博物館のニール・ランドマンが地理的条件の重要性に着目したことで、アンモナイトの謎がまた少し解けた。ランドマンは、白亜紀の終わりまで生息していたアンモナイトと、大量絶滅のあとにしばらく生きながらえたいくつかのアンモナイトの世界的な分布を地図にした。あっという間に消滅した種類は分布域が比較的狭いものだった。もう少し長く生きたアンモナイトは、地球上で広い分布域を持ったものが多かった。分布域が狭い動物は絶滅の危険性が高いという原理からすると辻褄《つじつま》が合う。分布域が狭いものは集団全体が運命共同体のようなものなので、何か偶発的な大事件が起きると一掃されてしまう。特定の牛の糞しか利用しない糞虫がいるとして、当の牛が糞を踏みつけてしまうとどうなるか想像してみるとわかりやすい。

分布の広いアンモナイトはすぐには死滅しなかったものの、時間がたったときに、分布域が広いことが必ずしも生存を保証する要因にはならないことを示している、とランドマンらは考えている。最終的にすべてのアンモナイトは絶滅してしまい（アンモナイトがどこかの深海に今でも隠れ棲んでいると考える古生物学者はいない）、殻を持つ頭足類の後継者としてオウムガイを残して、およそ四億年の海洋生物としての歴史を閉じた。

アンモナイトの盛衰を見てきたが、アンモナイトとアオイガイの関係に戻ろう。アオイガイは、太古に死に絶えた祖先のアンモナイトから殻をつくる技術を受け継いだのだろうか。考え方としてはおもしろいが、避けて通れない矛盾が一つある。アンモナイトとアオイガイの両方が同時に生息していた時代はないと考えられることだ。

アオイガイのうすい殻の化石からは、これまでに一〇種類が絶滅したことがわかっている。いちばん古いものとしては、オビノーティラス属（*Obinautilus*）がおよそ二九〇〇万年前の漸新世の地層から見つかっている。これはアオイガイではなくオウムガイの一種だとみなす古生物学者もいるので、そうすると、アオイガイのいちばん古い化石は一二〇〇万年前という新しいものになる。

一方、アンモナイトが絶滅したのはおよそ六五〇〇万年前の白亜紀末の大量絶滅のしばらくあとだということを見てきた。このあとの空白の時代を埋める化石が今後みつかる可能性はあるが、今の時点では、アオイガイが生きたアンモナイトに遭遇した可能性はきわめて低いと言わざるを得ない。アンモナイトの殻をまねしてつくったということもあり得ない。現在では、アオイガイはアンモナイトの子孫ではないことがほぼ確定している。

アオイガイの殻が絶滅したアンモナイトに似ている理由として唯一考えられるのは、単なる平行進化の好例ということだけである。同じ選択圧（水中で流線形になるという圧）を受けて進化したので、互いに形が非常によく似ているということだ。アオイガイの殻の表面にある凹凸の筋は、泳いだときに水の抵抗を減らし、前進したときに殻が左右に揺れないように安定させる。太古のアンモナイトの殻でも同じような原理が働いていたということだろう。

アオイガイがアンモナイトの殻をまねしているのではないにしても、何かほかの動物の殻を拝借しているのか、自分で殻をつくるのかという問いにはどう答えたらよいのだろうか。アオイガイは一九世紀に世間の大きな関心を集め、議論も活発だった。学術論文もたくさん書かれた。めずらしい貝殻の標本は、殻に入っていた奇妙な動物とともに専門家の手から手へとわたりながら調べられ、バイロン卿はアオイガイの詩までつくって、『島』という詩集で発表している。数多くの著名な学者（リチャード・オーウェン、ジャン＝バティスト・ラマルク、ジョゼフ・バンクス、ジョルジュ・キュヴィエなど）がアオイガイ論争で自分なりの主張をしている。

盗んだ貝に乗ってタコが航海していたという話をみんなが信じていたわけではない。貝殻のアオイガイ属（*Argonauta*）とタコのオサイト属（*Ocythoe*）を、殻とそれをつくった動物として一つの属にすべきだという意見も多かった。イタリアの博物学者ジョゼッピ・ゼイヴェリオ・ポリは、顕微鏡でないと見えないような小さなタコが殻に覆われていることを観察し、タコは寄生動物ではないということを証明できたと主張した（本人は確信していた）。

そしてついに、今では忘れられかけている海洋生物学の先駆けとなった女性によって真相が明らかになる。一八三〇年代に、この女性は自分の人生をこの奇妙な動物の真の姿を明らかにすることに捧げた。アオイガイと歩んだ一生は、王女様のウエディングドレスを縫うことから始まり、当時の技術を駆使した末にアオイガイがどのように殻を手に入れるのかという謎をきれいに解き明かす、紆余曲折の物語だった。

## 一九世紀にアオイガイを調べた女性――お針子から科学者へ

ジーン・ヴィレプレは、海から遠く離れたフランス南西部にあるジュリヤックという村で、一七九四年にジーンとピエールの最初の子どもとして生まれた。幼いころのことはよくわかっていないが、それなりに裕福な家庭だったらしい。ジーンの父の職業は、靴屋、雑貨屋、家主、ジュリヤック村の最初の警察官と当時の記録にある。ジーンが一一歳のときに母が亡くなり、父は再婚した。父の半分の年齢の義理の母親とジーンの仲がよかったのかどうかはわからないが、一七歳になるまでは家にいて、そのあとパリへ出て新しい人生を始めることになった。

パリへは従兄弟と一緒に牛の群れを連れて四八〇キロメートル近くを徒歩で出かけた。二週間くらいかかる予定だったが、その従兄弟が暴行しようとしたので、ジーンはオルレアンの修道院に逃げこみ、旅は中断したらしい。その後なんとかパリにたどり着き、お針子として働き始めた。縫い物は得意で、まもなく王室の婚礼衣装を縫うのを手伝うことになった。イタリアの王女マリー・カロリーヌ（のちのベリー公爵夫人）がルイ一三世の甥のシャルル・フェルディナン・ダルトワと結婚するときに着る花嫁衣装の刺繍をまかされたのだ。

そのころ、フランスとイタリアの上流社会にジェームズ・パワーという人物が出入りしていた。もとはイギリスの植民地だったカリブ海のドミニカにいたのだが、その当時はシチリアを拠点とする裕福な商人になっていた。ジーンはジェームズと一八一八年の王室の結婚式で出会い、その二年後に二人はシチリアで結婚し、東海岸の港町メッシーナに新居を構えた。しかし、ジーンは生活のために裁縫や刺繍をする必要がなくなって暇を持て余すようになる。多くの貴族の夫人たちのように気取った趣味に時間をかける気はなかった。そこで、袖をまくり上げて科学者の道に進むことにした。

ジーンの家の前にはメッシーナ海峡が広がっていた。シチリア島とイタリア本島にはさまれた海峡で、イオニア海とティレニア海を結んでいる。強い潮が六時間ごとに南北交互に向きを変えて流れるので、船乗りには危険な海域として知られていた。海峡のごつごつとした岩場と激しい渦は古くから恐れられてきただけあって、ギリシャ神話にはそれぞれスキュラとカリュブディスという二頭の海の怪物として登場する。

スキュラはサメのような鋭い歯と六つの頭を持つ怪物で、海峡の片側を守っている。ホメロスの叙事詩『オデュッセイア』の英雄のオデュッセウスはかろうじてスキュラに食われずにすんだが、仲間の船乗りが何人か襲われてしまった。帰りにも同じ海峡を筏《いかだ》で通ったところ、今度は海に渦をつくるカリュブディスに近づきすぎてしまい、カリュブディスが巨大な口で海水を吸いこむときにオデュッセウスも一緒に飲みこまれた。オデュッセウスは筏にしがみついて耐え、カリュブディスの渦から吐き出されるのを待った。別の古い物語では、ジェイソンとアルゴ船の乗組員が金色の羊毛を奪いに行った帰りにも、スキュラとカリュブディスのいる海峡を航路に選んでいる。このときは、ジェイソンが海の妖精テティスにたのんで道案内をしてもらったので、難をのがれることができた。

ジーンはメッシーナに来て伝説の海峡とかかわるようになったのだが、スキュラやカリュブディスのような恐ろしい怪物を探すかわりに、激しい流れのある海に生息する生き物たちの虜になってしまった。自然への興味から島を見てまわるようになり、その後二〇年のあいだシチリア島を探索することになった。島の動物のガイドブックを発行し、毛虫や蝶、ヒトデ、カニ、そしてシシリアタイラギについても調べた。シシリアタイラギの二枚の殻のあいだに石をはさんでおいて貝の身をかじるタコを観察したときのことも記録している。時代をはるか先取りして、魚を乱獲した川に魚やザリガニを放流することも考えている。家に棲みついたマッテンというテンのカップルを飼いならして行動観察もした。テンが登れるようにと家の中に木を持ちこみ、テンが狩って食べるための鳥やリスを放した。

そして革新的な研究にジーンを駆り立てたのは奇妙な海の生き物だった。アオイガイは殻を借りているのか、盗んだのか、自分でつくるのか、という長いあいだ謎に包まれていた問題の答えを出すために、自分がうってつけの環境にいることに気づいたのだ。答えを見つけるためにはほかの人がしていないことをする必要があることはわかっていた。そこで、生きたアオイガイと長い時間を過ごすことにした。

## 自分で殻をつくるアオイガイ

シチリア島のまわりにはアオイガイがたくさんいた。漁の網にアオイガイがかかったら漁師から譲ってもらい、自分でも集めに出かけた。それを観察して実験するためには生きたまま飼育する必要があったので、まったく新しい観察装置をつくり上げてしまった。

一つの装置は縦四メートル、横二メートル、深さ一メートルのただの容器で、後に「パワー・ボックス」と呼んだ。上面にはあけ閉めできる入り口と、中をのぞくための観察窓を二カ所つくった。箱の四隅に小さな錨《いかり》を取りつけ、岸に近い海底に固定した。壁面は幅の狭い格子にして、新鮮な海水は出入りできるが中のアオイガイと殻は出られないようにした。一方、家にはガラスの水槽も置いて世界初の水族館をつくった。これらの装置によって、それまで誰も見たことがなかった海の世界を観察できるようになり、数カ月、数年という歳月を研究に費やした。

ジーンは水槽の中を成貝が泳ぎまわるのを観察して、アオイガイが簡単に殻から体全体を引き出せること、オウムガイをはじめとする貝殻を持ったほかの貝とは異なり、殻の中に体が固定されたままではないことを知った。吸盤がついた腕で貝殻につかまる様子も観察し、アオイガイは決して殻を離れないこともわかった。

これはジュール・ヴェルヌが『海底二万里』で描いたアオイガイの生態そのものだ。アロナックス教授は召使のコンセイユに、アオイガイはいつでも殻から離れられるのに決して殻を離れようとしないと話す。するとコンセイユは、ネモ船長もいつでも船を離れられるのに決して船を下りないので、ノーチラス号（オウムガイ号）ではなくアルゴノート号（アオイガイ号）と名づけたらよかったと答えている。

アオイガイはジーンが調べたほかの頭足類とは明らかに異なっていた。殻を持たない種類のタコを水槽に入れると、与えた餌を急いで食べてからいつの間にか水槽の格子をすり抜けて逃げていったのに、アオイガイは殻にしがみついたままで、格子にはばまれて決して逃げ出すことはなかった。そして紙のような螺旋の殻を取り上げると死んでしまった。もし殻が借り物ならば、檻の外へさまよい出て別の殻を探すはずだとジーンは結論づけた。

殻を割ってその場に置いておくと、アオイガイは新しい殻をつくることはできないものの、壊れた部分を修復することはできた。二本の腕の先にある銀色の網目のような膜で割れた殻の表面をこすり、腕からにじみ出る粘つく物質で補修した。この糊の化学成分を分析したところ、もとの殻と同じ炭酸カルシウムであることがわかった。

そこで次にジーンは殻から小さな破片を取り去った。この新手の損傷を受けたアオイガイは、なくなった破片を探しまわった。水槽の底で何時間も、貝殻の破片を拾い歩き、自分の殻の損傷部にぴったりと合うものを探したのだ。目あての破片を見つけたら、ジグソーパズルを完成させるように破片をもとの場所に糊づけした。

アオイガイが卓越した貝殻修復技術を有しているという発見は、貝殻をほかの動物から奪うのではなく、自分でつくるというジーンの考え方をさらに裏づけるものになった。しかしもう一つ、解決しなければならない問題があった。アオイガイが貝殻をつくっているところを実際に観察する必要があったのだ。

ジョゼッピ・ゼイヴェリオ・ポリの報告とはうらはらに、孵化前のアオイガイには、殻は影も形もないことがわかった。しかし幼生が孵化して成長する様子を詳しく観察していると、小さな爪くらいの大きさ（九ミリくらい）になると体のまわりに硬い覆いをつくり始め、成長とともにその殻も大きくなった。

ジーンの詳細な研究のおかげで、アオイガイが自分で殻をつくることについては疑いの余地がなくなった。そしてほかの貝とはまったく違う手順で殻をつくることも明らかになった。外套膜から殻の成分を分泌するのではなく、殻を修復するときに使った二本の腕の先に殻をつくるための分泌腺があったのだ。そしてこの腕の部分は平らに広げることができる（海面を前進するための「帆」だとアリストテレスが思ったのと同じ器官）。

こうした発見は、もしジーンがそれを手紙で書き送っていなかったら、あるいは本にして出版することに長《た》けていなかったら、すべて忘却のかなたに消えてしまっていた。ジーンとジェームズ・パワーがシチリアを引き払ってロンドン、次いでパリに移住するときに、二人は陸路で行くことにした。ジーンはそれまでに書いた論文や研究道具をあとから船便で送る手配をし、すべて荷づくりをしてロンドン行きの船に積みこんだ。ところが航海を始めてしばらくしたときに、船がフランスの沖で災難に見舞われた。嵐に遭遇してジーンの大切な財産とともに深い海底に沈んでしまったのだ（今の時代の科学者がこのような信じがたい災難に巻きこまれることはめったにないが、現代版の船の難破に備えるためにデータのバックアップを取っておくという教訓になるだろう）。

ジーンの発見はロンドンの自然史博物館のリチャード・オーウェンに宛てた手紙や、学術雑誌に発表した数々の論文として残っている。しかし、女性科学者としての伝説はうすれつつあり、残した業績も忘れられようとしている。イタリア、フランス、ベルギー、イギリスの学会の多くはジーンの功績をたたえて数少ない女性会員として迎え入れ、ロンドン動物学会の客員会員にも名を連ねることを許されたが、魅惑的な動物の謎にせまって調べ続けた女性のことを耳にする機会は今はほとんどない。

## アオイガイの奇妙な性行動

ジーン・パワーのシチリアでの研究以来、アオイガイとその生き様についての情報は増え続けている。雌だけが殻の内側と外側の両方に殻成分を塗りながら殻をつくること、特殊な殻のつくり方をするせいで魚、クラゲ、あるいは後述する泳ぐ軟体動物の海の蝶といった海面付近の動物を餌にしていること、まったく同じ形の殻はないこと（殻の形だけから種の同定をするのがきわめて難しい）、アオイガイどうしが出会うと互いにつかまり合って筏を組むことなどもわかってきた。なぜ筏なのかはわかっていないが、ときには数百という大群が岸に打ち上げられるのはこのためかもしれない。

アオイガイの奇妙な性行動についてもわかってきた。ジーンはいろいろ調べていて、卵を産む雌のアオイガイしか見つからないことに気づいた。精子をつくる雄はどこにいるのだろうか。そして殻にくっついている芋虫のようなものが雄と関係があるのではないかと初めて考えたのがジーンだった。ジョルジュ・キュヴィエが最初にこの独特な付属物に気づいたときは、寄生しているゴカイだと考えて、一八二九年にヘクトコティルス属（*Hectocotylus*）と命名している。ずっとあとになってジーンが疑問を抱いて調べたところ、これはゴカイなどではなく、めだたない雄が残した大事な痕跡だということが明らかになった。

いくら雌雄で姿が違うとはいっても、雄のアオイガイは大きさが雌の一二分の一、体重は六〇〇分の一にすぎず、ピーナッツ一個ほどの大きさにもならない。雄は殻をつくらないのだが、ちょっとおもしろい戦略をとっている。八本の腕のうち一本を精子受けわたしの器官に変形させたのだ。言い換えると、腕の先にペニスがあるということだ。さらにおもしろいことに、そのペニスには触覚も備わっている。「ヘクトコティルス」という語は、雄のタコやイカの腕のうち、精子の袋を雌にわたす役目を果たす腕を指す用語として現在も使われている。腕や触腕でまさぐりながら、雄は雌の体の中に腕を入れる（アオイガイは外套膜の下に雄が腕を入れるための空間がある。ほかのタコは、雌の目のすぐ下に雄が腕を入れる）。すると雄は精子が入ったくねる腕を切り落とし、それが吸盤で雌に取りついたままになる。メスのアオイガイは複数の雄からもらった贈り物を集めて持ち歩く。

このように一度ペニスを切り離したあとに新たに再生させる頭足類もいるが、アオイガイの雄では再生しない。一回限りなのだ。そのうちほかの腕も脱落し（それでも、うまくいけば雌にひっついていられる）、やがて死んでしまう。しかし雌のアオイガイは死ぬことはなく、ほかのタコとは違って生きている限り何度も子どもを産み育てることができる。

タコの母親の多くは海底の穴や岩の割れ目に卵を産んだあとその場にとどまって、卵を食べようとする動物を追い払ったり、新鮮な海水を循環させて卵に酸素を供給したりしている場合が多い。カリフォルニア沖のモントレー渓谷では、深海のタコが卵を五三カ月間守っていたのが最近観察されている。動物が卵を守る期間の最長記録である。そのような長期にわたる一大事業のあと（直後ではないかもしれないが）、雌ダコは一回限りの産卵を終えて死んでしまう場合が多い。

## ジェット噴射

海面近くで生活していると卵を産むための穴はないので、雌のアオイガイは幼生を育てるために、持ち運びができて安全な隠し場所を自分でつくる。しかし殻は揺りかごとして使うだけでなく、別の用途もある。水槽の中のアオイガイを短時間観察した研究者の中には、殻の中に空気が閉じこめられていると水面で殻の向きを変えるのが難しくなり、波に流されることもあって、何もよいことがないと考える人もいた。逆に、アオイガイはわざと空気を殻の中に取り入れて、殻を飛行船のように使っていると考える研究者もいた。

この問題に決着がついたのは、オーストラリアのメルボルンにあるヴィクトリア博物館のジュリアン・フィンが日本海を訪れた二〇一〇年だった。島根県の沖泊《おきどまり》の沖に仕掛けた漁網にアオイガイの雌が三匹かかって港に運ばれると、ジュリアンはスキューバ・ダイビングの装備に身を包み、そっとアオイガイを持って海に潜った。そして殻の中の空気を全部追い出したあと、一匹ずつ放して貝がどのような行動をとるかを観察した。すると、三匹ともまったく同じ行動をとったのだ。

まずアオイガイは水をジェット噴射して素早く水面に浮上した。水面までくると特別に強い水流を噴出して空中に飛び上がり、できるだけたくさんの空気を殻に取りこんだ。次に漏斗の向きを変えて水中に潜る方向へジェット噴射し、どんどん深みへ潜っていった。殻は密閉されていないので自由に水が入る。深く潜るにつれて水圧が高くなり、殻の中の空気は圧縮されて小さくなった。そして最終的には、殻の中の空気の体積が自分の体重とつり合う深さに達し、そこでアオイガイは潜るのをやめた。沈みもせず、浮きもせず、水中でホバリングしている状態になったのだ。水深七～八メートルという最適の深さにたどり着いたアオイガイは、やがて水平に高速で移動し、ジュリアンと潜水助手をふり切って逃げていった。

ジュリアンはアオイガイが視野から遠ざかるのを見ながら、水面近くの浅い層を素早く泳ぐための道具として空気をうまく利用していると確信した。その深さなら波に翻弄されることもなく、飢えた海鳥に上から襲われる危険も少ない。カブリロ海洋水族館の衰弱したアオイガイは、水面で殻に空気を満たして浮力を獲得するための手助けを必要としていたということだろう。

最近の遺伝子解析からは、アオイガイとオウムガイは同じ頭足類でも類縁関係が離れていることが明らかになっている。アオイガイは疑問の余地なくタコの仲間で、コウイカなどとともに鞘形亜綱に属する。しかしオウムガイは、独特の生活形態を四億年間も守ってきた頭足類のオウムガイ目という太古の系統の生き残りである。

これら二つのグループの動物たちは、殻を空気で満たすことが水中を移動する有効な手段になることを長い年月をかけて証明してきた。ほかの頭足類ほど敏捷に動けるわけではないかもしれないが、「生きた化石」というレッテルを貼られるほど原始的でも時代遅れでもないことは確かだろう。そして、オウムガイが死んで殻を残しても、それをアオイガイが拾って使うわけではないことも明らかになった。

しかし、人間はオウムガイの貝殻を拾って使う。

# chapter 8 新種の貝を求めて

## ――科学的探検の幕あけ

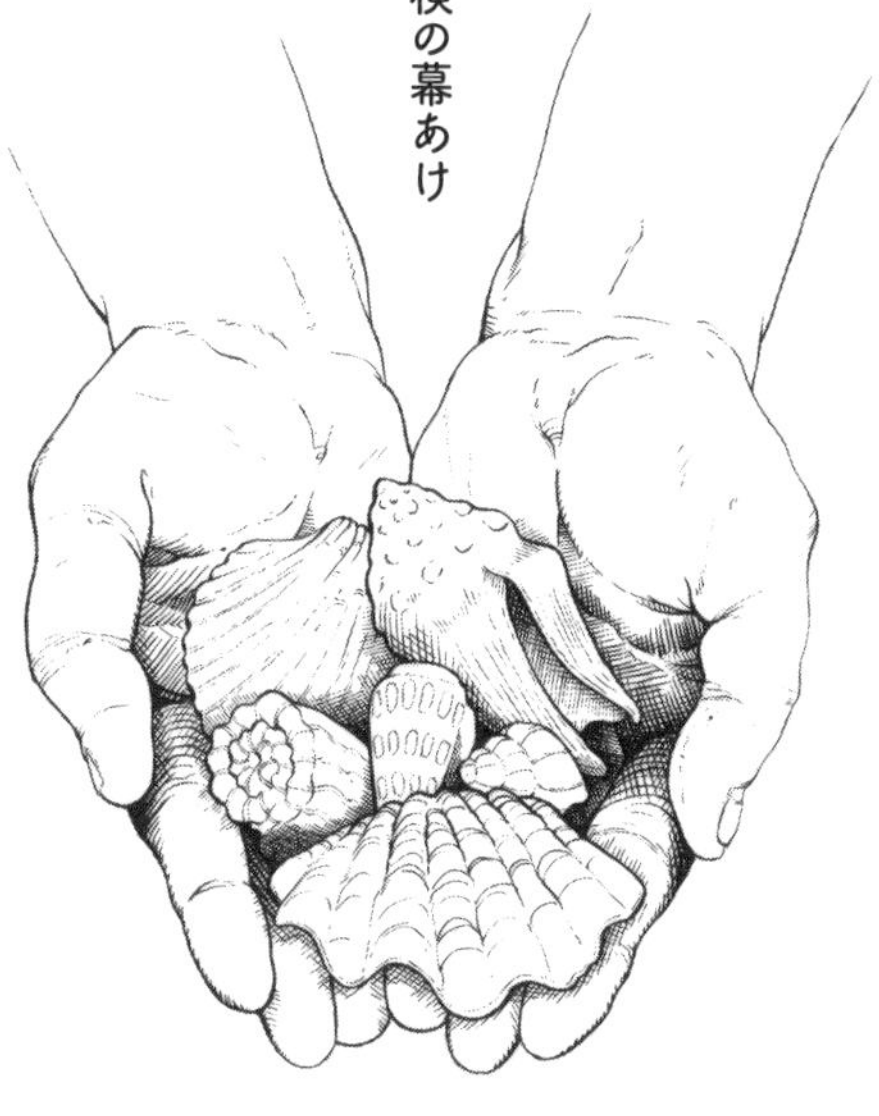

ホンジュラス
ニカラグア
コスタリカ
パナマ
ガラパゴス諸島
ヒピハパ
エクアドル
ペルー
ウス・マルティア島
ピトケアン島
イースター島
チリ
バルパライソ
ファン・フェルナンデス
諸島
チロエ島

**太平洋**

ヒュー・カミングが探検した地域とサンゴ三角海域

## オウムガイでつくられた器

ロンドンのヴィクトリア&アルバート博物館にある銀製品の展示室には、光り輝くゴブレット、冠、大皿、スプーンなど数百点の品々にまじってオウムガイの器が展示されている。四〇〇年くらい前に採集したオウムガイの殻を使っているが、貝が死んだ当時の殻の面影はまったくない。

オウムガイの褐色の縞のほとんどはきれいに削り取られていて、下層のキラキラした真珠層が見えるように加工してある。表面に彫られた渦巻き模様のところどころにもとの縞模様がわずかに残るにすぎず、殻の光る表面にはクモ、ハエ、蛾、テントウムシなどたくさんの動物が精巧に彫られている。貝は銀メッキの台に載っていて、台にもエナメル塗料で草花や唐草模様と、その中を這《は》いまわる虫が描かれている。

このオウムガイの器は一六二〇年ごろにオランダでつくられた。おそらく容器として使われたことはなく、珍品の棚に飾られていたのだろう。オウムガイの殻は自然がつくり出した傑作とみなされてきたが、人が手を加えることで価値が上がったと考えられる。海の絹で織られた品々の横にシシリアタイラギの貝殻が飾られていたように、オウムガイの器の横にも加工されていない貝殻が並べてあった。見学者は自然の素材と、彫りこみを入れて貝の美しさを引き立たせようとした工芸家の技術の両方を楽しむことができる。

博物館の収蔵品には、ほかにもオウムガイの器がいくつかある。「バーリー・ネフ」は一六世紀にフランスでつくられた塩入れだ。オウムガイの殻を中世の帆船の形に仕上げ、銀の人魚をかたどった台の上に据えつけてある。一六世紀のイングランドの器もある。金色の海獣が凶暴な口をあけて小さなヨナ（旧約聖書に出てくる大魚に飲みこまれた預言者）の人形を飲みこもうとしている（もとのオウムガイの殻は失われてしまい、銀で複製がつくられた）。豪華な金の台に包まれるように載っている一七七〇年製の器もオウムガイの殻を磨いたもので、台座にはガラスの彫刻や宝石がちりばめられている。

これらのオウムガイは、おそらくすべてオランダ商人がインドネシアから運んできたもので、西アフリカの奴隷と交換するために数十億個というキイロダカラをモルディブから運んだのと同じ船団で運ばれたものもあるだろう。このような世界規模の交易経路で、遠い異国のめずらしい物品に対するヨーロッパの膨大な需要を満たすための荷を運び、さまざまな貝殻も一緒に運んできた。

一八世紀にヨーロッパ各地で開かれたオークションでは裕福な貝の蒐集家が幅をきかせていて、希少な美しい貝に途方もない値がついた。一九世紀の初めになると単なる珍品集めではなく、博物誌に精通している人たちによる体系だった蒐集へと徐々に変わっていった。蒐集家は競りに顔を出すだけで実物が採集される現地に赴くことはなかったが、現物を集めるための探検を好む人たちも現われた。

ジーン・パワーがアオイガイの研究成果や貝の標本を船に積みこんでいたころ、やはり名前があまり知られていない別の博物誌の先駆けが自分の夢をかなえるための船旅に出た。その男はヒュー・カミングと言い、それまで誰も集めていないくらいたくさんの貝を集めたいと考え、大胆な冒険旅行に何度も出かけて遠方の地で命を危険にさらしたりもした。そして世界中の海から数千という数の貝をイギリスへ持ち帰り、それまで知られていた自然界の種の多様性の枠組みを大きく変えることになった。

海外遠征した博物学の先駆者たち

貝殻を見かけると、集めたいという衝動にかられる人は多いだろう。貝の蒐集は昔から趣味として人気があった。もっとも古いコレクションとしてはローマ時代のポンペイのものが知られている。ヴェスヴィオ火山が紀元七九年に大噴火したとき、ポンペイの町は噴出物で埋まって住民もろとも灰になってしまった。考古学者が残骸となった家を発掘したところ、貝殻がたくさん見つかった。紅海はもとよりポンペイからはるか離れた海岸で採れる種類もあり、きれいだからという理由で集められたようだった。

砂浜へ行ったことがある人なら波打ち際をぶらぶら歩きながら、漂着しているガラクタの中に何かおもしろいものがないかと探してみたことがあるかもしれない。美しい巻貝でもあれば、海岸で見つけたお宝として人の蒐集欲をくすぐる。自分のものにしたいという欲求である。休暇、海岸を吹きわたるそよ風、足の指のあいだにはさまった砂といった非日常を思い出させてくれるものなら、なおさら集めたくなる。

こうした貝の蒐集をもっと真剣に考えた人たちがいた。新しいものを探したい、探したものの名前や数を記録したいという衝動につき動かされた人たちだ。ヒュー・カミングが貝を探しに行ったのも、新しいものを見つけたときの興奮を味わいたかったからだろう。

カミングは少年のころにイギリスのイングランド地方の南西部にある半島（フランスを指差す形）のつけ根にあるデボン南部の砂浜を探索している。カミングはそこから八キロメートルほど内陸に入ったところにある、曲がりくねった入江のどん詰まりのドッドブルックという村で一七九一年の聖ヴァレンタインの日に生まれた。ジェーン、トーマス、ジェームズという兄弟姉妹がいて両親はリチャードとメリーということはわかっているが、それ以外の幼いころの家庭のことはあまり知られていない。父親が死んだのはカミングが一歳のときで、一〇代で地元の帆職人の弟子になり、のちに世界の海を旅するきっかけとなる仕事を覚えた。しかし若いときには生まれた土地を離れず、近くに住んでいた三人の男たちの影響を受けることになった。一人は判事、もう一人は陸軍大佐、残る一人は靴屋だった。三人ともそれぞれに冒険好きで、世界がどのような可能性を秘めているかを知るには、自分の足で出かけていくしかないことを若いカミングに気づかせたことだろう。

一人目のチャールズ・プリドーという紳士は、ドッドプルック村に近いキングスブリッジの町の中心部に住み、石づくりの玄関があって蔦がからまる立派な家で生涯のほとんどを過ごした。職業は判事だったが、当時の多くの人がそうだったように、目は自然環境に向いていた。プリドーは一八世紀に各地にたくさんできたアマチュア博物学者のグループの一つに属していた。自然の中で見つかるおもしろい物やきれいな物を集めるのは、時間に余裕がある人にとってまたとない趣味だった。

プリドーがとくに興味を持ったのは殻がある動物だった。膨大な数の貝殻やカニを集め、この二つを合わせた奇妙なヤドカリをとくに好んだ。ヤドカリにはプリドーにちなんだ名前がつけられたものがいくつかある。カミングがプリドーに実際に会ったかどうかはわからないが、プリマス入江に漕ぎ出して小さな木の罠《わな》を海中に沈め、海底から見慣れない動物を引き上げて戻ってくる熱心な自然愛好家の話は聞いていたかもしれない。

カミングは地元のもう一人の自然愛好家とは知り合いだったようだ。ジョージ・モンタギュ大佐は長年勤めた陸軍を退役してからキングスブリッジに居を構え、鳥や軟体動物についての本を書いていた。

この本には、イギリスで初めて見つかった種類が数百種も載っている。モンタギュは若いカミングをかわいがり、デボンの海岸を調べて自分の貝のコレクションをつくることを勧めたと伝えられている。

もう一人のキングスブリッジ在住の男は、カミングにもっと大きな冒険をするよう促したかもしれない。ほかの裕福な二人とは違い、カミングとジョン・クランチの境遇は似通っていた。カミングは帆、クランチは靴だったが、二人とも若いころに商売を覚えた。そして冒険好きの素質が共通していることものちに判明する。

ジョン・クランチは、仕事をやめて自然探索だけをする生活にあこがれていた。キングスブリッジで靴屋として忙しく働いて安定した生活を送っていたが、時間があればすぐに海岸へ出かけて行った。船で沖へ出て海底をさらうモンタギュ大佐の採集の手伝いもしている。観察したことや新たに見つけた種類についての記事や論文を書き、新種はクランチの名を冠して命名されている。

一八一六年にロンドンの大英博物館にいた友人のウィリアム・リーチが口をきいてくれたおかげで、クランチは王立海軍探検隊の動物学者に採用され、コンゴ川の源流の探検に行くことになった。しかし航海は出発のときからついていなかった。船は三〇トン、蒸気エンジンは二〇馬力の新品なのに、三ノットの速さでしか進まなかった。人が歩くより多少速い程度だ。汽船の外輪をはずし、エンジンも取り外し、結局、英国海軍コンゴ号は帆を揚げて航海することになった。アフリカへ行く途中でクランチは、生きたアオイガイなどの動物標本を採集し、アオイガイにはのちにクランチにちなんだ名前がつけられた。

一行は現在のコンゴ民主共和国の海岸にたどりついたものの、数百キロメートル川をさかのぼった地点で、滝や急流にはばまれて先へ進めなくなった。コンゴ川について乗組員が知り得た情報といえば、源流を見つけるためにはかなりの距離を歩かなければならないということだった。そこから上陸して徒歩で進み始めたのだが、ひどい病気が発生してしまう。黄熱病だったと考えられている。クランチも感染し、一〇日間ハンモックで治療を受けたのちに船に運ばれたが、やがて息を引き取った。このとき乗組員の半分以上が死亡している。

コンゴ探検隊の悲報がイギリスに伝わる少し前に、モンタギュ大佐も、黄熱病ほどめずらしいものではないが同じくらい致死性の高い病気にかかった。キングスブリッジの自宅で錆びついた釘を踏んでしまい、破傷風に感染して亡くなったのだ。自宅にいたにしろ、異国の地を探検していたにしろ、一九世紀の初めの人の命は運しだいだった。もし選べるのなら、ヒュー・カミングがどちらの運命に身をまかせたいと思ったかは想像にかたくない。それからしばらくしてカミングは、自分の海外遠征に出かけることにしたからだ。一八一九年に二八歳になったカミングは、生まれて初めてデボンの地を離れ、南半球へ行って帆職人として働くために船に乗った。バルパライソはチリ中西部の大きな港町で、イギリスの新しい植民地として急成長していた。

チリでのカミングの生活は順調だった。マリア・デ・ロス・サントスと出会い、結婚はしなかったが、娘のクララ・ヴァレンティーナは父親の誕生日にちなんだ名前がつけられた。カミングは暇を見つけてはバルパライソ周辺の磯や入江を探索し、初めて見る貝を大量に集め始めた。仕事と趣味を通じて地元に知り合いも増えた（港の検査官、税関職員、役人、貝の蒐集家）。この知人たちは、のちにたいへん力になってくれた。その中の一人ジョン・フレムブリー大尉は、一八二五年にヒザラガイの新種を発表したときに、ヒュー・カミングを学会で紹介している。

「私は、この新種の名前をカミングス氏にちなんでつけました」とフレムブリー大尉は書いている。さらに、カミング氏は「今出まわっているよりかなりたくさんの貝を提供してくれる」だろう、と続けている。大尉は友人の名前の綴りを間違えたようだが、熱心な蒐集家のおかげで貝の種類が増えるという予言は間違っていなかった。そしてその数年後に、貝の蒐集と科学の発展にカミングが果たす役割がいかに大きいかを、世界の人々が知ることになる。

南アメリカ大陸に住んでいた短い期間にカミングは事業を成功させて十分な富を築き、わずか三六歳で引退して、かねてからの夢を追いかけることにした。まず一八二六年に小さなスクーナー船を建造した。甲板には採集用具を装備して保管庫も広く取ったことから、学術研究のために特注された世界初の船だったと考えられる。そしてグリムウッド船長を雇い、一八二七年一〇月二八日に二人でディスカバラー号のもやいを解いて、マリアとクララに別れを告げ、西方には何があるかを調べるために出航した(できるだけたくさんの貝を集めるためでもあった)。

## 科学的探検の幕あけ

カミングとグリムウッドが太平洋へ船出したころには、新しい科学的発見の時代の幕が上がっていた。一八世紀が始まるころまでの世界探検は、植民地を獲得したり広げたりすることや、新しい交易経路を切り拓くために行なわれた。そののち政治的な思惑や金儲けをしようという野心が消え去ったわけではないが、新たに研究者たちの科学的好奇心という動機が加わった。ヨーロッパ各地の都市部には専門家の学会が設立され、大きな探検隊の派遣を後押しした。そして科学者が船員として乗船することが探検隊には欠かせなくなった。

ジェームズ・クック船長は一七六八年にロンドン王立協会に雇われ、金星が太陽を横切るのを太平洋上で観察するための航海に出た。その英国海軍エンデバー号に同乗した博物学者がジョゼフ・バンクスとダニエル・ソランダーで、行く先々で植物と動物（貝も含む）の標本を集める責任者だった。ソランダーはカール・リンネが目をかけた一七人の若い探検家の一人で、世界各地の探検に同行して標本を集め、リンネが新しく提唱した種の二名法（一つの種に二語からなる名前をつける方法。人間のホモ・サピエンスのように、最初に属名、次に種名がくる）を検証しながら広める役目をになった。動植物を集めてリンネの新しい体系にそった図録を作成することが、一八世紀の探検の大きな目標になり、世界各地へ出かけた探検隊は山のように博物学の標本を持ち帰った。

フランスのラ・ブッソラ号とル・アストロラーベ号もクックの太平洋探検を完遂するために一七八〇年に出航したが、どちらもソロモン諸島で跡形もなく消えてしまった。そのほかにも、大西洋と太平洋を結ぶと当時信じられていた「北西航路」という北寄りの航路を開拓するための航海や、インド、中国、オーストラリアの沿岸を詳しく見てまわる船旅もあった。

世界中をめぐって得られた成果により、自然界の生物の豊かさについての、じつに単純だが揺るぎようのない真実が明らかになった。生き物の多様性は場所によって違うということだ。新しい植物や動物を見つけたいなら、まだ学者が足を踏み入れたことのないところへ行って念入りに探すだけでよい。新しい場所には新しい種類がいる。

## 新種の貝を求めて太平洋を横断——ヒュー・カミングの探検

初期の科学探検（とくにクックの探検）の成果は、太平洋を横断して誰も知らない新しい貝を探しに行くという考えをヒュー・カミングに植えつけたに違いない。カミングとグリムウッドの探検が当時のほかの採集探検と一線を画したのは、二人の探検の規模が小さかったということだ。参加者は二人だけ。食料や、すぐに手助けを頼める船乗りを満載した大きな船でもない。政府や学術機関からの資金援助も受けていなかった。カミングの個人的な資金と、戻ってきたときに、最良の貝だけを手もとに置いて残りは売れるという見こみだけだった。

そして一八カ月間、二人はディスカバラー号で島から島へと太平洋をめぐった。カミングがこの船旅をふり返って書いた手記が残っている（おそらくチリへの帰路に書いたものだろう）。たどった順路と、貝の採集以外で遭遇した出来事が書きとめられている。

六四〇キロメートル離れた最初の寄港地のファン・フェルナンデス諸島までは一週間かかった。ダニエル・デフォーの『ロビンソン・クルーソー』のモデルになった世捨て人のアレクサンダー・セルカークがこの島に住んでいたが、二人が訪れる一〇〇年前に救出されていた。セルカークがそこで三年の歳月を孤独に暮らしたのとは対照的に、二人はそこに一週間しかとどまらなかったが、カミングはさっそく採集を開始し、チリの海岸とは違う種類の貝をすでにここで見つけている。また、島には以前訪れた船乗りや海賊が置いていったヤギが多数いること、チリから持ちこまれた果物や野菜（「特大の赤カブ」など）がみずみずしく成長していることに気づいた。

ディスカバラー号は次にイースター島へ寄った。ここでカミングは島民が彫った小さな木彫りの人形を木綿のハンカチと交換してもらい、民俗的な工芸品も集め始めた。タバコ、ワイン、色とりどりのリボンなども積荷に入れてあり、船旅のあいだ、それらを伝統的な武器や楽器などと交換していった（鼻で吹く笛がとくに気に入っていた）。この船旅で、カミングが異国の人々や土地に魅せられたのは明らかだった。その土地の習慣や行事、建物や食べ物について詳細な記録を残している。イースター島でも貝を見つけ、モアイ像を見物し、新鮮な食料を積みこみ、太平洋を先へと進んだ。

一二月にはピトケアン島にたどり着いてジョン・アダムスを訪ねている。アダムスは英国海軍バウンティ号の反乱者の生き残りで、人里はなれた火山の島に隠れ住んで数十年がたっていた。ピトケアン島で数日のんびり過ごしてから、二人は太平洋の真ん中の孤島をあとにして、椰子の木が並ぶ美しい島々やサンゴ環礁が連なる海域（現在は太陽を求めて休暇を過ごす人でにぎわう）をめざした。カミングがフランス領ポリネシアを訪れた当時は、捕鯨船や、たまに博物学者を乗せた船が通過していく程度で、ときおり宣教師がやって来て居ついていた。

カミングとグリムウッドは、必ずしも愛想のよい地元住民や外国人宣教師にばかり歓迎されたわけではない。恐ろしい戦いの踊りで迎えられたこともあれば、血が凍るような雄叫びや脅しの武器をふりまわして迎えられたこともあった。

トゥアモトゥ諸島の南東の端にあるテモエ島では危うく命を落とすところだった。カミングとグリムウッドが、近くの島で雇った四人の地元民を連れて砂浜に上陸しようと思って小船を漕いでいるところを二人の島民が見つけ、槍を手にして砂浜へ駆けつけてきた。グリムウッド船長は、マスケット銃を頭上に撃ち放して脅かすことにした。しかしそれでも人だかりは増える一方で、羽根飾りがついた戦いの帽子をかぶり、体を白と黒に塗り分けた男たちが叫びながら踊りまわった。

環礁の反対側のサンゴ礁に切れ目があることに気づき、カミング一行はそこから脱出しようとしたが、その切れ目の手前には岩まじりの砂浜が広がっていた。島民に追いつかれる前に船をかついでできるだけ早く外海まで移動するしか手はなかった。

やっとのことで海へ出たものの、一行には次の災難がふりかかった。小船の舷《げん》に波があたり、持ち物を海へ撒き散らしながら転覆してしまったのだ。カミングは海へ投げ出され、転覆した船に足を強打して気を失い、海底へと沈んでしまった。

すると雇った男の一人が海へ潜ってぐっしょりと重いカミングを水面まで引き上げて救出してくれた。小船をもとに戻したものの、カミングがまた船から落ちたので二度目の救助となった。島民は海の中の騒動には目もくれず、小船からばらまかれて浜に打ち寄せられた帽子、上着、櫂《かい》、採集籠や瓶を拾い集めるのに大忙しだった。

カミングとグリムウッドはテモエ島には野蛮人が住んでいると思っていたらしい。どちらの側も、相手が何を考えているかわからずに困惑し、頭が混乱していたことは確かだ。小船に紐《ひも》で縛りつけてあった非常用の櫂一本で訪問者がもたもたと逃げていくのを見て、二人の島民が櫂をふりながら追いかけてきた。島民がそれを海へ投げ入れたので、グリムウッドは泳ぎがうまい船員に取ってくるように命じた。ところがその男が海に飛びこむと同時に島民の一人も水に飛びこんだので、それを見た船員は仰天してあわてて小船へ戻ってきてしまった。カミングがテモエ島を去るときに見つけたのは、石の下にあった貝一個だけだった。何度も海に沈んだのに、なぜだかその貝はポケットから転がり出なかった。

一八二八年の二月にサウス・マルティア島の環礁でシンジュガイをたくさん見つけると、カミングは船旅を一カ月中断した。そして椰子の木の下に小さな家を建て、真珠を探すために海に潜れる男を数人雇った。手記には、太平洋にはほかにもシンジュガイが生息する環礁があるが、すでに真珠は採りつくされていると書かれている。それでもカミングが雇った男たちは四〇トンのシンジュガイを採り、サウス・マルティア産の真珠を二万七〇〇〇個集めた。しかしヨーロッパへ持ち帰ったものの、粒が小さすぎて色も悪く、ほとんど価値がないことが判明した。

ディスカバラー号はトゥアモトゥ諸島に点在するほかの島にもいくつか寄った。どれも澄んだ水の砂地をサンゴ礁が取り囲んでいる環礁で（トゥレイア環礁、ネンゴネンゴ環礁、モトゥトゥンガ環礁、アナア環礁）、カミングはそうした島に寄るたびに貝のコレクションを増やしていった。

カミングとグリムウッドは四月にタヒチに着いた。ここではポマレ女王が歓迎してくれた。一五歳の女王は母親と数人の従者と一緒にディスカバラー号を訪ねてきた。地元で宣教師をしているキムプソン氏が同行し、氏が同席しているあいだは王家の人たちはチリ産のワインを上品そうにすすりながらとりとめのない話をして行儀よくしていたが、キムプソン氏が帰るやいなや雰囲気がいっぺんに活気づいた。

ワインが次々と空になり、お客は帰りたいというそぶりをまったく見せなかった。食事のあと、酔っぱらった女王はディスカバラー号の寝台の一つに倒れこんで眠ってしまった。お付きの人たちは甲板で辛抱強く待ち、日が沈むころに起きてきた女王とともに何事もなかったかのように帰っていった。

次の日、二日酔いから回復した王家の人たちは、カミングとグリムウッドを豪華な熱帯の果物でもてなした。ディスカバラー号は小さな船なので（陽気なダンスパーティーを開けるぐらいには広かったが）、寄港船に課される税金を通常の一二ドルから半分の六ドルにまけてほしいと二人が頼むと、それにも応じてくれた。

カミングが太平洋を航海してたどりついたいちばん西の端がタヒチで、そこは貝の宝庫であることがわかった。手記に記録した種のうち九八種が、そこまでの船旅では見つかっていなかった種類だった。そしてここからディスカバラー号の舳先を東に向け、チリまで八〇〇〇キロメートルの帰路に就いた。帰りもあちらこちらの島に立ち寄りながら貝のコレクションを増やしていった。一八二八年の六月にバルパライソに帰り着いたとき、立ち寄った島の数は五〇を超えていた。嵐に遭遇したのは一回だけ、数百人にのぼる宣教師や太平洋の島々の住人と会い、貝蒐集の基礎を築き、持ち帰った標本はその後の貝類学の世界を大きく塗りかえるものになった。

## 二度目の探検——中南米の太平洋岸

カミングはその後も中南米大陸の太平洋岸の航海に出て探検を続けた。この船旅については記録を残していないので詳しいことはほとんどわからない。しかし、知人に宛てた手紙の断片的な情報をつなぎ合わせると、そのときもディスカバラー号に乗って出かけ、チリ南部にあるチロエ島からペルーまで北上する冷たいフンボルト海流に乗って航海したことがわかっている。そしてさらに北上してパナマ、コスタリカ、ニカラグア、ホンジュラスを訪れたあと、沖合のガラパゴス諸島の方へ流れの向きを変えるフンボルト海流に再び乗り、ダーウィンが英国海軍ビーグル号で島を訪れる二、三年前にガラパゴスに行っている。カミングとダーウィンがたどった軌跡は数年後にもっと親密な形で交わる。

二度目の船旅が東太平洋への船旅と異なった点は、今度は海底の採集ができる道具を使ったことだった。この方法はおそらく、カミングがデボンにいたときにモンタギュ大佐が貝を採集するのを見ていたから思いついたのだろう。手で拾い集めることや、ときには潜水士を雇って集めるようなことはせず、ディスカバラー号の後ろに小さな桁網《けたあみ》を取りつけ、それを海中に沈めて曳《ひ》くことで、深い海に生息する貝を手に入れた。

のちに貝蒐集仲間のエドガー・レイヤードに書き送った手紙には、「桁網を曳くときには、目の細かい篩《ふるい》と、バケツと、大きな椰子の実を用意しなければいけない」とある。椰子の実は網から砂や泥をかき出すために使った。篩は、桁網だからこそ集められる貴重な小さな貝を傷つけずに分けるために使った。集めた貝を運搬する前に行なう処置についても書き送っている。二枚貝は生きたまま茹《ゆ》でて身を取り出したあと、殻を閉じて紐で縛る。巻貝はガラスの瓶に入れて「においが気にならない」場所に一カ月くらい放置して腐らせる。身が完全に腐ったら殻を洗ってきれいにする。

中南米の旅のあいだ、旅先で出会って親交を持ったチリの有力者が書いてくれた紹介状にカミングは支えられた。寄港したときの港の利用料や税金も例外的に免除された。しかし、エクアドル南部のヒピハパでは災難に巻きこまれた。逮捕されて牢屋に入れられてしまったのだ。ペルーがグアヤキルという町に包囲網を敷いていたことから、地元の役人がカミングの小さな船をペルーの小型駆逐艦と間違え、何を言っても聞き入れてもらえなかった。牢屋に閉じこめられてしまった貝の蒐集家は、自分の船が小型駆逐艦にしては小さすぎること、自分の目的はいろいろな貝を集めることだけだということを、おだやかに説明した。すると役人は、そんなつまらない生き物に情熱を傾けるなんて信じられないと首をふりながら、やっと解放してくれた。

カミングは、一八三一年にイギリスへ戻って初めて自分のコレクションのほんとうの価値がわかってきた。そのときには恋人のマリアが息子のヒュー・ヴァレンタインを産んでいたが、カミングが再びバルパライソを訪れることはなかった。

ロンドンへ戻るとカミングはすぐに貝類学の有閑階級に身を置く。しかし、集めた貝についての論文を書くことは専門家にまかせることにし、自分では書かないと当初から決めていた。カミングが自分で名前をつけた貝は一つもない。自分は蒐集家であって、ほかの人が調べるための貝を提供するのが本分だと心得ていた。

貝を参考にしたい博物学者は誰でもカミングの貝コレクションを利用できた。米国の専門家にも貝を郵送し、訪問者を家へ招き入れ、ロンドンの貝類学の名士の数人とは生涯にわたる交友が続いた。

一八三二年の二月には新しく設立されたロンドン動物学会でカミングの貝殻の一部が展示された。それぞれの貝にはジョージ・ブレタイアム・サワビーの図版とウィリアム・ブローダーリップ（この数年前にアオイガイと「おとぎの国の船」について書いた人物）の説明文が添えられていた。その後この二人はカミングがもっとも信頼する友人となる。ブローダーリップとサワビー（のちに息子と孫のG・B・サワビー二世と三世が引き継ぐ）は、カミングの数千種類という貝の図を描き、名前をつけていった。動物学会の学術雑誌にブローダーリップが新種の貝として名前を発表したものは、一八三二年の一年間だけで二四七種にのぼり、その後も名前をつけた貝は毎年一〇〇種単位で増えていった。

集めた貝に名前がつけられるようになって数カ月たったころに、カミングは博物誌の研究や意見交換をする有名な組織であるロンドン・リンネ協会の特別会員に選ばれた。デボン出身の学歴もない少年だったカミングにとって最高の栄誉だったが、貝の探検がそれで終わったわけではなかった。二個以上の手持ちがある貝をロンドンのオークションに出品する一方で、自分で採集できなかった種類が出品されたら競り落とした。そうしているうちに、また探検に出かけたくてうずうずしてきたので、三回目の大旅行の計画を練り始めた。

## サンゴ三角海域へ——フィリピン諸島

次の航海ではフィリピンへ行くことにした。フィリピンは太平洋の西の端にある島の密集地で、博物学者が足を踏み入れだしたばかりの海域だった。目的地としては申し分ない。当時はまだわかっていなかったが、フィリピンには世界のほかの海域にはいない固有種が山のようにいた。

フィリピンの島々はサンゴ三角海域と呼ばれる海域に散らばっている。あまり形のよい三角形とは言えないが、東はパプアニューギニアとソロモン諸島から、西はバリ島、カリマンタン、マレーシアのサバ付近まで、そして北西方向にフィリピン諸島までの範囲を指す。

海洋生物の多様性の豊かさでは世界に冠たる海域で、世界の魚類の四〇パーセントがここに生息し、サンゴは全体の四分の三にあたる種類がここで見られる。三角海域のサンゴ礁一ヘクタール（ロンドンのトラファルガー広場と同じ面積）あたりのサンゴの種類は、カリブ海全体より多い。また、世界のウミガメ七種のうち六種、海棲哺乳類は一〇種以上、そのほかさまざまな生物がこの海域にひしめいている。海の生き物の挿絵つきの年代物の世界地図があるとすれば、サンゴ三角海域を指す矢印には「ここにたくさんいるぞ！」と添え書きがあるだろう。

なぜこれほどまで生き物の種類が多いのかということを、研究者はいまだに説明できないでいる。三角海域は種分化の「るつぼ」で、ほかの場所よりもたくさんの種が進化するとする説もある。ほかの場所よりも絶滅する種が少ないとも考えられる。ほかの場所で進化した種が海流に乗って漂着したり、大陸移動で島が寄せ集まったりして三角海域に集まったのかもしれない。四つ目の可能性として、数学のベン図の重なり部分のように、三角海域がインド洋と太平洋の動物分布が重なり合う海域だということも考えられる。どれが正しいのかはわかっていない。理由は一つではなく、たくさんの事柄がからみ合っているのだろう。種がどのように関係し合っているかを明らかにできる遺伝子解析などの現代の技術をもってしても、サンゴ三角海域ではなぜ飛び抜けて生物が豊かなのか、どれほど豊かなのかという謎はまだ解けていない。

カミングとグリムウッドがチリから西へと太平洋を航海したとき、二人は生物多様性が増加する勾配をたどっていたことになる。サンゴ三角海域に近づくにつれて出会う動物の種類が増えていったはずだ。しかし今度のフィリピン行きでは多様性の宝庫に直行した。島々には三五〇〇種ほどの海棲軟体動物が知られていた。未発見の種を加えると、浅海では一万五〇〇〇種、深いところではさらに二万種がいると考えられ、陸棲種も数千は下らないと見積もられていた。にもかかわらず、カミングはフィリピンで新種やめずらしい軟体動物を探すつもりはなかった。

一八三六年一月にマニラへ向けて出航したが、今回はディスカバラー号を使わなかった。当時フィリピンはスペインが統治していたので、スペイン政府の賓客として島をわたり歩くという楽な旅にした。あちらこちらの島にいたスペイン人の宣教師が宿と島々をめぐるための大きな船を用意してくれて、貝を採集するためにたくさんの子どもたちを集めてくれた。

フィリピンでカミングがどのような三年半を過ごしたのか詳細はほとんどわかっていない。手記は書いたのだが、後述するようにその手記は残っていない。ヨーロッパの知人や学者に宛てた手紙や、カミングの生活ぶりを知っていた友人たちの情報から、その時期のカミングの様子を垣間見ることができるだけだ。

フィリピン人たちは、前回の探検の時と同様に、カミングが何をしにきたのかわからなかった。ヨーロッパから来た紳士が貝を探すのにお金を払うのはなぜなのか（多くの白人はお金を奪っていった）、夜遅くまで貝を磨いて分類しているのはなぜなのか。カミングは、故国のイギリスでは自然がつくったものを人々が熱心に集めていることを何度も説明してわかってもらおうとしたが、いつも徒労に終わった。

フィリピンでは貝殻を別の用途で使っていることにも気づいた。焼いて砕き、ビンロウの実と混ぜ、葉に包んで噛むのだ（ビンロウの実には、ニコチン、アルコール、カフェインに続く四番目の嗜好性物質が含まれ、世界各地で使われているがアジアでの使用が多い。貝殻を焼くと水酸化カルシウムができ、これが実に含まれる有効成分の活性化を助ける）。結局カミングはありのままを説明することをあきらめ、ビンロウの実を噛むのとよく似た習慣があるヨーロッパ人に貝を売りたいと言うことにした。

フィリピン滞在中にカミングは軟体動物の人気者に出会う。ウミノサカエイモガイ（*Conus gloriamaris*）という非常に大きなイモガイで、長さが一三センチにもなり、茶色がかった金色の細かいぎざぎざ模様がある。ほかのイモガイもきれいだが、この貝は申し分なく美しい。蒐集家が目の色を変える理由はきわめて希少な貝だからである。一七七七年に初めて発見されてからほんの数個しか出まわっておらず、どこに生息しているのか誰も知らなかった。ウミノサカエイモガイは高価な貝として世界でもっとも名が知られたものだった。

一八二四年にはウィリアム・ブローダーリップが、もう少しでウミノサカエイモガイ一個を九九ポンド一九シリング六ペンスで買うところだった。しかし別の蒐集家が一〇〇ポンドで競り勝ってしまった

（今日の金額にすると八〇〇〇ポンド。一ポンド一五〇円とすると一二〇万円）。当時の蒐集家がこの貝に心を奪われていた様子を示す逸話も残る（たぶんつくり話だろうが）。あるオランダ人の蒐集家は、一七九二年にオークションでウミノサカエイモガイを競り落とし、その場で貝を踏みつけて、声も出ない見物人の前で砕いてみせた。自分がすでに所有している貝の価値を高めようとしたらしい。この話の真偽はともかく、このような逸話が人の口の端にのぼるということからは、いかに人々がこのイモガイに魅了されていたかを窺《うかが》い知ることができる。

この貝についてよく語られるもう一つの逸話は、カミングがフィリピンで見つけたときの顚末である。カミングはボホール島の海岸で採集をしていて大きな石をひっくり返したら、その下に一つではなく二つ、あるいは三つのウミノサカエイモガイを見つけた。このめずらしい貝を見つけてカミングは大喜びし、あまりのうれしさに踊りまわったという。それからしばらくたって同じ場所に来てみたところ、島で地震があったために大事な採集場所が海の底に沈んでしまっていた、という話である。そこはウミノサカエイモガイが生息しているのを発見した世界で唯一の場所だったのに、それが失われてしまったということだ。フィリピンでは特大の地震が起きることがあるが、カミングの採集地点がほんとうに消滅してしまったのか確かなことはわからない。この希少で高価な貝に新たな着色を施すためのつくり話なのかもしれない。

一八三九年にカミングは採集を終え、ロンドンへ戻る六カ月の帰路に就いた。リチャード・オーウェン宛ての手紙には、三〇〇〇種以上の貝を集め、そのうち五〇〇〇種は森林や川にいたもので、残りは豊かな海岸で集めたと書き記している。フィリピンから木箱に入れた貝を送り出したのはカミングが初めてかもしれないが、少なくとも最後でなかったことは確かだ。今日フィリピンは、億単位の金が飛び交う貝殻の取引の拠点になっている。これは、増大する外国人の観光客向けの貝を集めるようにフィリピン政府が一九七〇年代に地元民を奨励したことから始まった。

現代のさまざまな貝殻の取引は数千種類の貝を対象にしている。真珠層を象嵌《ぞうがん》やアクセサリーに加工するための素材としてまとめ売りされることもあれば、タカラガイなどは、首飾り、シャンデリア、醜悪な人形や置物といった工芸品の素材として売られる。きれいな希少種を取引する専門業者もいる。宝石のような扱いを受けて、鑑定眼を持つ世界中の蒐集家が購入できる特別な販売網もある。一九世紀のヨーロッパの蒐集家のように、カミングのような探検家が長い船旅から戻るのを待っていなくても、ウェブサイトを閲覧して好みの貝を選び、フィリピンから直接玄関まで届けてもらうことができる。

カミングが集めた貝の中には、ある有名な貝が入っていなかった。オーウェンに宛てた手紙の中で、殻と中身の動物がそろったオウムガイは見つけられなかったと打ち明けている。オーウェンはオウムガイにとくに関心があり、一八三二年に初めて出版した研究論文は、オウムガイの体の構造を解説する『オウムガイについての覚え書き』だった。その前年にイギリスの博物学者ジョージ・ベネット（何年も太平洋を探検した）から譲り受けた保存標本一個をもとに書き上げたものだ。カミングが見つけたのは空の貝殻が数個だけだったが、どのように捕まえたらよいかを知っていさえすれば、オーウェンのために二つ目となるオウムガイを喜んでフィリピンから持ち帰っただろう。

## 商取引されるオウムガイ

オウムガイを捕まえるのは難しくない。木製あるいは金属製の檻をつくり、オウムガイが泳いで入れる大きさの入り口をあける。餌として中にキャットフードか鶏肉の切れ端を入れ、少なくとも水深一〇〇メートルより深いところまで下ろし（当然のことながら長いロープが必要になる）、一晩そのままにする。死肉をあさるオウムガイが餌のにおいを嗅ぎつけ、檻を調べにやって来ていったん中へ入ると、視力が貧弱な動物なので出ることができない。あとは次の朝現場へ戻ってロープを引き上げればよい。

今日のオウムガイの商取引はこのような手順で採集したものが使われるので、毎年数万個単位のオウムガイが捕まって殺されている。装飾を施したオウムガイの器は今や時代遅れかもしれないが、縞模様がある螺旋《らせん》の殻を使って、今でも電灯の笠やボタンなどさまざまな装飾品がつくられる。オウムガイを食べる人たちさえいる。二〇〇七年から二〇一〇年にかけて、インドネシアから中国へは二万五〇〇〇個のオウムガイが食用として輸出された。

フィリピンはオウムガイの取引の中心地である。輸出量は変動していて、二〇〇八年の記録では五万四〇〇〇個の取引だったものが、次の年には三倍に増え、二〇一〇年にはまた二万四五〇〇個くらいに減少している（*Nautilus* 属と *Allonautilus* 属を合計した数）。このオウムガイの多くは米国に送られる。二〇〇六年から二〇一〇年にかけて米国が輸入したオウムガイは五〇万個以上になり、ほとんどが中身とともに取引された。

初めてオウムガイ漁場が消滅したのもフィリピンだった。情報の出所ははっきりしないが、ネグロス島とセブ島にはさまれた海峡ではオウムガイが絶滅したと言われている。これは一九八〇年代のことで、それ以来オウムガイ漁は復活していないので、生息数は回復していないと考えられる。もし回復しているのなら、間違いなく漁師はまた漁に出るだろう。

二〇一四年に行なわれたビデオカメラを用いた研究観察では、餌に鶏肉を使ってフィリピンの漁場のオウムガイの個体数を調べ、漁が行なわれていないほかの国の海域の数と比較した。生息数は、殻の縞模様を利用して個体を識別して数えた。

個体数が多かったのは、オーストラリアのコーラル海（珊瑚海）にあるオスプレイ・リーフ（六八個体）とグレート・バリア・リーフ（九二個体）だった。漁が行なわれていないフィジーのベンガ海峡と米国領サモアのタエナ海岸では二〇個体だった。ところがフィリピンの海に沈めたビデオカメラの映像では六個体のオウムガイしか確認できなかった。カメラを沈めておいた時間の合計を考慮しても、フィリピンではオウムガイがほかの場所よりはるかに少なかった。

この違いを説明できる要因はいくつか考えられる。生息環境が異なることも、撮影技術の限界も関係しているだろう。しかし、フィリピンではオウムガイ漁が横行していたのに対して、ほかの場所では漁が行なわれていないということが、数の違いをいちばんよく説明できるように思われる。

オウムガイの生活様式の基本的な点をいくつか考えれば、このような結果が出るのは不思議でも何でもない。オウムガイは一〇代（少なくとも一五歳）にならないと性的に成熟しない。成熟すると雌は殻の中に卵を保持し、一年後に一〇〜一五匹の稚貝が誕生する。ほかの多くの軟体動物と比べると、海がオウムガイでいっぱいになる可能性はまずない（逆はあり得る）。

このいちばん新しい研究成果を見ると、漁が行なわれてこなかった海域でも、オウムガイの数は誰も想像しなかったくらい少ないようだ。これまで数百年にわたって人はオウムガイの殻を喜んで集めてきたが、その弊害が大きくなりすぎているらしい。専門家の多くは、世界規模のオウムガイの取引をすぐにやめるよう呼びかけている。さもないと、この頭足類《とうそく》はまた大量絶滅の憂き目にあって、系統樹の細い枝がぽきんと折れてしまう。

## カミングの標本と有閑階級

カミングは一八四〇年六月にロンドンへ戻り、その後は探検家の帽子を再びかぶることはなかった。大英博物館へ歩いていけるブルームスベリーのガウアー通り八〇番に新居を構え、そこで貝のコレクションを充実させることに残りの人生を費やした。ヨーロッパ各地のオークションや博物館へは出かけたが、遠方の異国の海岸へと旅立つことはしなかった。

フィリピンで採集した貝の多くは博物学者や蒐集家に譲ってしまった。貝殻だけでなく、何千もの鳥、昆虫、カニ、爬虫類も手放し、一三万もあった植物の乾燥標本もウィリアム・ジャクソン・フッカーにわたした。フッカーはそのあとイギリスのキュー王立植物園の園長に任命されている。カミングはフッカーに長年にわたって手紙を書いていて、植物標本も喜んでもらえると信じていた。

たくさんの植物標本と一緒に、フィリピンに滞在しているあいだに書いた日誌も送った。一八四一年五月の日付があるメモも添えられていて、カミングは日誌を自分の「子ども」と呼び、綴りや文法の間違いがあることを詫びている。そして、これを出版したいので編集を手伝ってもらえないかと頼んだ。しかし残念なことに、カミングは依頼する相手を間違えたようだ。それまでカミングは多くの人に好かれていたが、中にはカミングを疎んじる学者もいた。フッカーもそうした学者の一人だった。

フッカーはカミングの頼みを断り、日誌は行方不明になった。フッカーの不注意で紛失したか、絶望したカミングが破棄したのだろう。日誌がなくなってしまったので、有閑階級の科学者の仲間入りをしようとしていたカミングの希望もついえてしまった。カミングが学校教育を受けていなかったことが原因かもしれないし、蒐集物の論文をカミング自身が書かなかったことも原因だろう。

これまでのカミングの生涯を通じて、また死後数十年にわたって、貝の専門家の中にはカミングの業績を評価しない人たちがいた。一九〇九年に貝類学者のチャールス・ヘドリーはカミングを「無学の船乗り」と呼び、カミングの「調査計画は科学の発展を考慮していない」と批判している。一九三九年には別の貝類学者がカミングの蒐集品を「貝類学のやっかいな泥沼」と呼んでいる。

カミングが蒐集品に採集地点を適切に記入していないという指摘は多い。科学的な扱いをするときに採集地点はなくてはならない情報だ。しかし採集地点と言っても、一九世紀にはせいぜい、「南シナ海南部」とか「インド」のような大雑把な位置をメモして貝に添える程度の習慣しかなかったことを考えると、こうした物言いは酷なように思える。それどころか、カミングには百科事典のような驚異的な記憶力があったらしい。惜しいことに、そうした情報を自分の頭で覚えておくだけで書き記さなかった。カミングが作業している様子を見ていた人たちは、蒐集品の一部を細長い机に並べて、カミングが頭の中にある説明を口述するのを助手が書き取ったと言っている。

カミングが集めた貝を気前よく人に見せたことは疑いがない。多くの学者がカミングを訪ねて貝を見せてもらい、論文を書いている。チャールズ・ダーウィンもその一人だった。二人は数年のあいだ頻繁に長文の手紙のやり取りをし、直接会って話もしている。カミングはダーウィンがガラパゴスから持ち帰った貝をすべて同定し、サンゴ礁がどのようにできるか意見交換し、標本をダーウィンに貸し出している。貝ではないが、カミングが大切にしていた標本の一つはフィリピンから持ち帰ったイブラ・クミンギ（*Ibla cumingi*）というフジツボだった。ダーウィンは、『蔓脚亜綱についての研究』という本の前書きで、フジツボの観察を勧めてくれたカミングに謝辞を述べ、カミングが「持っていた標本を全部私に貸してくれた」と書いている。大事な標本の一部をダーウィンがバラバラにするのも許している。ダーウィンがイブラ・クミンギを解剖したところ、小さな雄のフジツボが大きな雌にしっかりとしがみついているのを見つけ（アオイガイの雄のように）、動物の性別がどのように進化したのかという理論を組み立てる際に大いに役立った。

しかしダーウィンはカミングのすべてを認めていたわけではない。一八四五年に友人のチャールズ・ライエルに、カミングは「一つのことに集中しているのが難しい」性格だと書き送っている。しかし、そのときにはカミングは体をこわしていた。長いあいだ熱帯の探検をしていたせいだろう。ダーウィンが言っていることに反応しなかったのも、体調が悪かったためだと思われる。それからしばらくして脳卒中で倒れ、回復することはなかった。

そして一八四六年に大英博物館に病床のカミングから手紙が届いた。蒐集した五万二七八九個の貝（少なくとも一万八八六七種）を売りたいという内容だった。値段は全部まとめて六〇〇〇ポンド。今日の金銭価値に換算すると五〇万ポンドになる（一ポンド一五〇円として七五〇〇万円）。

博物館にはカミングの手紙に続いてリチャード・オーウェンやウィリアム・ブローダーリップといった数人の著名な動物学関係の学者からも手紙が届き、博物館の基金で買い取るよう促していた。蒐集品が分割されて研究標本がイギリスから遠く離れた国外に散逸するようなことにでもなれば大きな損失になると指摘していた。しかし大英博物館の当時の動物学部門の主任だったジョン・エドワード・グレイはあまり乗り気ではなく、おそらくは彼の一存で博物館はカミングの申し出を断ってしまった。

病床にあったにもかかわらずカミングはそれから二〇年、娘のクララ・ヴァレンティーナと一緒に暮らしながら七四歳まで生きた。貝の蒐集はやめず、若い人を採集に送り出しては、地元のオークションに顔を出し続けた。一八六五年にコヴェント・ガーデンで開催されたオークションで貝を競り落とそうとしているところも目撃されている。ある蒐集家は、「赤ら顔で、かっぷくのよい、快活な老人」と記憶している。その数カ月後の八月に、ヒュー・カミングはガウアー通りの自宅で死去した。くしゃくしゃの巻き毛は真っ白で、長年の日焼けと海での生活から皮膚はしわだらけだったが、最愛の貝たちに囲まれた最期だった。

生涯をかけてまっとうした野望の証《あかし》である貝のコレクションは、その後八万三〇〇〇個に増えていた。これまで数ある貝のコレクションの中で間違いなくいちばん数が多い。その多くは、ほかの貝の蒐集家が行ったことのない場所を探検する前代未聞の冒険旅行で島をめぐり、海の底をさらい、川につかり、木の枝を叩いてまわり、葉の裏や石の下の動物をつまみ上げて、自分で見つけたものだ。そのうち別の蒐集家や博物館がもっと多くの貝を集めることだろうが、カミングのコレクションは偉大なものであり続けるだろう。しかし、大英博物館に自分のコレクションが陳列されるのを見るという最後の望みがかなうことはなかった。

## ロンドン自然史博物館に収蔵されたカミングの貝コレクション

マホガニー製の背の高い戸棚が並ぶ部屋で、どこから始めようかと私は迷った。大英博物館の一部だったロンドン自然史博物館の軟体動物担当の学芸員の一人ジョン・アブレットが手伝ってくれて、戸棚を一つ決めた。開き戸を大きくあけると、真鍮《しんちゅう》の名札入れがついた引き出しが二列に並んでいた。その一つをそっと引き出すと、マッチボックスシリーズのミニカーを収める箱のような縦横に仕切られた区画に、小さな透明なビニール袋に入った貝がぎっしりと収められていた。ジョンはその中をガサガサと調べて袋を一つ取り出し、私の前にある机の上に置いた。

袋の中には数センチの高さの巻貝が二つ入っていた。クリーム色の地に茶色い筋が螺旋を描いて走っている。貝と一緒に几帳面な字が並ぶ紙片が数枚入れられていた。ジョンの説明によると、こうしたメモが廃棄されることはなく、専門家が別の種と同定しなおしても、意見や発見が書かれたこれまでのメモの束に新たなメモが一枚加わるだけだという。

黄ばんだ小さな四角い紙が机に落ちた。褪せたインクでMCと書かれている。「それがあるから、この貝がカミングのものだとわかる」とジョンは言った。MCはカミングが自分の膨大な貝のコレクションにつけた「カミング博物館」という名前の頭文字である。

大英博物館はカミングが死去してから、貝のコレクションを最初の言い値の六〇〇〇ポンドで買い取ることにした。初めて博物館に貝が運ばれてきた日の出来事についてはいわくがある。その日は嵐のような天候だった、とその話は始まる。貝が載った平たい容器をジョン・グレイの妻が博物館の中庭を横切って次々と運び入れていた。歩いていた彼女のまわりには、秋の落ち葉だけでなく、貝につけられていた紙のラベルが風に乗って無数に渦を巻いて飛びまわったという。貝の名前も、採集地も、科学的な価値がある情報はごちゃ混ぜになってしまった。

しかし、ピーター・ダンスが『貝蒐集の歴史』を書くにあたり調べたところ、この話はまったくのでたらめだということが判明した。貝を運んだのはグレイ夫人ではなく、ラベルがごちゃ混ぜになったこともない。カミングと貝のコレクションを妬《ねた》んで流された噂だと思われる。

ジョンと私がほかの棚や引き出しもあけて探すと、MCと書かれた貝がほかにもたくさん見つかった。

博物館の膨大な図録の貝を区別するためにふられた番号が書かれたものもある。古い時代のものはすべて手書きの一覧だったが、現在、学芸員が電子化を急いでいる。博物館に新しい標本が届くと、ふつうは参照番号を与えて登録する。しかしカミングの貝はあまりにも数が多かったため、その手順がふまれなかった。そのかわり、博物館にすでにあった軟体動物の標本と照らし合わせ、種類ごとにまとめて棚に収められた。誰かがカミングの貝を取り上げて調べ、何か論文を発表したときには参照番号が与えられる。印刷物になっていない貝はまだ山ほどある。

「カミングのコレクションからは今でも新種が見つかる」とジョンは言っていた。カミングダカラ(*Cribrarula cumingii*)、「カミングホタテ」、「カミングスポンディルス」など、カミングにちなんだ名がつけられているものが多数ある。貝以外にも、ヒトデ、ヤモリ、甲虫、樹上性のネズミ(フィリピンのクモネズミ)などの動物にカミングにちなんだ名がつけられている。

じつは、カミングの貝は一つにまとめて保管されていると私は思いこんでいた。しかし、分類作業が進行中の膨大な標本の、それぞれの種類に分けて収蔵してある方がよいと思う。自然史博物館にはおよそ九〇〇万個の貝が収蔵されている。世界でいちばん大きな貝のコレクションだ。しかし収蔵されている貝の数は正確にはわかっていないというのも公然の秘密だ。標本数は毎年一〇〇〇個単位で増え続けており、ジョンたちは、すべてを収蔵するスペースを確保するのに苦慮している。

博物館の貝のコレクションのおもな用途は、軟体動物という巨大な系統の多様性や進化上の関係を研究することである。こうした標本を保存しておくと、過去のある時点のある地点の標本をふり返って調べることができ、まだ誰も抱いたことがないような疑問につきあたったり、それに対して誰も思いつかなかった方法で答えを見出したりするのに使うことができる。

博物館と聞くと、時間が止まったような埃っぽい場所を連想するかもしれない。しかしほんとうは変わり続けていて、常に新しい方法や技術を取り入れている。多くの自然史博物館では貝の標本として殻だけを収蔵している。それがいちばん簡単な集め方だったからで、このため、過去の標本から遺伝子情報を引き出すことができなかった。しかしDNAを増幅する技術が発達したので、殻の中に小さな干からびた肉片が見つかれば、その貝の遺伝子配列を調べることができるようになった。

貝の身も一緒にアルコールに保存してあると、ほかにも思わぬ研究成果を出すことができる。最近訪ねてきたジャスティン・ジェラッチという研究者の話をジョンがしてくれた。数十年前に絶滅したタヒチの巻貝の野生種のアルコール標本を調べたいということだった。ポリネシアマイマイ属（*Partula*）の巻貝は、少数の生きた貝が保護されて繁殖計画が立てられたので、絶滅がまぬがれるかと期待された。しかし経過は思わしくないらしい。残っているのは一五匹だけで、それらも死にかけているという。過去の野生の巻貝の標本を解剖して、最後に食べたものが何だったのかがわかれば、与える餌が間違っているせいで飼育が失敗に終わりそうになっているのかどうかがわかる。

## 貝の図鑑――『アイコニカ』と『シーソーラス』

標本を利用するのは科学者だけではない。軟体動物部門ではあらゆる職業の人を歓迎している。芸術家、デザイナー、技術者、誰でも博物館の収蔵庫に入って、貝についての知識を増やしたり、形、模様、構造、美しさから斬新な発想を得ることもできる。

美術史の研究者が訪ねてきて膨大な量の貝の図鑑を閲覧することもある。軟体動物部門の図書室には二〇巻から成る大型本が並んでいる本棚があり、背表紙に本の題名が金色の文字で書かれている。「第一巻　イモガイ、オキナエビスガイ、モシオガイ、クマサカガイ、イタヤガイ……」、「第二巻　クチベニガイ、フネガイ、ホラガイ……」といった具合に、「第二〇巻　キヌタレガイ、オオノガイ、キセルガイ、オオサナギガイ……」までが並ぶ。アルファベット順にもなっていないし、分類群ごとに並べられてもいない。完成させるのに三〇年以上かかったプロジェクトなのだから、そこまで要求するのは酷というものだろう。私は「第三巻　アッキガイ、タカラガイ、ミミガイ……」を手に取り、そっとページをめくった。

美しいカラー図版の貝はまるで生きているように見え、本物の貝がいっぱい並んでいるような錯覚を覚える。こんもりして、つやつやのタカラガイは本のページに貝殻が貼りついているように見え、私の手のひらより大きなアワビは七色の輝きを放っている。これが、ロベル・オーガスタス・リーブがつくった『コンコロジア・アイコニカ』だ（口絵⑰）。リーブはカミングのいちばんの親友であり、仕事仲間だった。一八四三年にこの図鑑をつくり始め、一八六五年に没するまでつくり続けた。そのあとをジョージ・ブレタイアム・サワビー二世が引き継ぎ、一八七八年に完成させた。この素晴らしい図鑑は世界中の博物館や図書館に収められていて、オンラインの生物多様性遺産図書館でも電子版を閲覧できる。

『アイコニカ』シリーズには二万七〇〇〇種くらいの貝が載っている。各図版にはそれぞれの種の説明があり、正式な名称以外にも楽しい別名が列挙してある。「ミドリガカッタタカラガイ」、「キイロッポイタケノコガイ」、「チガウケガハエタマメタニシ」、「スコシネジレタホラガイ」などが目についた。「ニヤリトシタサルボウ」、「アイマイナホネガイ」、「ノミニカマレタイモガイ」、「カワイイイモガイ」、「ユウウツナイモガイ」などもある。「インウツナカサガイ」というのを見つけたときは、少し貝がかわいそうになってしまった。

　リーブとサワビーが図版を描いたり説明を書いたりするのに使った貝の多くは、カミングのコレクションの貝がモデルになっている。『アイコニカ』シリーズには誰がどこで見つけたかも書かれている。繰り返しになって申し訳ないが、「カミング氏」という名前がいちばん多い。

　リーブがこの大仕事に取りかかったとき、サワビー親子は全五巻の貝の図鑑『シーソーラス・コンシャイリオラム』の出版を開始していた。図書館でこれにざっと目を通したところ、『アイコニカ』がまったく趣向を変えた別のシリーズとして出版された理由がわかった。『シーソーラス』の図はエッチングで描かれていて、細かい線の上から手で彩色してある。図版はとてもきれいなのだが、貝の外見が型にはまっていて、本物の貝のようには見えない。貝の大きさも実物よりはるかに小さい。

　これに対して『アイコニカ』の図版は、実物大か実物よりも大きく描かれていて、それで二〇巻にもなってしまったわけだ(リーブが知られている種類をすべて載せようとしたせいでもある)。加えて、『アイコニカ』の図はリトグラフである。リトグラフならエッチングよりも細かい線を描くことができ、影もつけられる。カラー写真の技術が発明されるまでは、これがおそらく世界でもっともきれいで正確な貝の図鑑だっただろう。

　『アイコニカ』の絵は貝の細部まで正確に描かれているので、博物館の収蔵庫へ行ってリーブかサワビーがモデルに使った貝そのものを探し出すこともできるほどだ。図鑑を見ていたら、カミングの貝をどうしてももう一度見に行きたくなった。

　ジョンは長い廊下の端の小部屋にあるイモガイの戸棚へと案内してくれた。私は引き出しをいくつかあけて、捜し求めていた貝を見つけた。*Conus gloriamaris*(ウミノサカエイモガイ)だった。

長いあいだウミノサカエイモガイは絶滅してしまったと思われていた。一八九六年以来六〇年のあいだ一つも見つからなかったことからも、きわめてめずらしい貝であることは確かだ。欲張りな蒐集家が大勢押しかけて野生の貝を採りつくしたのだろう。しかしその後、底引き漁が増え、スキューバ・ダイビングが考案され、深い海から採集される数が増えていった。今ではウミノサカエイモガイはふつうに出まわる貝になり、かつてほどの価値はなくなっている。オンラインのオークション・サイトには、何百というウミノサカエイモガイが出品され、かつてつけられていた値段よりかなり安く入手できる。

私はウミノサカエイモガイの標本が見えるように引き出しを引っ張り出した。実物を見るのは初めてで、バート・エーメントラウトやジョージ・オスターらがコンピュータに描かせた細かい模様の実物を間近で観察したのも初めてだった。並べられた貝を順番に見ていって、ほかのものより小さい貝を二つ見つけた。ほんの数センチの長さしかない。手書きのメモにはMCの頭文字が書かれていた。いくつかの貝を手の上でひっくり返しながら眺めてみて、人や特定の場所、過去の出来事といったつながりがあれば、貝は簡単に崇《あが》める（神聖と言ってもよいかもしれない）対象になるものだということがわかってきた。

科学的発想や論理性をもとに構築されている自然史博物館ではあるが、そうした基準からはずれる特殊な収蔵品が存在することを学芸員は知っている。正面玄関から、高い天井とステンドグラスの窓がある中央広間に入ると、大聖堂と同じような荘厳な気分になる。そして、チャールズ・ダーウィンの座像のわきの階段を登ったところにある小さな展示室には、博物館の七〇〇〇万点の収蔵物から選ばれた二二点の標本が展示してある。そのどれにも壮大な物語がある。

岩盤が年代順に層をなしていることを明らかにするのに一役買ったウィリアム・スミスのアンモナイ

トの化石がいくつかある。一七世紀のオランダで緻密な彫刻が施されたオウムガイは、大英博物館の基礎になったハンス・スローンの四〇万点におよぶコレクションの一つだ。七〇〇年前に王室がロンドン塔で飼っていた珍獣の一種だったライオンの頭蓋骨もある。一九世紀の半ばにレオポルド&ルドルフ・ブラスカが製作した植物プランクトンやクラゲの精巧なガラスの模型は、二人の考案した造形技術が継承されなかったため、どのようにしてつくるのか今もってわからない。こうした品々は単なる化石・貝・骨・ガラスの装飾品ではなく、人の歴史、努力、発想と密接に結びついている。

博物館の収蔵品から私好みのものを選ぶなら、ヒュー・カミングの貝にするだろう（添えられたメモを見ると、これ以外にも地下に何千個と収蔵されていることがわかる）。カミングは生き物の世界の仕組みを解き明かすための偉大な思想や理論を提唱したわけではないが、ある一つの動物群に傾けた情熱が、それまでの自然界についての常識を打ち破るきっかけになった。

『コンコロジア・アイコニカ』第一巻の図版6にリーブが描いたウミノサカエイモガイは、カミングが「フィリピンのボホールにあるジャニャ島（干潮時にサンゴ礁の上に出る）」で見つけたものだ。小さな標本だったが模様がとても緻密なので図はこれで描くことにしたとリーブの説明文にある。同じ日にカミングは、「長さが一・五インチ強（四センチほど）」の、もっと小さな貝も採集していたのだが、その貝は模様が細かすぎたので自分の技術では描けなかったともリーブは記している。

熱帯の日差しが照りつけるフィリピンの海岸で、私が今手にしている貝を一七五年前にカミングが石を持ち上げて初めて見たときの光景を想像すると、不思議な気分になる。

その貝を見つけたときに、カミングはほんとうに踊ったのだろうか。

chapter

# 9 魚を狩る巻貝と新薬開発

長い長いあいだ人は軟体動物や貝殻をさまざまな用途に利用してきた。性や死を象徴するものとして、あるいは、宝石、装飾品、食べ物、楽器、貨幣として、また、金色の繊維を採集することもあれば、単に集めて眺めるだけのものとしても使ってきた。今も軟体動物の新たな使い道を探している。そして、びっくりするような軟体動物の行動が大いに役立つことがわかってきた。そうした軟体動物には、私たちが考えているより動きが速く、力が強く、恐ろしく、思いもかけない場所に生息している種類がいる。軟体動物に教えてもらった次世代発明や新しい考え方も生まれている。人の世界を揺るがすような発見の中には、のろまな貝などには目もくれずに泳ぎ去るはずの魚をとらえてしまう巻貝から教わったものもある。

## イモガイの秘密をあばく

日中イモガイは大しておもしろい動きをしない。サンゴ礁のすき間に引きこもっているか砂に埋もれて、思い出の記録を描いたきれいな殻の模様が人目につかないように隠れている。しかし夜の帳《とばり》が下りると隠れ家から出てきて、夕食のご馳走を手に入れるための狩りを始める。

イモガイ属（*Conus*）はおよそ七〇〇種が知られ、海の動物の中ではもっとも多様な属と言ってもよいだろう。ほとんどのイモガイは獲物を何か一つの動物群に絞って狩りをする。ゴカイを狩るものもいれば、巻貝（仲間のイモガイも含む）を狩るものもいるのだが、とらえるのは不可能と思われるような動物を狩るイモガイがいる。魚を捕まえて食べるのだ。

目覚めたイモガイは殻をふりふり動き出し、水の中で吻《ふん》をふりまわしながら眠っている魚のにおいを探す。目的とするにおいを見つけると、においの跡を静かに滑るようにたどり、まだ何も気づいていない標的に近づいて毒を仕込んだ矢を発射する。命中した瞬間に魚は麻痺して動けなくなる。するとイモガイは矢に結わえつけてあった細い糸を手繰り、獲物を引き寄せる。そして大蛇がレイヨウを丸呑みするように、気持ち悪いほど大きく口を広げて魚を飲みこみ、夕食を消化し始める。そして数時間たつと、骨や鱗《うろこ》の塊を吐き出す。

イモガイが魚を捕まえるときに使うもう一つの方法は薬剤散布で、水中に鎮静作用のある物質をまく。その作用によって鼾《いびき》をかいて眠ってしまった魚を（ときには小魚の群れごと）、網のように大きく広げた口で包みこんで窒息させる。包みこんだあとは念のため、一匹ずつ毒矢を打ちこんで逃げ出せないようにしておく。

イモガイの上手な狩りの秘訣は毒矢にある。歯舌《しぜつ》にある中空の歯の一本一本が毒矢につくり変えられていて、矢尻の恐ろしげな返しが獲物の皮膚にしっかりと食いこむ。矢は長くて一センチで、使い捨ての注射針のように、利用できるのは一回だけだ。中に毒を満たした矢は、矢筒に収めておくのと同じように使うまでしまっておく。獲物が射程に入ると毒嚢《どくのう》と呼ばれる袋を収縮させて吻の先端から毒の歯を発射する（ホタテガイやイカが、筋肉を収縮させて水をジェット噴射をさせるときに使うのと同じ酵素を使って毒嚢を収縮させる）。

魚を狩るのと同じ要領でイモガイは人を殺すこともできる。わざわざ人を追いかけるのでも、人を食べ物だと思っているのでもなく、単に自分の身を守っているだけのことなのだが、身の危険を感じると毒矢を発射してくる。漁師や貝の蒐集家が不用意につまみ上げるだけでイモガイは脅されたと感じるのだろう。柔らかい吻は体や殻の隅々まで届くので、生きたイモガイを素手で安全につまみ上げるすべはない。
オランダ人の博物学者ジョージ・エーベルハルト・ランフィウスが一八世紀にオランダ東インド会社で働いていたとき、インドネシア人の女の子がイモガイをつまみ上げ、手が「くすぐったい」と感じたとたんにその場で死んでしまった様子を手紙で書き送っている。以来、イモガイによる死亡は三〇例ほど記録されていて、ほとんどが心臓発作と横隔膜の麻痺による窒息死である。毒の強さはイモガイの種類によって違う。死亡にまでいたらない場合がほとんどだが、体の一部が無感覚になったり麻痺したりするのは気持ちのよいものではない。しかしアンボイナとは決してかかわり合いになってはいけない。このイモガイに刺されると、人間でも一〇人中七人が死亡する。

小さな動物が人間の大人を倒すほどの毒を持っているというのは尋常ではない。しかし科学者が興味を持ったのはまさにその点だった。イモガイは何のために、どのようにして毒物をつくることを覚え、忌まわしい殺人貝になったのだろうか。これは長いあいだ謎だった。

何のためにという問いには納得できる答えがある。五〇〇〇万年ほど前の進化の初期にイモガイはゴカイを食べる貝だった。ゴカイを捕まえていた先祖は現存する多くのイモガイと同じように、それほど強くない毒を使っていたと考えられている。しかしそのうちに、夕食のご馳走を横から奪おうとする魚に対抗する必要が出てきたので、イモガイは襲撃者を追い払うために痛い思いをさせることにした。

魚に襲撃を思いとどまらせるには、最初はゴカイ用の毒の矢を放つので十分だったが、のちに、より強力な毒を進化させることになった。毒矢のひと刺しであまりにもうまく魚を追い払えたので、イモガイは食料を魚に切りかえることにしたのだ。魚を食べるためには一撃で魚を無力化する毒が必要だった。作用に数秒かかるようでは、毒が体にまわって動けなくなる前に魚は泳ぎ去ってしまい、イモガイには見つけられなくなる。このようなことにならないほど強力な毒は、狩りの道具として重宝したに違いない。イモガイの進化の系統樹を見ると、魚をとらえるイモガイはこれまでに少なくとも三回出現している。ときがたつにつれて魚の泳ぎも速くなり、それに合わせてイモガイの毒も強力になった。

これよりも重要で、かつ答えるのが難しいのは、イモガイの毒がなぜそれほどまでに強力なのかという点である。専門家は数十年のあいだこの難問に苦しんできた。

イェール大学のアラン・コーンは、イモガイが魚を仕留めるところを一九五六年に初めて見て、魚をどのように探すのかを調べ始めた。刺されないように気をつけながらイモガイを水槽に入れ、砂に潜って目だけ砂から出すのを待っていろいろな食べ物を水槽に入れてみた。すると、生きた魚を水槽に入れたときにイモガイはすぐに砂から出てまわりを探索し始めた。死んだ魚には見向きもしないのに、生きた魚を飼っていた水槽の水を数滴たらすだけで反応して、探すべき獲物がいないにもかかわらず狩りの態勢に入った。

これらの実験から、イモガイは獲物のにおいを感じ取るとコーンは考えるようになった。その後コーン（Kohn）はワシントン大学の教授になり、自分とそっくりな名前の貝（英語でイモガイの通称は「コーン（cone）」）についての世界的な権威になった。

イモガイが魚を狩るのに使う毒の成分については、一九七〇年代にボブ・エンディーンらが調べ始めた。所属していたクィーンズランド大学がグレート・バリア・リーフに近く、そこで多数のイモガイが採集できるという地の利を生かした。そしてイモガイの毒素は数種類の化合物が混ざっていることを発見した。しかし当時はイモガイの毒が複雑な仕組みで作用するとは誰も考えていなかった。

一九八〇年代になるとバルドメロ・オリヴェラの率いる研究チームが、「コノトキシン」と呼ばれるようになっていたイモガイの毒の研究を大きく進展させた。オリヴェラはフィリピン出身で、米国でDNAや酵素の専門教育を受けた。母国へ帰ったのはよかったが、大学の研究室には分子生物学的な研究を続ける設備が何もなかった。オリヴェラは子どものころに貝を集めたことがあり、イモガイが恐ろしい貝だということはよく知っていた。そこで、研究室で飼っていたハツカネズミにイモガイの毒を与えるという、特殊な器具をほとんど必要としない実験を行なってみることにした。

最初の実験では水平に幕を張った簡単な装置を用意し、幕の下面にネズミをつかまらせて、イモガイの毒の成分を次々と注射してみた（あらかじめ毒素を分子の大きさの違いによって分けておいた）。毒で麻痺したネズミは幕から手（足）を放して落下するので、落ちるまでの時間を「落下時間」とし、それぞれの成分がネズミに効くまでの時間をはかった。このような初期の研究からは、毒の成分によってはネズミは麻痺するが、どの成分でも麻痺するわけではないことがわかった。そこで次に、麻痺を起こさない毒の成分には何かほかの作用がないかを調べた。

そしてオリヴェラは新しい勤務先の米国のユタ大学で数人の優秀な学生に手伝ってもらって大発見をすることになる。学生の一人だったクレイグ・クラークは、毒素成分をハツカネズミの神経系に直接注射することを思いついた。それがうまくいくかどうか、オリヴェラには確信が持てなかったと当時をふり返っている。しかしクラークはやってみることにした。学生が入れかわり立ちかわり手伝ううちに毒素成分を注射する手法にも磨きがかかり、注射したとたんにハツカネズミが奇妙な行動をとるのを目にすることになる。投与した成分によって震えだすネズミもいれば、際限なく自分の体をかくようになるネズミ、二四時間催眠状態に陥ったのちに突然回復するネズミ、猛スピードでケージを駆けまわって壁をよじ登ろうとするネズミもいた。

コノトキシンは、神経系の複数の箇所にさまざまな作用をおよぼすことが明らかになったのだ。一九九〇年代になるとイモガイとその毒素は神経系や脳の研究、さらには新薬の開発にも利用できる大きな可能性を秘めていることが世界中の研究者に知れわたる。イモガイが海の生き物の中でもとくに詳細に研究されるようになるのに、時間はかからなかった。

## 複合毒素の複雑な作用

今ではイモガイとその複合毒素について、それはたくさんのことがわかっている。コノトキシンが複数のペプチドの混合物であること、ペプチドのほとんどは一〇～三〇個のアミノ酸がつながったもので、ジスルフィド結合がたくさんあるために、硬い小さな塊になっていることもわかっている。

また、イモガイはそれぞれの種類が五〇～二〇〇種類のペプチドをつくっていて、それを配合して毒矢に仕込む。毒を生成する管の細胞にはスイッチが入ったり切れたりする遺伝子があって、そこでつくられたペプチドの特製混合物が管を流れ下って先端にある中空の毒矢にたまるようになっている。獲物を狩るときと身を防御するときで異なるペプチド配合にすることまでできる。

コノトキシンが何種類あるのか正確なことはわかっていない。七〇〇種のイモガイはそれぞれ独自のペプチドをつくって配合しているので、数万種類から数十万種類はありそうだと考えられている。コノトキシンの抗毒素をつくろうとしても、それぞれの毒素ごとに無毒化する成分が必要になるので、そのように膨大な数の抗毒素をつくれないのも無理はない。こうした毒素のうち構造が明らかになって研究が進むのはほんの一握りにすぎない。しかし詳細が明らかになったそうした毒素を通じて、イモガイの化学兵器の複雑な分子レベルの秘密が解き明かされてきた。

コノトキシンの多くは、神経が送る信号を遮断したり妨害したりすることによって、体中の神経伝達経路の作用を混乱させる。平常時の神経は、イオン分子が神経細胞に入ったり出たりするときに、電荷が発生したり拡散したりすることで活性化している。この電荷を運ぶのがナトリウムイオン、カルシウムイオン、塩素イオン、カリウムイオンである。神経細胞の膜にはイオン回路をあけたり閉めたりするタンパク質が散在し、特定のイオンの動きを制御している。

イオン回路にはさまざまな型がある。よく知られている二つの型は、化学物質によって制御されるものと、電荷そのものに反応するもので、反応した結果、受け取った刺激を増幅させるか減衰させるかのどちらかの働きをする。化学物質がイオン回路を制御するときには、回路にある受け皿（受容体）にその化学物質がはまりこむ（結合する）必要があり、はまることで回路をあけるか閉じるかの指令が細胞に伝わる。ちょうど鍵を鍵穴に入れるようなものだ。こうした化学物質の中には神経細胞から神経細胞へと信号を伝える神経伝達物質があり、脳が情報処理をしたり、体の各部に指令を出したりする作用を仲介している。

イオン、イオン回路、受容体、伝達物質のすべてがこのように一体になって、体全体の神経伝達やそのほかさまざまな複雑な細胞活動を制御している。ここにコノトキシンが入りこむと、毒素が伝達物質のような動きをしてイオン回路に結合し、回路をあけろとか閉めろとか気まぐれな指示を出すので、きめ細かく調整されているイオン濃度の調和が乱れる。

バルドメロ・オリヴェラと仲間の研究者たちは、コノトキシンを作用に応じてグループ分けし、陰謀団よろしくあだ名をつけた。政府をひそかに転覆させようとしている秘密結社のように、コノトキシン陰謀団は結託して獲物を無力化する。このような陰謀団は、毒の二段構えで魚を捕えるアヤメイモで最初に見つかった。まず解き放つのは「稲妻攻撃陰謀団」の毒素である。この毒素が注入されると神経が活性化して制御不能になり、犠牲者は強い電撃ショックを受けた状態になる。イオン回路をこじあけてナトリウムイオンが細胞内に流入する作用を促すコノトキシンと、カリウムイオン回路を遮断する別のコノトキシンが一緒に神経に作用する結果、このような症状になる。毒矢を受けた魚は体が固まったように動かなくなる。

このように獲物を動けなくしておいて、二つ目の毒素陰謀団の作用が現われるまでの時間をかせぐ。「運動機能陰謀団」の毒素は、神経と筋肉のあいだの伝達信号を遮断する作用があるが、毒素が神経繊維の末端に到達するのに、「稲妻攻撃陰謀団」よりも少し時間がかかるのだ。しかし、いったん「運動機能陰謀団」が作用し始めると、回復不能な麻痺状態におちいる。二つの陰謀団が手に手を取って作用を完結することで、矢を射られた魚はすべての望みが絶たれ、アヤメイモに手繰り寄せられるのを待つだけになる。

コノトキシンは地球上でおそらくもっとも複雑な作用をする毒素だろう。ほかにも恐ろしい生き物はいるが、どれも強力な一種類の毒素にたよる傾向が強い。イモガイの毒素の強力さや生体に作用する仕組みを考えると、それに匹敵する毒を用意しようと思ったら、多数の危険動物を集めてこなければならない。ヤドクガエルの皮膚の毒（バトラコトキシン）をなめるだけでなく、フグの肝臓を一口食べ（テトロドトキシン）、クロストリジウム属の細菌に感染し（ボツリヌス毒）、最後にコブラに噛まれる（コブラ毒）といったところだろうか。

毒が命にかかわるものであり、生物学的にさまざまな作用をすることから、こうした自然界の毒素の多くは生物医学の研究に使われてきた。しかしイモガイの毒ほど関心を集めたものはない。神経科学の研究者がイモガイの毒にひきつけられるのは、魚や人間に対する殺傷力ゆえではなく、作用がきわめて特異的だからだ。アミノ酸が短くつながっただけのものなのに、どのイオン回路に結合するかについてのペプチドの好みはうるさい。

動物の神経系にはびっくりするほど多種類のイオン回路と受容体がちりばめられていて、その一つ一つの形が違う。鍵が特定の鍵穴としか合わないのと同じように、あるコノトキシンは、ある決まった型の回路の受容体にしか結合しない。この特性によって、コノトキシンはきわめて有効な研究の道具として使われるようになった。コノトキシンのおかげで神経科学の研究者は、神経、脳、体全体の働きを調べるときに特定の回路のスイッチを正確に入れたり切ったりできるようになり、神経系の詳細を調べられるようになったのだ。

## 貝毒から薬をつくる

その後コノトキシンを使った研究例は数千にのぼり、動物の基本的な営みについての理解が進んだ。筋肉がどのように収縮するのか、血圧がどのように制御されているのか、腎臓や網膜がどのように機能するのか、といったことが明らかにされている。

コノトキシンのおかげで神経の受容体の種類がどれくらいあるのかが明らかになり、脳の働きの複雑さもわかってきた。パーキンソン病、アルツハイマー病、アルコール依存症といった神経系の疾患で特定の受容体がどのような役割をになっているのかも解明されようとしている。そして病気の解明を進めるのに使われると同時に、病気に対抗する新薬をつくるためにも活躍する。イモガイが進化してきた五〇〇〇万年のあいだ、毒素が正確に標的に効くように調整が続けられてきた。生化学者はこの多様なコノトキシンの中から、人間の神経系に特異的な治療効果を発揮するものを探している。さまざまな疾患を治療するためにコノトキシンにヒントを得て開発途上にある薬剤は、現在は数十種類におよぶ。

オリヴェラの研究チームは、一九八〇年代にアンボイナから採集したコノトキシンの中に、実験用ハツカネズミを眠ったような状態にするものを見つけた。網目模様のイモガイが獲物をおとなしくさせるために水中に漂わせる眠り薬の一つがこの「催眠ペプチド」で、活性成分はのちにコナントキンGと命名された。神経伝達物質のグルタミン酸のための特殊なイオン回路受容体（NMDA受容体）の働きを阻害するコノトキシンで、「悟りの境地陰謀団」に分類されることになった。これが、重症のてんかん患者の活動過多になった神経を沈静化するのに効果があるかどうかを調べるための治験が現在行なわれている。アルツハイマー病やパーキンソン病の患者の神経細胞が壊れていくのを防ぐこともできるかもしれない。そのほかのコノトキシンについても、心臓発作、さまざまな硬化症、注意欠陥多動性障害の治療に使えないか研究が進められている。慢性神経痛については、イモガイの毒を注射するという治療が始まってからすでに一〇年以上たつ。

プリアルト（モルヒネの「最初の代替物」を意味する英語の略）という商品名で販売されているジコノチドという薬剤は、もともとはヤキイモというイモガイがつくるコノトキシンだった物質を人工合成して開発された。プリアルトは末端神経からの痛みの信号を脊椎神経や脳へ伝達するカルシウムイオン回路を遮断する。モルヒネの一〇〇〇倍の効能があるのに、中毒になる危険性はモルヒネより低い。

ただ、皮下に埋めこんだ小さなポンプで脊髄液の中に薬剤を直接注入しなければならず、手術をともなう投与方法に難点がある。そこでクィーンズランド大学（ボブ・エンディーンがイモガイの初期の研究をしたところ）のデイビッド・クレイクと仲間の研究者は、コノトキシンの錠剤をつくろうとしている。環状のコノトキシンを合成して効能を調べているのだ。輪になっていれば安定性が高まり、口から服用して人の消化管を通過しても薬剤効果が失われない可能性が高くなる。

イモガイと関連して新しい薬剤のヒントが得られたのはコノトキシンからだけではない。イモガイが武器として使う毒素は、これまで考えられていたよりずっと複雑であることがわかってきた。

二〇一五年に、バルドメロ・オリヴェラも一員だった米国ユタ州の研究チームが画期的な発見をした。ヘレナ・サーファヴィ＝ヘママイが中心になった研究で、魚を眠らせるイモガイの中にはインシュリン様の催眠物質を使うものがいることがわかったのだ。このペプチドホルモンは低血糖ショック（生命の危険をともなう血糖値の急低下）によって魚の気を失わせる。アンボイナとシロアンボイナから見つかっている「悟りの境地陰謀団」にはさまざまな型のインシュリンが含まれていて、軟体動物のホルモンよりも魚類のホルモンに似た構造を持つ。これはインシュリンが武器として使われた初の例で、インシュリンが作用する仕組みの解明に新しい道筋をつけた。また、まだ研究途上であるが、糖尿病治療のための新薬開発の可能性も秘めている。

魚を狩るという、あり得ないような特技を海の巻貝が披露するのを研究者が観察してから、科学研究は大きな進展が続いている。これほど知見が蓄積し、これほど新薬開発計画が続いた今となっても、いまだにわからない事柄はびっくりするくらいたくさんある。イモガイやその小さな矢には、解明すべきことがまだまだ多い。これまで詳細な研究がなされたのは六種類のイモガイから得られた一〇〇種類ほどのコノトキシンにすぎず、小さな化学合成の達人が人間に教えてくれることは、ほかにもたくさんあることは確かだ。

## 生物接着剤になったイガイの足糸《そくし》

海岸には、あり得ないような場所にしっかりとくっついて生きている貝がいる。イガイもそのような貝類の一つで、絶えず波が砕けては引いていくような海岸の、濡れた滑りやすい岩場に殻を固定して生活する。どのようにして岩に貼りついているのかをなんとかして知りたいとの思いから、ここ数十年のあいだ、研究が続けられてきた。軟体動物に教えてもらったもう一つの新しい知識が水中で使える優れた接着剤なのだ。

イガイが固着する秘密を解明しようと研究を始めた一人がハーバート・ウェイトだった。一九七〇年代にハーバード大学の学生だったウェイトは、米国コネチカット州の大西洋に面したロング・アイランド海峡でイガイを集め、それを研究室へ持ち帰って、イガイが殻を固定するのに使う足糸（かつてサルディニア島で機織りのために金の糸として紡がれたもの）を詳しく調べた。そして、足糸をつくっているタンパク質をアミノ酸に分解したところ、L－ドーパと呼ばれるめずらしいアミノ酸が含まれていることがわかった。

L－ドーパは、少し前に発見されてから、さまざまな動植物に含まれていることがわかってきていた。人間では神経伝達物質のドーパミンを生産するための前駆体になり、パーキンソン病などの病気の治療用に開発が進んできた。一九九〇年の映画『レナードの朝』では、数十年のあいだ嗜眠《しみん》性脳炎に苦しんできた患者を、神経学者のオリバー・サックスがL－ドーパで回復させる実話が描かれている。

そしてイガイの足糸でL－ドーパがどのような役割を果たしているのかを初めて解明したのがウェイトだった。イガイの足糸腺で分泌される液状のタンパク質を海水中で固まらせ、殻を岩に固定するときにL－ドーパが要《かなめ》になることがわかった。この発見のあと、「イガイ接着タンパク質（Mussel Adhesive Protein、あるいは頭文字をとってMAP）」と呼ばれる接着作用があるタンパク質がいくつも見つかり、すべてがL－ドーパを含んでいた。

現在、カリフォルニア大学サンタバーバラ校にいるウェイトも含めて多くの研究者がMAPの働きを解明しようとしている。全体像の解明にはまだ時間がかかるが、重要な点は明らかになっている。L－ドーパにはカテコールと呼ばれる側鎖があり、それが直接何かの表面に結合する。岩でも、船体でも、イガイがくっつきたいと思うものなら何でもかまわない。表面に固く結合して貝殻を固定するのだ。

そして、L－ドーパやほかのカテコールを含む化合物をちりばめた合成接着剤が開発され、さまざまな応用の可能性が広がった。直近の例では、イガイ由来の接着剤が人間の体内で使われようとしている。血液が流れている状態の血管の中で接着剤として使えるので、外科医にはほんとうにありがたい。とくに胎児の血管は縫合するのが非常に難しいので、出生前の胎児を切開や縫合することなしに手術するために、生物接着剤として使うための試験が行なわれている。

アテローム性動脈硬化症の患者や、血小板から血栓が形成されない患者も、微量の接着剤を動脈に注入するだけで心臓発作や脳卒中を防ぐことができる。また、血管形成手術用のステントやバルーンを挿入して血管を広げるときには、挿入する器具に抗炎症剤を塗るのだが、薬剤の九五パーセント前後は血流で流されてしまう。生物接着剤を使えばこのような無駄もなくなるかもしれない。

そのうち、ほんの少し生物接着剤を処方するだけで、糖尿病も治療できるようになるかもしれない。

糖尿病患者には、インシュリンを注射するかわりに、誰かに膵臓の細胞を提供してもらって体内に移植してインシュリンをつくらせるという選択肢がある。現在は膵細胞を肝臓内に移植できるようになったものの、効果は数年しか続かない。生物接着剤を使えば、肝臓以外のどこかほかの部位に移植できるようになり、炎症を起こすことなく長持ちするかもしれない。

ハーバート・ウェイトの研究室からは、カテコールを豊富に含むタンパク質に覆われた合成ポリマーが最新の発明として発表される予定で、これなら素材が自分自身を修復できる。この新素材を使えば、外科的な手術はほんのわずかかまったくせずに、腰やひざの再建ができる可能性もある。あるいは、もろい骨にできた微細な骨折をつなぐのにも使えるかもしれない。そのうち、イガイ由来のポリマーのようなものが開発されて、自己修復できるサーフボードがつくられるということだってあり得る。

人間の体やサーフィン以外にも、軟体動物の接着剤の思わぬ用途がもう一つある。イガイ接着タンパク質を、イガイを接着「させない」ために使えるかもしれないのだ。付着生物は海の雑草とも呼ばれ、生育してほしくないところにもはびこる。たとえば船の底に貝やフジツボが付着すると水の抵抗が増して燃料費がかさむようになる。現代の船は鉄やグラスファイバーでつくられるようになったが、木製の桟橋や平底船にとっては今でもフナクイムシのあける穴は脅威である。

こうした迷惑きわまりない生き物が船に取りつかないように、長年さまざまな対策が試みられてきた。そしてフナクイムシに効果てきめんの物質が一つだけ見つかっている。トリブチルスズ（TBT）という有毒物質で、この化合物を塗っておくと、海洋動物の幼生が付着するのを防げる。ところが二〇〇八年に世界中で使用が禁止されてしまった。付着生物よけの塗料として使うと、生態系にさまざまな悪影響をおよぼすことがわかってきたからだ。

海洋生物学者のスティーブン・ブラバーが、イギリス沿岸に生息するヨーロッパチヂミボラという巻貝の雌に、雄の生殖器が生えてきているのを発見して、問題提起をしたことがきっかけになった。ほんのわずかな量のＴＢＴにさらされるだけで、雌のチヂミボラには巨大なペニスが成長し、それが産卵管をふさいでしまうので卵を放出できなくなる。結果的に雌は生殖能力を失う。貝にとっては、ちょっと具合が悪いですまされる問題ではなかった（生物学者は定期的に野生のチヂミボラの雌のペニスの長さを測り、環境汚染の指標に使っている）。

海運産業ではＴＢＴのかわりに使えるものを探し続けている。害が少ない忌避剤をイガイ接着剤で船底にしっかり貼りつけて、じゃまな生き物が付着しないようにするということも可能性として考えられている。

## 二枚貝がつくり出す液状化現象

イガイは堅固に岩にくっついて生活するために化学物質を利用しているが、別の二枚貝は物理作用を利用して、できそうもないことをやってのける。マテガイは細長い殻を持った二枚貝で、砂地や泥地に潜って一生のほとんどを過ごす。砂に潜るときには錨《いかり》を二つ使う。二枚の殻をほんの少しあけ、身の片端を殻につなぎ止めておいて（一つ目の錨）、反対側から出した筋肉質の足を砂に差しこむ。足が砂に入ったら、血液をそこへ流しこんで先を膨らませると二つ目の錨が砂の中にでき、殻を砂の中へと引っ張りこむことができる。

マテガイの殻の形、大きさ、筋力などをもとに計算すると、貝が穴を掘ろうとしても、泥や砂が殻に崩れかかってくる圧力で身動きがとれなくなり、ほんのわずかしか潜れないという結果が出た。この計算が正しいのかどうかを検証するために、研究者はマテガイの模型を砂に潜らせてみた。すると計算通り、模型は砂の表面から数センチしか潜れなかった。それなのに、殻の長さが二〇センチ前後あるマテガイの仲間のジャックナイフガイ（*Ensis directus*）は、筋力や殻の性状で予測されるよりはるかに深くまで潜れる。

マテガイはきわめてエネルギー効率がよい潜り方を進化させてきたので、家庭用の単三電池一本に相当するエネルギーで五〇〇メートルも潜れるのだ。潜り方のコツは、流砂現象を利用した水たまりにあることがわかってきた。殻の開閉を繰り返すことによって殻のまわりの硬い砂が崩れて水がそこへ流れこみ、穴は液状化した砂や泥で満たされる。このような状態になると砂の抵抗が減り、潜るためのエネルギーを一〇分の一くらいに減らすことができる。

エイモス・ウィンターは、マテガイのロボットを使って液状化を利用した掘削方法を開発できないか調べるために、マサチューセッツ工科大学の総合土木工学研究室の仲間とともに、「ロボクラム（二枚貝ロボットの意）」と名づけたマテガイのロボットを、マサチューセッツのグラウスターの干潟へ持っていって根気よく引っぱりまわしている。

ロボクラムは、自然選択をまねた計算式で掘ることができるように教えこまれている。こうすれば、ピストンで動く小さな貝の模型が、ランダムな状況に応じて動きを微調整しながら自然選択とよく似た反応をするようになり、どのような動きが穴を掘るのにもっとも適しているかを調べることができる。本物の貝と同じくらい効率的に穴を掘ることができるマテガイの模型をつくりたいとウィンターは考えている。そのうちロボクラムをもとにつくられた低動力の小型掘削機を使って、これまでよりもずっと簡単に船を係留できるようになる日がくるのを思い描く。

それだけではない。ロボクラムの開発者たちは、国際的なインターネット通信にも注目している。インターネットは現在、情報のほとんどを海底に敷かれた高速通信網でやり取りしている（人工衛星を使うよりもずっと安上がりだ）。そのうち、地球通信網のための大陸間光通信ケーブルはロボクラムの子孫を使って敷設できるかもしれない。

マテガイがこれほど穴掘りに長《た》けているのは、砂を液状化させる水たまりをつくることができるからだけではない。長い貝殻が二つに折れにくいということも関係している。ほかの軟体動物と同じようにマテガイの殻も、驚くほど頑丈なのだ。

## 割れない殻の秘密——真珠層

貝殻はほとんどのものがチョークと同じ成分でできているので、ほんとうならばすぐに砕けてしまうはずである。黒板で使うチョークを折ったことがある人なら、私が何を言いたいかすぐにわかると思う。ところが貝殻は、押しつぶそうとしても、床に落としてみても、金槌で叩いてみても、どんなことをしても（節度は保ってほしいが）なかなか割れない。研究者や技術者はこの謎にもずっと頭を悩ませてきた。貝殻はなぜ割れにくいのか。チョークのようにたやすく砕けないのはなぜなのか。

そして、貝殻の内部構造を調べながら答えを探していた研究者たちは、考えられないくらい微細なナノ単位の世界に迷いこむことになった。このような微小な規模で軟体動物は攻撃に備え、殻をつぶされないようにするうまい方法を進化させてきた。これを見習えば私たちも、すぐれた防御壁をつくるヒントが得られるかもしれない。

ここ数年のあいだ、多くの研究者や技術者が真珠層に関心を示し始めた。真珠層は貝殻の内側に見られる層で、真珠はこの層と同じ成分でできている。二枚貝の柔らかい内臓部分に入りこんだ寄生虫や砂粒が原因で真珠ができることはよく知られている。こうした異物で自分の体が傷つかないように、異物を何層もの真珠層で包むと真珠ができる（真珠取引をしている人たちは認めようとしないが）。材料科学の研究者は、この真珠層がどのような構造をしているのかを調べ続けてきた。しかし貝殻がきれいな虹色に輝くための構造を調べていたわけではなく、なぜあれほど頑丈なのかということを調べていた。

軟体動物の成貝の殻は、ほとんどが炭酸カルシウムの一種の硬いアラゴナイトという物質からできている。この物質ならば、カニのハサミや魚の噛む力にも耐えられるし、殻に穴をあけて侵入しようとするほかの軟体動物の攻撃からも身を守れる。ところが炭酸カルシウムそのものは割れやすい。殻の外側にひびが入ると割れた部分がたちまち広がっていくのだが、ひび割れが殻の内側の真珠層までくると、割れはそこで止まる。真珠層に特有の構造がひび割れを止めているのだ。

真珠層を電子顕微鏡で観察すると、レンガを積んだように菱形の結晶がきっちりと並んでいて、この構造の九五パーセントがアラゴナイトでできている。真珠層が三〇〇～五〇〇ナノメートルの厚さならば、可視光線が結晶のすき間で乱射するのにちょうどよい条件が整い、真珠層特有の色合いが生まれる。この真珠層の小さなレンガは、さらにうすいキチン質（昆虫や甲殻類の外骨格を構成するタンパク質）の膜で塗り固められていて、ひび割れが真珠層に広がろうとしても、歪《ひず》みのエネルギーは微細なレンガのあいだの曲がりくねった通路を伝わるうちに弱まり、割れは途中で止まる。レンガが横すべりするようにずれるのに合わせてキチン質が伸び、ひび割れが先へ進まなくなるのだ。

真珠層の微細構造は多少ゆがみがあり、それも割れにくい要因になっているらしい。マギル大学のモハメド・ミルクハラフとフランシス・バーセラットは、真珠層のナノレベルの微細な構造と似た状態をつくって、うねりのような構造が重要な働きをしていることを示した。小さなガラス片の内部にレーザーで波形の傷をつけると、意外なことに、傷をつけていないものよりも頑丈になったのだ。

最近はいくつもの研究チームが、さまざまな物質を配合して合成真珠層をつくろうとしている。マンチェスター大学とリーズ大学の研究チームは、ポリスチレンを混ぜこんだ炭酸カルシウムを使って割れない陶磁器を開発した。そのうち、建築材や人工骨にも使われるかもしれない。チューリヒ工科大学のロレンツ・ボンダラーとその仲間の研究チームは、キトサン（エビやカニの殻に水酸化ナトリウムを加えてつくった物質）で表面を覆った酸化アルミニウムのうすい板を使って真珠層に似たものをつくった。これは飛行機や宇宙船をつくるときに使う複合材に利用できる。

そして二〇一二年にはケンブリッジ大学の研究チームが、自然の真珠層とそっくりな素材を初めてつくり出した。アレックス・ファイネモアとウリ・シュタイナーが率いるチームは、軟体動物が真珠層をつくるときのやり方をまねた。炭酸カルシウムの膜を層状に重ね、あいだに小孔をあけたタンパク質の膜をはさんだ。この人工真珠層は、見た目も、手触りも、性質も、本物とそっくりになった。

軟体動物にヒントをもらって開発した物質や素材は、人間の世界で使われ始めるのを待つばかりになっている。開発が進んでいるのはバイクのヘルメットや宇宙帽で、これには、その名もマドガイと言うカキの仲間が参考になった。マドガイはアジアでは古くから窓ガラスに使われてきて、最近はさまざまな装飾品に加工されている。フィリピンでは、大量の電灯の笠、ロウソク立て、パロルと呼ばれるクリスマス用の灯りをつくるのに乱獲されている。きれいな貝殻は透けるようにうすいだけでなく、信じられないくらい頑丈なのだ。

マサチューセッツ工科大学のリン・リとクリスティーン・オーティーズは、成分の九九パーセントが方解石でできているマドガイの殻は、細長い六角形の結晶が何層にも重なって真珠層の微細構造とよく似たつくりになっていることを明らかにした。

二人は先端にダイヤモンドがついた金槌でこの貝殻の破片を叩き、殻がどのような損傷を受けたかを電子顕微鏡で観察した。すると、ナノクラックと呼ばれる割れが結晶にできていたり、結晶がゴムのように伸びたり、ナノ粒子が生成したりと、さまざまなややこしい現象が起きていた。つまり、ナノという超微小なレベルの結晶構造が損傷の広がりを食い止め、損傷をそれ以上進ませないための緩衝役を果たしていた。人工的に合成した陶磁器とは違い、叩いた貝殻はほとんど無傷に近く、結晶の透明度も変わらなかったことを意味する。ということは、カキの殻がヒントになってつくられた宇宙帽ならば、ひびが入っても宇宙飛行士の視野が遮られることはないということになるだろうか。

## 巻貝の鉄の鱗

一方、海の底に生息している巻貝をヒントにしてつくられた合成陶磁器が、軍隊の防護服や乗り物に使われる日がくるかもしれない。

この巻貝はウロコフネタマガイと言い、インド洋の真ん中の水深二〇〇〇メートルにある海嶺熱水噴出孔で発見された。名前に「ウロコ」とつくのは奇妙な体表面にちなむもので、カンブリア紀のウィワクシアという動物の体表に見られた骨片《こっぺん》とよく似た鱗がある。これだけでも現生の軟体動物にしては十分めずらしいのに、その鱗も、貝殻までもが、鉄でできている。現存する動物で体の骨格に鉄をまとっているものはほかにいない。

ウロコフネタマガイの殻はほかの軟体動物の殻とは違って三層になっている。外側の表面には硫化鉄の層があり、いちばん内側の炭酸カルシウムの層とのあいだに、うすいスポンジ状の有機物の層がある。さきほどのマサチューセッツ工科大学のクリスティーン・オーティーズの研究室では、この鉄でできた貝殻がどれくらい防護に役立つのかも調べている。ここでも先のとがった棒で殻をつつき、そのあと熱い酸につけて、捕食者に襲われたと想定したコンピュータ・シミュレーションを行なった。そして殻の三層それぞれに、殻の中の柔らかい貝の身を守るための役割があることを明らかにした。

いちばん内側の炭酸カルシウムの層は、ほかの軟体動物と同じように硬い居住空間をつくっているが、この層は割れやすい。

真ん中の有機物の層は攻撃を受けたときの衝撃を和らげるクッションの役割を果たす（自然環境下ではカニがこの貝を餌にしているのだが、ハサミに貝をはさんだまま何日でも押しつぶそうとし続ける）。この有機物層は、熱水噴出孔から噴き出す熱い酸性の水の中でも殻の内層が過熱しすぎたり腐食したりするのも防ぐ。そして硫化鉄（正確にはグレイジャイトと呼ばれる化合物）の外層には真珠層と同じようなナノレベルの構造があり、ひび割れが殻全体に広がるのを防止している（殻を砕こうとするカニのハサミの切れ味を鈍らせる働きもあるだろう）。

ウロコフネタマガイの名前の由来となった鉄分に富んだ鱗には、深海に生息する別の軟体動物の攻撃をかわす働きもある。クダマキガイは近縁のイモガイと同じように毒矢を放って狩りをする。ウロコフネタマガイは、雨あられと浴びせられるその毒矢から身を守るために、足を鎖帷子《くさりかたびら》のような鱗で覆った。クダマキガイの毒はイモガイの毒ほど詳細がわかっていない。小さな貝なのだが、毒の詳細がわかればイモガイよりも役に立つ薬剤になる可能性もある。

二〇〇八年にバルドメロ・オリヴェラは、大きな研究チームの一員としてフィリピンへ微小貝を探しに行った。このチームには、簡単だが効果抜群の採集用具を試したロメル・セロネイも加わっていた。その採集用具とは、ふた抱えほどの漁業用の網で、結び目ができて穴があいているような古いものだった。これに重りをつけて、フィリピン中央部に位置するバリカサッグ島の水深四〇メートルの海底に下ろし、そこに六カ月間放置した。

これはルーメン・ルーメンと呼ばれるフィリピンで行なわれる漁法で、とてもめずらしい需要に応えるために考案されたものだ。蒐集家の中には、暇があれば顕微鏡でちっちゃな貝を眺める人たちがいる（おもに日本に）。こうした微小な貝を集めるには、ねらった海域に古くなった網を沈めておくのが効果的だということに漁師が気づいた。漂流してきた貝の幼生が細かい網目に付着して成長し始めるので、格好の生息場所になるのだ。成長した微小な軟体動物がほかにも潜りこんで、からまり合った網目に隠れ棲む。

数カ月のあいだ辛抱強く待ったあと、セロネイらが網を引き揚げてふったところ、驚くほどたくさんの収穫があった。種類が異なると考えられるが未同定の形態種が二〇〇種類以上も採れたのだ。新種のイモガイが五種、クダマキガイも三〇種採集できた。どれも五ミリメートルに満たない貝だった。

そして、いちばん数が多かったコシボソクチキレツブ属（*Clathurella cincta*）の小さなクダマキガイの毒管を切り出した（手間のかかる作業だった）。そのＤＮＡ配列を調べると、イモガイの毒とよく似ているが別のペプチドをつくるための新しい遺伝子が二種類見つかった。どちらも何らかの神経毒作用があるとみられている。簡単な調査だったが、ルーメン・ルーメンの漁法によって、深海も新たに薬の宝庫として開拓できることがわかった。

## 危機に瀕するイモガイ

イモガイとクダマキガイ、強靭な真珠層、鉄をまとった深海の巻貝、イガイの接着剤。どの事例をとっても、海洋生物を守っていかなければいけないという気にさせる。人の都合のためだけであっても、そのうち人間社会の難問を解決するのに役立つものが何かほかにも見つかることがあるかもしれないので、できるだけ手つかずの健全な海の生態系を維持していくことに関心を向けるべきだろう。

しかし、この考え方には根本的な矛盾がひそんでいる。こうした生き物を利用したいと思う人の数が多すぎるとどうなるのだろうか。とくにイモガイは、世界中の研究室の需要に応える量をまかなうために膨大な数の天然貝が採集されている。

これまで研究に使うコノトキシンを手に入れるためには、生きたイモガイを捕まえてきて（もちろん細心の注意を払いながら）毒管を切り出さなければならなかった。熱帯地域の漁師は、まさにこの目的のためにイモガイを捕まえることに熟達した。取引されている量は正確にはわからないが、米国のある研究所では一回に一キロの毒管を購入すると報告している。毒管一キロというと、イモガイ一万匹分に相当する。

この報告が出て以来、イモガイを飼育して毒液を採取する技術が開発されたが、これは別に臆病者のために確立されたわけではない。オリヴェラの学生の一人は、膨らませたコンドームを金魚にこすりつけてからイモガイに与えた。イモガイはそれに忠実に反応して攻撃態勢に入り、次の瞬間、毒矢が刺さったコンドームは水面に浮いて、イモガイは水槽の底へところがり落ちた。また、ほんの少量のDNAを増幅して遺伝子配列を決める技術が最近は発達したので、ペプチドをつくるときには実験室に毒管の山を築かなくてもすむようになった。そうでなくてもイモガイはいろいろな問題に遭遇している。

二〇一三年に世界中のイモガイ六三二種の現状が調べられ、自然下でイモガイが置かれている状況について重要なことがいくつかわかった。イモガイ全体の約四分の三にあたる種類はとくに問題なく元気にやっている。これらは分布域が広い種類で、生息数も多いため、差し迫って絶滅のおそれはない。残りのうち八七種については調査データが足りないために検討が見送られたので、どのような状況かはわからない。あとの六七種（全体の約一割にあたる）はすでに絶滅の危険があるか、近い将来に絶滅の危機に直面するとみなされた。イモガイと、その複雑に作用する毒について調べたり利用したりし続けたいならば、これらすべての種を保護する必要がある。

イモガイが危機に瀕している理由の一つは、分布域が限られている種類が多いという点にある。ある一つの島のまわりにしか生息しないような種類もあれば、ある一つの湾にしかいない種類もある。絶滅したアンモナイトで指摘されたように、分布域が狭い種類ほど絶滅しやすい。その生息地が破壊される危険が高いとなお悪い。

残念なことに、生息地の破壊はよく耳にする話ではある。米国フロリダ州だけに生息する二種のイモガイは、生息地が別荘地や観光地として利用されるようになって棲む場所を失いつつある。また、バハマ、マルティニーク、アルバなどのカリブ海の島々には固有のイモガイがいるが、蒐集家の乱獲という問題を抱えている。絶滅の危機に直面している世界のイモガイの大半は、大西洋東部のカーボヴェルデ諸島とセネガルの首都ダカール近辺の海岸に生息している。この海域のイモガイは、海岸の開発地域が拡大したことや、都市部から流れ出す排水の海洋汚染がじわじわと進んでいることによって、危険な状態にある。

イモガイは生息域が狭い固有種が多いことから地元の人々の保全活動が注目をあびることになるが、地元の対策だけでなく、国際的な対策がどのように展開するかによってイモガイの未来が決まってくる。その一方で、イモガイだけでなく世界中の海に棲む軟体動物にとっての新たな脅威が忍び寄りつつあり、これには世界的な取り組みが必要になる。人間活動由来の二酸化炭素増加による大気組成の変化だ。貝によっては、やがて殻が溶けてなくなってしまうかもしれない。

chapter

# 10 海の蝶がたてる波紋

## ――気候変動と海の酸性化

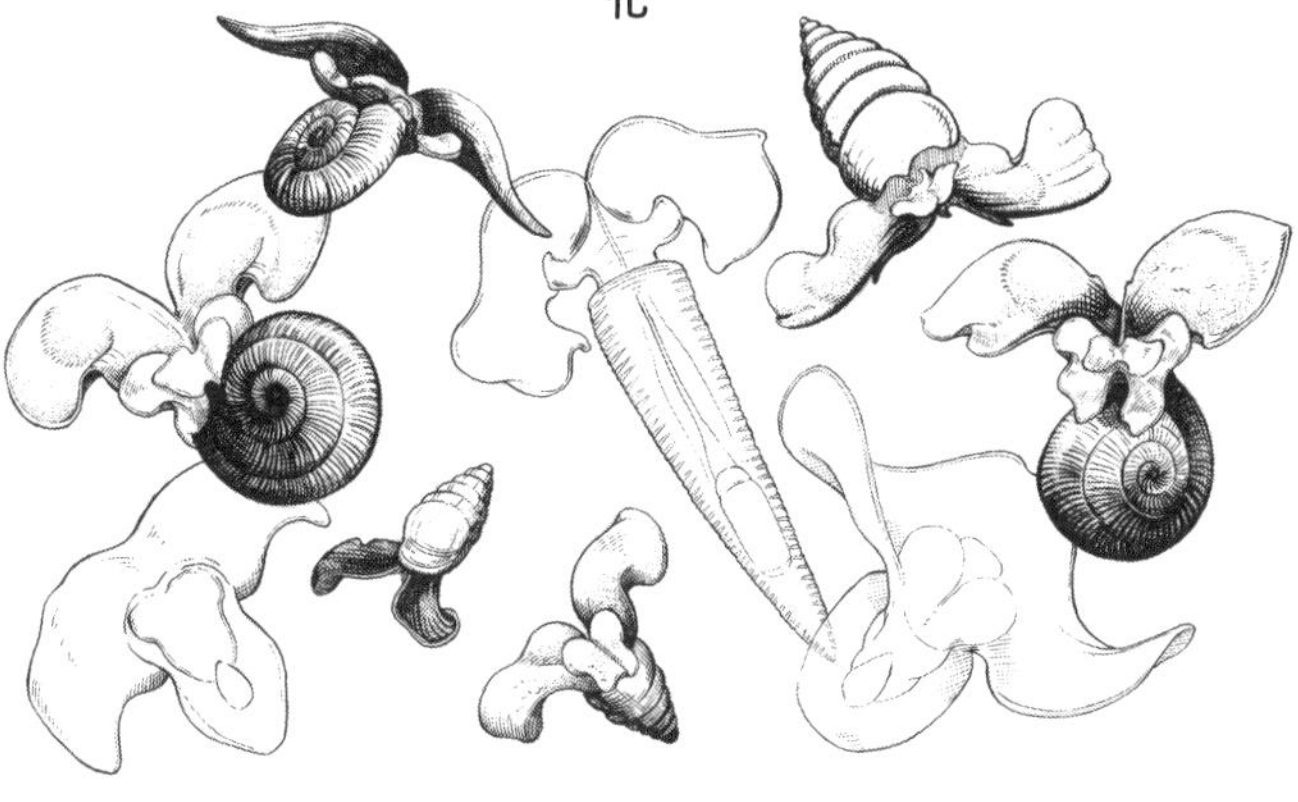

## 海の蝶を訪ねて――グラン・カナリア島

海の蝶が羽ばたきながら通り過ぎていった。螺旋《らせん》に巻いた貝殻はガラスの彫刻のように無色透明で、殻の内部には心臓の鼓動に合わせて縮んだりねじれたりする体が透けて見える。大きく開いた殻の口から小さな羽が二枚つき出し、それをせわしく動かしながら円を描くように水中を進んだかと思うと、時々息が切れたように立ち止まる。私が息を止めて静かにそれを見ていたのは、貝を驚かさないようにということもあったが、初めて蝶のような貝を目にして言葉を失っていたせいでもあった。

その貝はもう一度身を震わせると、さっと顕微鏡の視野から消えた。私は座りなおし、実験台の浅いシャーレを見つめた。小さな点が円を描きながら動いているのが見えるだけで、アリスの不思議な国に迷いこんで小さなドアから別世界をのぞいている気分になった。

私が見た海の蝶は、その日の朝にはまだグラン・カナリア島を取り囲む深くて透明な海を泳いでいた。この乾燥した火山性の島はアフリカ大陸の西一〇〇キロメートルのところに位置し、モロッコと西サハラのあいだにある砂漠の境界線とほぼ同じ緯度にある。

私はこの美しくてめずらしい貝を探すのを手伝ってもらうために、海の蝶の専門家のシルケ・リシカを訪ねてきていた。おとぎの国の物語の中から飛び出してきたような貝がほんとうにいることを自分の目で確かめてみたかったのだ。貝の時間が終わりに近づいていることもあって、気が急《せ》いていた。この繊細な動物は気候変動の最初の犠牲者として海からいつ姿を消してもおかしくない。これから始まる困難な時代の口火を切って静かに消えていくかもしれない。

私たちはエンジンつきの黒い研究用ゴムボートで島の沿岸を移動した。海はプールのように穏やかで、心地よい風で小さな白波がたっているだけだった。シルケは適当な場所でエンジンを止めるとプランクトンネットを青い海に下ろした。ロープの先にパラシュートを逆さにしたようなネットがついている。ロープは一五メートルちょっと水中に引きこまれていったが、その深さでも船べりからは水中の白いネットが見えていた。それを水面まで引き上げるときに、細かい砂よりも少し大きなもの（七〇ミクロン、あるいは〇・〇七ミリメートル）が通り道にあれば、それらがすべて網に入った。

ネットを船に上げるとシルケは注意深く採集容器を取りはずし、濾《こ》し取った浮遊物を〇・五リットルの水ごとネジ式の蓋がついた樽形の容器に流し入れた。容器をのぞきこむと、くるくると動く粒子がたくさんいるのが見えた。どんなものが採れたのかと、私はあれこれ想像をめぐらせた。

シルケは観察するのに十分と思われる量になるまで六、七回繰り返し網を投げ入れては引き上げた。そしてまたエンジンをかけ、おもちゃのような羽で水上を滑空してはポチャンと海面に落ちる魚を追い越しながら、上陸地点へと引き返した。

カナリア海洋学センター（略して「プロカン」PLOCAN）に戻ると、採集してきた海水を少量とっては、四〇倍まで拡大できる顕微鏡で根気よくその中のプランクトンを調べた。採ってきたプランクトンは、にぎやかに動きまわる生きた銀河のように見えた。水滴のような形のカイアシ類と呼ばれる小さな甲殻類がたくさんいて、赤い目が一つだけあるものもいる。長いヒゲのような二本の付属肢を櫂《かい》のように動かして、自分の尾を追いかけるように延々とその場でまわり続けていた。

糸のようなシアノバクテリア（藍藻類）は、回転草のような塊になって漂っていく。ヤコウチュウ（*Noctiluca scintillans*）もいる。これは渦鞭毛藻《うずべんもうそう》（緑藻の一種）で、顕微鏡で見ると透明な桃のように見える。無数のヤコウチュウが集まると、夜に生物発光して海のライトショーを繰り広げる。ホヤの幼生もいた。小さな頭にくねる尾がついている。そのうち海底に落ち着くと頭が吸収されてなくなって植物のようなホヤになるのかと思うと、へんてこりんな動物だと思わずにはいられなかった。体を取り囲むように角《つの》を生やした放散虫、脈打つ立方クラゲ類の幼生、小部屋のある渦巻き形をしていてアンモナイトのミニチュアと間違えかねない有孔虫もいる。だが、いろいろいる中で私がいちばん素敵だと思ったのは、羽のある小さな巻貝だった。

調べ始めてしばらくは海の蝶が見つからなかったので、探しに来た時期が遅すぎて大西洋の水温が低くなりすぎ、食べ物もなくなり、出会うことはできないのかと心配になり始めた。それでもあきらめずに樽型の容器の海水を調べ続けたら、やっとシルケが笑い声をもらし、見に来るようにと私を呼んだ。小さな海の蝶のヒラウキマイマイ（*Limacina inflata*）を見つけたのだ。

一匹見つかると、まるで姿を隠す呪文が解けたかのように次々と見つかった。平たく巻く螺旋の殻のほかにも、縦に螺旋が伸びる殻のものもシルケは見つけた。私もやっと目が慣れてきて、自分でも一匹見つけたときには、それが特別な貝に思えた。この小さな動物に目をとめたのは私が最初なのだと。

「スニッチみたいね」と、シルケは言いながらクスクス笑った。確かにスニッチだ。『ハリー・ポッター』の著者のJ・K・ローリングが、魔法使いと魔女の学校ホグワーツの生徒のために空飛ぶ箒《ほうき》に乗って点を入れ合うクィディッチという競技を考え出したときに、羽が生えた金色の小さな球を使うのは海の蝶をヒントにしたのだと私は思う。

シャーレの大きさに縮んでしまった海を調べてまわる小さな貝は、大事な用事で出かけなければならないかのようにその場でくるくるまわり、それを私は魅入られたように眺めていた。やがて私には海の蝶を探す天賦の才があると確信するようになった。海の蝶の小さな幼生も見つけた。大人の貝よりはるかに小さい。並べると大きさがエンドウ豆とグレープフルーツくらい違う。幼生にはまだ羽が生えていなかったが、ゴニョゴニョと動く毛に覆われた突起を二つビュンビュンとふりまわし、まるでビルの床磨き機のようだった。この元気な動きで周囲の水がチラチラと光りながら特徴のある動き方をするので、それを目安にして幼生を探せることに気づいた。

そして、螺旋の殻を持った小さな貝をもう一種類見つけた。ほかのものと同じように見えるが、大きく違うところが一つあった。それをシルケに見せると、笑みを浮かべながらも驚いた顔つきになった。めずらしい種類を見つけたことがわかった。腹足類《ふくそく》の中でも海の蝶に近い異足類《いそく》(英語で「ヘテロポッド」)の一種だった。殻が左に巻く海の蝶とは違い、異足類は右に巻いている。

## 海の蝶の不思議な生態

海の蝶は翼足類《よくそく》とも呼ばれ、英語では「プテロポッド」と言う(口絵㉖)。「翼のような足がある」という意味だ(プテロサウルスは「翼があるトカゲ」)。この珍奇な腹足類には足ではなく翼がある。その翼で、生き物の生息場所としては地球上でもっとも広い外洋を泳ぎまわっている。生息数も、誰も想像したことがないくらい多い。

翼足類には、ほかにも水面下を泳ぎまわる「海の天使」と呼ばれる仲間がいるが、こちらは殻を失って裸になってしまった(裸殻翼足類《らかくよくそく》)。殻のかわりに体の中に毒性のある化学物質をためこんで身を守っているので、海の天使を一度食べた動物は、次には食べるのを避けるようになる。その化学物質の防御効果は絶大なので、ヨコエビと呼ばれる小さな甲殻類は、海の天使を捕まえてボディーガードよろしく生かしたまま連れ歩く。しかし、海の天使は貝殻がないだけの海の蝶の親戚筋だからといって、その天使のような姿に騙されてはいけない。海の天使はもっぱら海の蝶を捕まえて食べる獰猛《どうもう》な捕食者なのだ。獲物をすぐに見つけられるように視力がよく、獲物を追いかけるときに速く泳ぐための翼があり、獲物を捕まえようと激しい戦いになったときに、海の蝶を殻から引きずり出すための吸盤つき触角がある（口絵㉗）。

海の蝶の餌のとらえ方はもっと穏やかで、ねばねばした粘液がついたクモのような捕獲網を放つ。この網には、甲殻類や腹足類（翼足類も含む）の幼生、植物プランクトン、壺形のあまりめだたない有《ゆう》鐘繊毛虫《しょうせんもうちゅう》類と呼ばれる動物などが入る。海の蝶は食事の時間になると網を手繰り寄せて網ごと獲物を食べてしまう。

細いクモの糸のような網は見えにくいのだが、一九七〇年代から八〇年代にかけて海の蝶を熱心に調べた研究者二人が網を見つける方法を考え出した。米国マサチューセッツ州にあるウッズホール海洋研究所のロナルド・ギルマーとリチャード・ハービソンは、世界各地でスキューバ・ダイビングをしてこの小さな動物を探し、自然界でどのように暮らしているのかを観察した（海の蝶は成熟すると目に見えるくらいの大きさになる種類が多い）。二人は深紅色の染料が入った瓶を持って海へ入り、海の蝶の近くで数滴まいて網が見えるようにした。海の蝶は網を打つと水中で動かなくなる。沈みもしないし浮きもしない。それを見てギルマーとハービソンは、アオイガイの雌が貝殻を浮きに使うのと同じように、海の蝶は餌を採るための網を水に浮くためにも使うのではないかと考えた。

そこで、海の蝶に静かに近づいてやさしくひと押ししてみると、二人の目の前で海の蝶は逃走態勢に入った。急いで網を投げ捨てると、怒ったように泳ぎ去るか、翼を殻に引きこんで海の底に沈んでいった。海の蝶は泳ぎがうまいが、そのために消費するエネルギーが多い。しかし水の中では浮かない種類が多いので、泳いでいなければ沈んでしまう。だから、網は小さなパラシュートのようにふわふわと浮かぶために明らかに役に立っている。泳ぎ続けていなくても網を広げているあいだは一休みできるわけだ。

海の蝶が広い海をどのように移動するかなど、まだわからないことは多い。シルケは北極海に生息する海の蝶が大きなガラスの瓶の中を漂う様子を撮影したビデオを見せてくれた。手で水をゆっくりかきまわすと海の蝶は羽ばたくのをやめて翼を頭の上にぴんと立て、上昇気流に乗ったタカのように流れに身をまかせるように見える。

海の蝶の性行動もまたおもしろい。種によっては雄と雌がいて、交尾するときには互いの殻をつかみ合うような体勢になり、雄が雌に精子をわたすまでの一、二分のあいだ、螺旋を描くように水中を浮遊する。雌はそのあと糸のように連なった受精卵を産み、幼生が泳げるようになるまで卵の糸を殻につけたまま持ち運ぶ。

また、雌雄同体の種類もいる。最初はみな雄なのだが、しばらくすると雌に性転換する。産卵期の早い時期には雄しかいないので、雄同士で交尾して精子を交換する。雄でいるあいだは多数の相手と精子交換し、もらった精子は自分が雌になるまで大切に取っておく。そして晴れて雌になったら、雄同士の交換の際にもらった精子で自分の卵を受精させればすむ。ちょっと目には奇妙なやり方だと感じるかもしれないが、広い海で同じ種類の異性の相手を探すことを考えたら、じつに理にかなっている。性転換を含むめずらしい交尾行動をとることで、交尾相手と出会う確率を高めているのだ。

海底を這《は》う生活に別れを告げた腹足類は海の蝶だけではない。アサガオガイ属（*Janthina*）はきれいな紫色の螺旋の殻を持った巻貝で、泡の筏《いかだ》をつくって海面に浮かんで生活する（口絵㉙）。英語で「海の燕」と呼ばれるアオミノウミウシも海面で生活する腹足類で、こちらは殻を持たない。マツモムシのように水面にさかさまにぶら下がり、大好物のカツオノエボシ（クラゲの一種）から頂戴した刺胞を長い指のような突起の中に保存しておく。ミカドウミウシも殻を持たない腹足類で、ふつうはサンゴ礁を這っているのを見るだけだが、たまに鮮やかなマントのような襞《ひだ》を使って水中へ泳ぎ出す。それがフラメンコの踊り子のスカートのように見えるので、英語では「スペインの踊り子」という名前がつけられている。

ここにあげた腹足類はすべて海の中を漂ったり泳いだりしているもので、その海が今、静かに変化しようとしている。やがて海水が酸性に傾いて、困る貝がたくさん出てくると考えられている。海の蝶のように殻がうすくて小さいものはとくに困るだろう。

シルケ・リシカがグラン・カナリア島にいたのは私に海の蝶を見せるためではなく、二カ月におよぶ大規模な調査に参加するためだった。繊細な軟体動物やほかの微小な生物が生活の場としている海が、将来どのように変化するかを予測するための研究だ。シルケは超多忙なスケジュールの合間をぬって、私と海の蝶を探すために貴重な休日を割いてくれたが、水色の世界に危機が迫ったときに海の蝶がどうなるかを調べるための仕事に戻らねばならなかった。

## 酸性度の問題

ここ二〇〇年あまり、人間は地底から太古の黒い物質を掘り出したり汲み上げたりして熱や明かりや食べ物をつくり出し、超高速で展開する生活を送るのに使ってきた。こうした石炭や石油をすべて燃やすと大気中に莫大な量の二酸化炭素が放出され、それがほかの汚染物質とともに地球を包んでしまい、太陽から届けられた放射熱を発散できなくなる。これが人為的な気候変動を引き起こし、複雑にからみ合った影響が出てくる。しかし、化石燃料を燃やすことで放出される温室効果ガスと呼ばれるもののすべてが大気中にとどまるわけではない。これまでの人間活動で放出された二酸化炭素の三分の一は海に吸収されてきた。

もし地球の七割を覆う海水の手助けがなかったら、気候変動によって起きる問題は言葉にならないくらいひどいものになっていただろう。海は一時間に一〇〇万トンの二酸化炭素を吸収している。石炭を利用する発電所一基が一年間に放出するのと同じ量を四時間もたたないうちに吸収していることになるので、人間は海に感謝しなければならない。

ところが海に吸収された二酸化炭素はそこでおとなしくしているわけではなく、二酸化炭素特有の動きをする。二酸化炭素が海水に溶けると海水のpHが下がり、海が酸性に傾くのだ。海水を長期にわたって調べた数値を見ると、海のpHは産業革命の時期から三〇パーセント低下したことがわかる。人間がこれまで通りの活動を続けて二酸化炭素の排出を減らす対策を何もとらなければ、今世紀の終わりには海のpHが一五〇パーセント低下するだろうと専門家は確信を持って話す。この現象は物質の反応以外の何物でもないので議論の余地はない。

「海の酸性化」という言い方は、ケン・カルデイラとマイケル・ウィケットが二〇〇三年にネイチャー誌に論文を発表してから広く知られるようになった。二人の試算によれば、現在残っている化石燃料を人間がすべて燃やし続けると、海は過去三億年でもっとも酸性に傾くという。事態がそれほど悪化するかどうかはまだわからないが、海の水の組成はすでに変わり始めているということは覚えておかなければいけない。

気候変動が引き起こす脅威の中で、海の酸性化の問題はそれほど人々の関心を集めない。耳にするのは気温が上がることと、海水面が上昇することくらいだろう。しかしマスメディアの脚光を浴びないところで研究者は、海の生物が海水の酸性化にどのような反応をするのかという重要な課題に取り組んでいる。

海が酸性化していると言っても、水の中に飛びこんだだけで皮膚がただれるようなひどい腐食性の水になっているわけではない。平均値で言うと、二〇〇年前にpH八・二くらいだったものが現在はpH八・一くらいになっているので、海の表面はまだ弱アルカリ性のままということになる（pHの尺度は対数なので、pHが八・二から八・一になれば三〇パーセントの変化が起きたことになる）。純粋な水はpH七前後で、これより低い値を酸性と言う。牛乳はpH六・五、レモン果汁はpH二、胃酸はpH一である。そして値が高くなると強アルカリ性になる。家庭用の漂白剤はpH一二以上ある。

二一〇〇年には海がpH七・八くらいになっている可能性があり、胃酸とまではいかないものの、人の血液と同じくらいのpHになる。しかし海洋生物の多くはpHがまったく変化しない水の中で生活するように体ができているので、海水のpHがわずかに変化するだけでも大混乱をきたすのに十分なのだ。

pHが下がることが海の生き物にどのような影響をおよぼすかを実験で調べたところ、多くの研究からさまざまなことがわかってきた。中には予想もしなかったようなこともある。

二酸化炭素を吹きこんだ水の中だと、若いクマノミという魚はにおいがわからなくなり、音も聞こえなくなる。自然の中でこのようなことが起きると、魚は捕食者に自ら体あたりすることもあれば、においをかいだり音を聞いたりしてサンゴ礁の住処《すみか》へ戻るのが難しくなるかもしれない。映画の『ファインディング・ニモ』の設定が未来だったら、小さなクマノミはずっと迷子のままだったかもしれない（食べられたかもしれない）。ほかの魚も海のpHが下がると心配事が増える。生息地よりpHが低い水槽で飼育されたメバルの仲間は引っこみ思案になり、光を避けて隅の暗い場所でばかり過ごすようになった。

海が酸性化すると別の意味でも毒性が増す。北ヨーロッパの砂地や泥地の浜に生息しているゴカイは、水辺の鳥や魚の重要な餌になる。姿を見かけることはほとんどないが、干潮のときに波打ち際を歩くと、砂の練り歯磨きを絞り出したような、明らかにそれとわかる巣を目にすることができる。水が酸性になると、沿岸域の海水にふつうに含まれる銅の毒性が、ゴカイに対して強まることが最近の研究で明らかになった。pHが下がると、銅があるがためにゴカイの幼生は死に、精子のＤＮＡが壊れる。精子の泳ぎも遅くなるので、成熟した卵子に到達して受精卵になる確率が下がってしまう。

こうしたわずかな酸性化が動物の行動にどのような影響をおよぼすのか、あるいはどのような毒性を示すのかといったことは予測が難しいので、過去の事象がなぜ起きたのかを解明する方向で研究が進められている。しかし、中には海の酸性化の影響が予測しやすい海洋生物がいる。

## 石灰化生物たちの困惑

炭酸カルシウムで何らかの外骨格や貝殻をつくる海洋生物は、まとめて石灰化生物と呼ばれ、顕微鏡でしか見えないような光合成を行なうプランクトンから、ウニ、ヒトデ、サンゴ、甲殻類、ゴカイ、そしてもちろん軟体動物まで、海の食物網のすべての段階に見られる。そして炭酸塩を利用するこうした生き物たちが海の酸性化の最前線に立たされている。

石灰化生物がまず困るのは、炭酸カルシウムは酸性の水には溶けてしまうという事実である。極端な例ではあるが、鶏の卵（殻は炭酸カルシウム）を酢に漬けておくと、殻が溶けてうすい膜に包まれた黄身と白身だけになるので、酸の影響を目のあたりにできる。酸性化がアオイガイにおよぼす影響を調べた研究は、このたぐいの方法で行なわれたものしかない。

ジーン・パワーが産業革命の時期にシチリア島でアオイガイを調べた際には、pHが殻にどのような影響をおよぼすかを調べることなど思いつきもしなかった。しかし二〇一三年にオーストラリアのシドニー大学のケネディ・ウォルフが貝殻で試してみたら、海水をpH七・八にするとアオイガイの殻は溶け始めた。雌のアオイガイがつくった殻は、pHが下がるとすぐに溶けるタイプの、とくにもろい炭酸塩（高マグネシウム方解石）でできていたからだ。アオイガイには、ほかの軟体動物の殻のように、酸から身を守るための有機物の膜もない（熱水噴出孔に生息する軟体動物は厚いふわふわのタンパク質層があるから腐食性の海水中でも生きられる）。

海水のpHが下がったときに、生きているアオイガイがどのように反応するかということはわかっていない（アオイガイは生息数が少ないうえに飼育するのが難しいので、誰も試したことがない）。ジーンが観察したときにはアオイガイは網のような膜をつくって壊れた殻を修繕した。海水が酸性に傾いて殻がうすくなっても、アオイガイの雌は同じことをするのだろうか。おそらくするだろうが、別の問題が持ち上がる。酸性に傾いた海水中では貝殻が海水に溶けやすくなると同時に、軟体動物が新たに殻をつくったり修繕したりすることも難しくなる。

二酸化炭素が水に溶けると水素イオンができてpHが下がるだけでなく、炭酸イオンの濃度も下がってしまう（炭酸イオンが水素イオンと結合して重炭酸塩になるからだ）。炭酸イオンは殻をつくるのに使われる要《かなめ》の材料なので、石灰化生物にとっては困った事態になる。海洋生物の多くは骨格や貝殻をつくるときに海水中の炭酸イオンが過飽和になっている必要がある。炭酸イオンの濃度が下がると飽和状態ではなくなり、石灰化生物は周囲の炭酸イオンを集めて殻をつくるのに余計なエネルギーを使わなければならない。軟体動物が新しい殻をつくるときには、外套膜《がいとうまく》と殻のすき間に炭酸イオンを集めて濃度を高める。この作業に過剰な労力が割かれると、繁殖や成長といった生きていくために必要なほかの活動ができなくなる。

さらに悪いことに、殻をつくる軟体動物には、体内の二酸化炭素濃度を海水中の濃度より低く抑えておく仕組みがない（拡散によって、おもに鰓《えら》から直接体内へ入る）。放っておくと体液のpHが下がり、酵素の働きなどさまざまな重要な体の機能に支障が出る。酵素タンパクは体中で化学反応を制御しているが、酵素の作用が効率よく進むpHの幅は狭い。酸やアルカリが強すぎると反応が遅くなり、場合によっては止まってしまうこともある。このため多くの生物は、望ましいpHを維持するための複雑な緩衝機能を進化させてきた。

生物の体を部屋にたとえてみよう。酸性化を引き起こす水素イオンをテニスボールとすると、窓からどんどん部屋の中へ入ってくるボールで部屋がいっぱいにならないようにするためには（pHを下げないためには）、入ってきたテニスボールを郵便受けの小さなすき間から外へ投げ出さなければならない。生物の体にはpHを一定に保つための機能はいろいろあるが、いずれもエネルギーを使わないと働かない。

## 軟体動物が受ける酸性化の影響

さまざまな石灰化生物がpHの低下や炭酸イオン濃度の低下にどのような反応をするかは、これまで数多くの研究で調べられてきた。サンゴ礁という大切な熱帯生態系は、骨格が炭酸塩でできている多様な生き物で構成されているので、多くの研究がサンゴ礁で行なわれている。サンゴ礁の骨組みの基礎となる「レンガ」になるのはイシサンゴで、表面を覆っているサンゴモがそれを固める。サンゴは徐々に酸性化に適応して生き残るかもしれないが、サンゴ礁の未来が明るいとは言えない。乱獲、海洋汚染、酸性化、温暖化といった要因を見ると、今世紀の終わりには現在あるようなサンゴ礁は絶滅していると多くの専門家は考えている。

食用にできる生き物が消滅すれば水産業が衰退するという懸念も手伝って、軟体動物は酸性化の研究対象に使われる。ハマグリ類、イガイ類、巻貝、ホタテガイ類、カキ類、そのほかいろいろな軟体動物が塩っからい住処から引っ張り出されて実験室の水槽に移され、pHや二酸化炭素濃度が異なる海水にどのような反応をするか調べられてきた。酸性化する海と似た条件にするのに最初は無機塩類を使っていたが、実際の海水にさらに近づけるために、今は二酸化炭素を吹きこんでいる。このような研究の多くでは、pHの低下にともない、軟体動物にはさまざまな問題が起きた。
慣れ親しんだ海水よりもpHが低く二酸化炭素濃度が高い海水で飼育した軟体動物は、貝殻が脆《もろ》くなり、ゆがみや変形が見られ、炭酸カルシウムの沈着量が減った。イガイの足糸《そくし》は粘つきが減り、多くの軟体動物で免疫機能の低下が見られた。酸性度が高い海水では、泳いだり這ったりする速度が遅くなることを見出した研究もある。受精卵や幼生はとくに大きな影響を受けるようだ。成長に時間がかかり、死んでしまうものが多い。

　エネルギーを必要とする対応が増えるため、軟体動物はふつうはエネルギー生産量を増大させたり代謝率を高めたりして、酸性度の上がった水に対処する。成長するのにも、損傷を受けた殻を修繕するのにも、体内のpHをなんとか一定に保とうとするのにも、さらには生きているためだけにも、エネルギーを必要とする。こうしたエネルギーを要求する活動による負担が大きくなりすぎて苦しむ種類は多いが、すべての種類がそうというわけではない。海の酸性化の実験では、思いもしない結果も、一貫しない成果も得られる。

　軟体動物の中には、pHが下がったり二酸化炭素濃度が上がったりすることに頓着しないものもいれば、それを利用して元気になるものもいる。生息している海域によっても反応が違うようだ。ヨーロッパイガイは、世界各地で行なわれている酸性化の研究で異なる反応を示すので、研究者泣かせの種類だ。酸性化に強い地域もあれば弱い地域もある。地域によって最低限必要な環境条件が違うらしく（海のpHがどこも同じというわけではない）、海が酸性化したときに生き残りやすい集団があるらしい。

　ネコゼフネガイも不可解な反応をする。周囲の二酸化炭素濃度が九〇〇ｐｐｍになっても元気に成長する（現在の大気中の二酸化炭素濃度は四〇〇ｐｐｍ）。ヨーロッパコウイカの中には、六〇〇〇ｐｐ mという高濃度の二酸化炭素の中でも平気なものがいて、ふつうの二酸化炭素濃度の場合より元気になるものすらいる。極端に高濃度の二酸化炭素の中で六週間飼育したら、体の中にある炭酸カルシウムでできた甲羅《こうら》が大きくなり、重くなった。

こうしたコウイカを含む頭足類《とうそく ・》は、ほかの軟体動物よりも体の平衡を保つ機能が高度に発達していると考えられている。必要なときには代謝率を急激に高めることにも長《た》けている。極端な二酸化炭素濃度でもコウイカが元気なのは、このためとも考えられる。しかし、まだわからないことは多い。

貝殻を持つ軟体動物が酸性化した海でどのような運命をたどるかについての予測は、このようにまだ混沌《こんとん》としている。問題なく対処する種類もいれば、悲劇的な結末にいたる種類もいるだろう。しかし海の蝶にとって状況は思わしくない。

## 死滅への道を歩む海の蝶

海の蝶は酸性化する海の「坑道のカナリア」にたとえられる。この繊細な動物ならば、危険が迫ったときに歩哨として知らせることができるだろう。二〇世紀の前半に鉱山労働者は、毒性ガス（おもに一酸化炭素）をいちはやく感知するために、籠に入れた鳥を連れて坑道に入った。鳥が気を失って死んだら、労働者は呼吸装置をはめて急いで脱出した。そもそも海の酸性化の問題は石炭が原因なのだから、海の蝶が酸性化する海で坑道の鳥と同じような役割を期待されているというのは皮肉としか言いようがない（と言うより見るに堪えない）。

優美なうすい殻を見れば、海の蝶が軟体動物の中でもデリケートな部類に入ることはおのずとわかる。

失う貝殻がそもそも少ないのだから、海が酸性化するとすぐに殻がなくなる。何年かすれば海の蝶が立ち入れない海域がいくつも出現するという不気味な予測もある。

水温が低いと二酸化炭素が水に溶けこむ量が多くなるため、極地の海では酸性化の進行が早く、程度もひどくなり、深刻な事態になると考えられている。北極海と南極海では、今後数十年のあいだに表層水の炭酸イオンの濃度が飽和点以下にまで減少する海域が出てくると予測されていて、無防備な貝殻や骨格が腐食する事態になるかもしれない。こうした極寒の海は海の蝶の貴重な生息域でもあるので一大事だ。

海の蝶は気まぐれな反応を示すので、pHの低下や二酸化炭素の増加にどれくらい敏感なのかを数値で示すのは簡単ではない。つかまえてきて飼育するのはきわめて難しい。これまで誰も繁殖に成功していないし、研究室どうしでやり取りすることすらできないので、生息地へ出かけていって自然状態のものを観察するしかない。

シルケ・リシカは北極圏の奥深くまで海の蝶を探しに行っている。いろいろな調査旅行をしたが、北極圏ではひと冬ほとんどずっと暗闇の中で過ごすこともあった（時々オーロラで明るくなる）。行ったのはノルウェーと北極点の中間にあるスヴァルバール諸島のコングスフィヨルドという場所だった。そこには調査研究専用につくられた施設があり、人里離れた辺境地でも快適に生活しながら研究できるようになっている。

そこに滞在しているあいだは海の蝶を見つけるのは難しくなかった。海の蝶が群れをなしてフィヨルドに入ってきて、研究所のすぐ目の前の海を漂流していた。シルケは、船着き場にしゃがんで水をバケツにすくい取るだけの日もあったが、ふだんは船を出してフィヨルド内の深い場所から海の蝶を採集した。

このときに採集したのはグラン・カナリア島で見つけた螺旋の貝殻をもっていた海の蝶に近縁なミジンウキマイマイ（*Limacina helicina*）で、北極海に生息する数種類の海の蝶の一つだった。夏のあいだに卵が孵化すると、幼生は長い、暗い、餌の少ない冬を耐え忍び、春の日が差すようになるまで生き延びなければならない。春になると成熟して交尾し、次の世代を残す。

シルケは細心の注意を払って若い海の蝶をフィヨルドに面した研究室へ持ち帰り、今世紀の終わりころに想定されるさまざまな水温や二酸化炭素濃度で飼育した。そして殻の大きさを測ったあと、不具合の兆候が見られないか顕微鏡で観察した。

二酸化炭素の濃度が高い場合には、通常の状態で飼育したものよりも透明な殻が摩耗していたり、穴があいていたり、傷ができているものが多かった。殻も少し小さくなり、あまり順調には成長できないと考えられた。二酸化炭素の濃度も水温も高い条件で飼育したものは死んでしまった。

貝殻だけでの実験も繰り返し行ない、生きているものは、死んで貝殻だけになったものほど貝殻の損傷がひどくなかったので、生きていれば酸性化に多少は抵抗できることがわかった。しかし、溶けていく殻の内側に炭酸塩を塗って補強し続けるのは、エネルギー量が限られている若い海の蝶には負担になることは疑いようがない。自然状態ならば小さな海の蝶が冬を乗りきるのはなおさら難しいだろう。

海の蝶を調べた研究者はほかにもいるが、やはり死滅する方向の暗い未来を予測することになった。クララ・マンノはノルウェーの北の端で調べた。実験からは、pHの低下と二酸化炭素の増加で殻が軽くなるだけでなく、真水の影響もからんでくることを明らかにしている。温暖化が進むと極地の海の氷や氷河が融け、表層水の塩分濃度が下がると予測される。クララの実験室の水槽で泳いでいた海の蝶は、

pHを下げると同時に塩分濃度も下げると、羽ばたきが遅くなった。何か不都合なことが起きているということだった。

スティーブ・コメもスヴァルバールのミジンウキマイマイを調べてシルケと似た結果を得たが、さらにカナダ北極圏へも行き、海氷の上に一時的に研究基地を設置して長期滞在した。氷に穴をあけ、そこからプランクトンネットを下ろしてサンプルを採集して研究室へ持ち帰り、二一〇〇年に予想される二酸化炭素濃度にした水で飼育したところ、海の蝶が炭酸カルシウムを殻に沈着させる量が三〇パーセント前後低下した。

温かい海水としては地中海を選び、そこに生息している種類の幼生を使った。スティーブが水のpHを下げていくと幼生の体長は小さくなり、殻が変形した。そしてpHが七・五より低くなると、海の蝶はまったく殻をつくれなくなったものの、死ぬことはなかった。研究室の水槽で飼われている分には、殻がなくても何の問題もなかったが、自然状態でも生きながらえるかどうかはわからない。殻のない裸の海の蝶を実際の海で見つけた人はいないが、別の研究チームが気になる発見をしている。飼育されていない自然の海の蝶なのに、殻がすでに溶け始めているものを見つけたのだ。

海水面が強い風にさらされる海域には、深い海から冷たい水が浅瀬へ運ばれるところがある。深海から湧き上がってきた海水は二酸化炭素が豊富に含まれていることが多く、炭酸イオンは過飽和になっていない。ニナ・ベドナーセックは、こうした深海からの水が湧き上がっている海域二カ所で海の蝶を調べた。二〇〇八年には最初に南アメリカの南端にあるティエラ・デル・フエゴと亜南極のサウスジョージア島のあいだのスコシア海を調べた。二〇一一年には北アメリカのシアトルからサンディエゴにかけての沿岸海域を調べた。どちらの海域でも酸性化実験のあとに見られるのと同じような殻の損傷を受けた海の蝶が見つかった。憂慮すべき事態になるのはこれからだということを示す発見だった。

## 海の蝶の糞の役割

海の蝶がいなくなったら何か困ることがあるだろうか。海の蝶の分布域が狭まれば、それ以外の海洋生態系に波紋のように影響がおよぶのだろうか。

海の蝶がいなくなって問題になるかもしれないことの一つは、表層水の二酸化炭素を深海へ受けわたして大気中の二酸化炭素を減らす役割を果たす者がいなくなることだろう。海の蝶は二酸化炭素を有機物に閉じこめ、それを糞という形にして海の底へ捨てているのだ。

海の蝶の糞を最初に見つけたのはクララ・マンノだった。糞は緑っぽい茶色の固い楕円形の小さな粒子なので、何を探すのかさえわかっていれば見つけるのはそれほど難しくない。マンノの計算によると、一匹の海の蝶は一日に一九個の糞をして、糞はすぐに海底へと沈んでいく。南極大陸の沖のロス海の堆積物から採集した糞の量から計算すると、深海に沈んでいく有機炭素（生物ポンプと呼ばれる）全体の五分の一近くは翼足類の糞だった。放棄した粘液質の捕獲網と、死後に殻の重みで沈んだ遺骸も加えれば、極地では海域によって生物ポンプの半分は海の蝶が動かしていることになる。

南極と北極の海が酸性化して海の蝶がいなくなると、環境がどのように変化するのか予測するのはきわめて難しい。ことによると、ほかの浮遊性の生き物がかわりにやって来て、海の蝶が果たしていた生態系の役割を引き継ぐかもしれない。しかし、二酸化炭素を大気中から取り除いて深海にためこむという仕事を、海の蝶ほど効率よくできないということも十分考えられる。有機炭素の生物ポンプの働きが弱まれば、気候変動が引き起こす複雑な問題はさらにややこしくなる。

また、海の天使は海の蝶以外の餌はほとんど食べないので、海の蝶がいなくなると腹をすかせた海の天使が増えることになる。海鳥や魚にも海の蝶を食べるものがいて（海の蝶ばかり食べているわけではないが）、小さい魚は大きな魚に食べられ、大きな魚はクジラやアザラシに食べられる。このように海の蝶は海洋の食物網をつなぐ大事な構成員であり、この食物網には人間も含まれる。プランクトンから始まり、海の蝶、サケ、という一連の段階をふんで、人の夕食のおかずにたどりつく。

もし海の蝶がいなくなったり分布域を変えたりしたら、海の蝶を食べる動物も移動するか、別の食べ物を探すことになるか、食べ物が見つからなければ飢えることになる。海の蝶がほかの動物にとってどれくらい重要な食物なのか、あるいは海の蝶がいなければ海の生態系が崩壊するのかといったことはわからない。今後も調べていかなければならないのだ。

海の蝶はきわめて生息数が多いということもあり得る。そうした場合、ほかの動物は数が多い生き物だけをねらって食べることが多い。シルケはスヴァルバールで大量の海の蝶がフィヨルド内に入ってきた日のことを話してくれた。たくさんのミツユビカモメやフルマカモメが水面に浮かんで、うれしそうに水の中のご馳走をついばんでいたそうだ。仲間の研究者は一立方メートルの水に海の蝶が一万匹いたことを確認しているが、これほど密度が高くなるのは一部の海域に限られ、そう頻繁にあることではない。

これからの海の酸性化の研究は一種類の生物を扱っているだけではすまなくなるだろう。酸性化した海水の中で個々の動物がどのように反応するかはわかってきたが、何百、何千という生き物が互いに食い合ったり、生息空間や食物を奪い合ったりするような環境ではどうなるのだろうか。海の酸性化の影響を理解するときに誰もが了解していることが一つある。ややこしいということだ。そして、生態系全体がどのように反応するかを予測するのがいちばん難しい。それでも研究者はどうしたらよいかを探り続けている。

## 生態系を調べる手段

グラン・カナリア島のラス・パルマス空港の出発ロビーからは、滑走路と、その向こうに大西洋が水平線まで見わたせる。二〇一四年の夏の終わりの二カ月間、もし乗客がスターバックスのコーヒーから目を上げて大きなガラスの窓ごしに外を見たら、調査研究が進行している様子が見えたかもしれない。そのとき、オレンジ色の装置が九基、ゆっくりと海へ下ろされた。それぞれの装置には浮き輪があり、それに、幅二メートル長さ一五メートルという大きなビニール袋がぶら下げられていた。浮き輪の上は雨除けの笠で覆ってあり、鳥が止まって糞をしないように浮き輪に針を並べて取りつけてあった（口絵㉘）。その海底には電車の鉄製の車輪を沈め、装置が流されないようにつなぎとめた。この九基の装置は巨大な試験管のようなもので、海の酸性化の影響を調べるために設計された。これを使えば何か一種類の生物への影響だけでなく、海の生態系を構成する生物の集団への影響も調べられる。

この試験管には工夫がいろいろと施され、キール沖合海洋未来予測メソコズム、略して「コスモス」（KOSMOS）と呼ばれていた（閉じたミニチュアの自然界であるマイクロコズムを大型にしただけのもの）。利点の一つは持ち運びができることで、異なる場所で実験を繰り返すために装置を分解して世界中どこへでも運んでいけるのだが、どのような場所にも設置できるというわけではない。スウェーデンでは海氷ができて凍ってしまったし、グラン・カナリア島で前の年に使ったときには嵐がきてボロボロに裂かれてしまっている。

「コスモス」は大きな容量を扱えることも利点の一つである。陸上で同じ規模の調査をしようとすると、まず巨大な水槽を組み立て、そこへポンプで海水を入れることになるので、たいへんな労力と費用がかかる。ポンプで海水を汲み上げるときには微小な生き物が混乱をきたしたり損傷を受けたりするかもしれない。生態系を試験管に移すのではなく、試験管を生態系があるところに持っていく方がはるかに手っとり早いのだ。巨大なビニール袋を注意深く水につけて五万五〇〇〇リットルの海水を生き物ごと中に取りこむ。あとは試験管の中の条件を調整してやれば舞台設営が終わる。グラン・カナリア島ではさまざまな濃度になるように二酸化炭素を吹きこみ、海の酸性化が起きたような状態をつくり出した。

条件設定が終わったら、あとはそれぞれの試験管から一日か二日おきにサンプルを採取すればよい。採水のほか、沈んだ粒子を集めてある底のトラップの内容物を回収し、プランクトンネットを下から上まで引いた。頭がくらくらするような亜熱帯の日差しのもと、九つの装置のサンプルを集めるのに数時間かかるが、ほんとうにたいへんなのはそのあとだった。

カナリア海洋学センター「プロカン」の研究室に持ち帰ったサンプルは小分けにされ、参加メンバーは自分の割りあて分をそれぞれ真剣な顔つきで受け取ると、インキュベーター（恒温器）とか顕微鏡といったさまざまな精密分析機器で作業を始める。私が「プロカン」を訪ねたときには「コスモス」のプロジェクトは四〇名のつわもの研究者が集う大所帯になっていた。手順の調整をするのに数週間もかかっていたが、そのような状況にもかかわらず、このプロジェクトが滞りなく進んでいるのは驚きだった。

ここでは各自が円滑に機能する生態系の一部になったかのように、それぞれ自分が何をなすべきかを把握していて段取りも心得ていた。室内は暑く、作業は長時間にわたり、廊下の自動販売機のコーヒーはまがい物で、多くの者にとって海の蝶を数えるというような頭を使わない作業は単調そのものだったにもかかわらず、みな笑顔で作業をしていた。

シルケ・リシカが助手のイザベルと一緒に行なっていた作業は、メソコズムの底に仕掛けてあったトラップから回収した堆積物を仕分けることと、ちょうど私と一緒にしたように、プランクトンネットに入ったサンプルを調べることだった。しかし、ここではもう少し手際よく作業ができるようになっていた。

二人にはそれぞれが専用に使える計数用の装置があり、透明な樹脂でできた台座を備えていた。樹脂の表面には顕微鏡の視野と同じ幅の細長い溝が刻んであって、そこへサンプルが入った海水を流しこみ、溝の端から海の蝶を数えていけばよかった。地下鉄のホームに立って列車が通過するのを見ながら、乗客の人数を数えるようなものだ。混み合ったプールのわきに立って泳いでいる人の数を数えるより見落としが少なく、重複して数えることもない。数を記憶するのは指で押す旧式のカウンターで、手動タイプライターのような押しボタンがあり、それを一回押すとカチッと音がし、一〇〇回目には楽しい鐘の音が鳴る。

採集してきたサンプルを全部見終わるまでには、顕微鏡にへばりついて作業しても何時間もかかり、寝る時間を削って夜中まで数えることもある。しかしここで作業をしている人たち（とくにシルケ）は、このような作業をする意義を知っていると私は感じた。生態系の上から下までを調べることで、栄養塩がどれくらい取りこまれ、どれくらい利用されたか、二酸化炭素がどれくらい大気中へ放出されたか、ウイルス、植物プランクトン、動物プランクトンにどれくらい取りこまれたかが明らかになる。

大きく複雑な青写真をつくり上げるために、自分がなすべきことをしているのだ。このような実験がうまくいくのか、海の蝶やそれ以外の生態系の要因が二酸化炭素の濃度の違いに反応しているのか、といったことはまだわからない。しかし、このプロジェクトの最終段階で得られたデータをあれこれと検討すれば全体を見わたせるようになり、目には見えない迷路のような関係が明らかになるだろう。

北極海やスカンジナビア半島の沖合の海でも同じような研究がすでに行なわれていたが、そこではメソコズムの「コスモス」が初めて外洋で使われた。大陸棚の縁からさらに沖の外海は青く透明で栄養塩に乏しいが、このような海域は地球上の海の三分の二におよぶ。ここで何が起きているかを把握することは、すべての生命が海洋の酸性化にどのように反応するかを知るための重要な手がかりになる。

ここの「コスモス」プロジェクトの責任者は、ドイツのキール海洋研究所のウルフ・リーベセルだった。ウルフが最終段階の実験で徹夜をした日の朝に話を聞くことができた。

プロジェクトの目的は、海水の湧き上がり現象を再現することだ。北から絶え間なく流れてくる海流が島の後ろで渦を形成して、深い海底の水を表面まで巻き上げる。

陸から約一一キロメートル沖合の深さ六五〇メートルの海底から八万リットルの水（重さ八〇トン）を集めるのに特大のビニール袋を使った。集めた水を入れた袋を表層まで運ぶのに三時間もかかり、海水面まで到達したときに水を入れた袋は、膨張したクジラのように膨らんだ。注水ポンプが壊れたために一日待たなければならなかったが、深海の水は無事にメソコズムに移され、やっと計画通りに実験が始まった。どのような成果が出るのか、待ち構えているところだという。

関係者は、栄養塩に富んだ深海の水が植物プランクトンの大発生を引き起こし、それをたらふく食べる動物が続いて大発生して生態系を制圧するのではないかと予測している。

ウルフは水の湧き上がり現象を「砂漠に大雨が降るようなもの」と言った。プロジェクトの話を聞くために座ったが、徹夜明けにもかかわらず眠そうな気配はなく、元気いっぱいだった。私は聞きたいことが一つあった。ここしばらく私の頭にひっかかっていた、時間の経過についてである。

## 酸性化の時間

海の酸性化についての研究では、数時間あるいは数日の調査をすることが多く、中には「コスモス」のように数カ月にわたって続くものもある。しかし実際の世界ではpHがきわめて低い値になると推測されている時期まで、まだ一〇〇年もかかる。それくらい後ならば、海の生き物は変化する環境に徐々に適応できるのだろうか。

この点が海の酸性化の研究が抱える問題点の一つになっている。酸性化の研究に批判的な立場の人たちは、実験による酸性化のスピードが速すぎると指摘していて、実験する期間も短すぎるので、ほんとうの海の酸性化を再現することはできないと言う。数少ない長期実験では、生物が酸性化に適応すると考えてもよい結果が得られたが、ある程度適応できるにすぎないだろう。

ウルフの研究チームは円石藻と呼ばれる植物プランクトンを、二酸化炭素濃度が高い状態で一八〇〇世代飼育した。この微小藻類は炭酸カルシウムの円盤を並べて球状に組んだ構造物（コッコスフィアと呼ばれる）の中で生活するので、酸性化の犠牲になりやすい。しかし、それだけ長く飼育したところ、炭酸塩の濃度が飽和状態よりも低くてpHも低い環境にかえって強くなった。

実験は、自然選択ならぬ、ある種の人工選択になった。二酸化炭素濃度が高いと成長率が落ちるものは、おそらく炭酸塩の骨格をつくるのに、より多くのエネルギーが必要だったのだろう。しかし元気になったものもいた。成長率が落ちることもなく、かえってよくなったほどである。元気になったのは繁殖が早かったもので、次の世代に引きわたせる遺伝子が多かったと考えられる。実験的に酸性が強い状態に置かれた円石藻は、世代を重ねながら水の化学的変化にゆっくりと適応したことになる。

円石藻の生理的状態がどのように変化したのか、正確なところはまだわかっていない。世代を重ねるごとに代謝率やイオン輸送量を増加させて、pHを一定に保つことに熟達したのかもしれない。あるいは、生き延びるために私たちがまだ知らない機能を使っているのかもしれない。

ほかの石灰化生物も、円石藻のように酸性化した水に適応できるのだろうか。このような微生物より寿命が長い生物で同じことをしようとすると、気が遠くなるほどの時間がかかる。円石藻の一世代はたったの一日であるにもかかわらず、一八〇〇世代飼育するのに五年かかった。海の蝶のように一世代が一年の生き物では、このような実験が非現実的だということがわかるだろう。また、一世代の期間が短い生物は、成熟して繁殖するのに時間がかかる生物よりも変異するのが早いということもある（寿命が短い生物のゲノムは複製がつくられる頻度が高いために、DNAの写し間違いが蓄積しやすく、自然選択がはたらく遺伝子はバラエティに富むことになる）。

円石藻は数が多い生き物の一つで、一リットルの海水に多ければ一〇〇〇万個も見つかる。つまり、海の蝶のように大きくて数が少ない生き物よりも、環境の変化に適応しやすい性質をもともと持ち合わせていることを意味する。そしてなによりの疑問は、二酸化炭素に強い円石藻が、スティーブ・コメのつくり出した殻を失った海の蝶と同じように、自然の海の中で生き延びられるのか、資源や生息空間を奪い合いながら生活しているほかの生物に対抗できるのかということである。

自分の生活を変えて二酸化炭素が多い状況に適応できるといっても、最終的には負けを見ることもある。海の酸性化が続くと、炭酸イオンを集めて骨格や殻をつくるための労力がかさみ、ついには石灰化では殻をつくれなくなるところまで追いこまれる。

「何事にも限界がある」とウルフは言う。

今世紀の海の酸性化は、未来を予測するために行なわれてきた短期間の研究に比べると、時間が長くかかり、ゆっくりと進行するものになることは避けられない（結局のところ、海がどのような反応をするのか確かなところを知りたければ、一歩下がって実際に何が起きるかを見守るしかないのだろうが、それでは研究をする意味がない）。しかし、現実に起きている海の酸性化の程度は、人間が出現するはるか以前に何度も起きた気候変動と比べると、海の蝶が一回羽ばたいた程度のものにすぎない。

海の酸性化問題に懐疑的な人たちは、人間による二酸化炭素の排出がない自然な状態でも、過去には濃度が高い時期があったことを持ち出す。そして「その当時生息していた生き物が、今もこんなにたくさん生きているではないか」と言う。確かにサンゴやプランクトンや殻のある軟体動物はたくさん生き残っている。前回の温暖化では殻が溶けてしまわなかったのに、今度の温暖化では溶けるとなぜ言えるのだろうか。

しかし、今起きている温暖化は過去のものとは性質が違うのだ。二酸化炭素が十分に長い時間をかけて徐々に増えるのならば、海自体が酸性化の弊害を軽減するように反応できる。

深い海の底には大量の炭酸カルシウムの堆積物があり、これは数百万年という時間経過の中で生きて死んでいった石灰化生物の化石化した遺骸（ほとんどが円石藻と有孔虫）でできている。現在と同じように大気中の二酸化炭素濃度が増えた時期は過去にもあったが、そのとき二酸化炭素を大気に供給したのは人間活動ではなかった。浅い海のpHは下がったものの、その表層水は数百年あるいはもっと長い時間をかけて深い海底に沈んで炭酸塩の堆積物に接し、炭酸イオンが水に溶け出した。つまり、大気中の二酸化炭素の濃度は海の炭酸イオンの飽和に関与していたわけではないということになる。大気中の二酸化炭素濃度の増加にともなって海水の炭酸イオンの濃度が低下することはなかった。

簡単に言うと、海には酸性化を緩和できる独自の大がかりな仕組みがあり、このおかげで石灰質の骨格をもつ生き物の多くが過去の気候変動を生き延びることができた。過去の石灰化生物は、海底に遺骸が堆積していた自分たちの先祖（さらに前の時代の石灰化生物）によって海の酸性化から守られていたことになる。しかし今は、そのような石灰化生物とのつながりが切れてしまっている。浅い海域の水が深海に達するのに一〇〇〇年あるいはそれ以上かかるが、今の状況では一〇〇〇年も待ってはいられないため、海が内蔵している緩衝機能がすぐにははたらかないのだ。

人間活動に起因する気候変動は、過去に地球が経験したどの気候変動よりもはるかに早く進行していて、人が放出する二酸化炭素の処理に海が歩調を合わせるのは難しいところまで来ている。二酸化炭素が海に吸収される速さは、海がpHの低下に対処する緩衝能力をはるかに上まわる。二酸化炭素濃度が増加する現在、海水のpHと炭酸塩濃度は、手に手をとって減り続けている。今、海は大気の言いなりになっていると言ってもよい。

## 海の酸性化と科学者

気候変動についての議論の肝要な点は、どれくらい専門家の同意が得られるかということにある。これが懐疑論者の攻撃の標的になる部分でもある。気候変動の原因と、これから世界中で起きるであろう難しい問題については、大まかなところでは賛同するとはっきり表明する科学者が世界中で増えてきている。では海の酸性化についてはどうだろう。海で確かに酸性化が起きていて、海が問題に直面していると専門家は認めているのだろうか。二〇一二年に行なわれた調査では、そのように考えている専門家はかなりの数にのぼり、問題が大きいほどそう考える傾向が強いことが示されている。

フランスのヴィーユフランシュにある海洋学研究所に所属するジーン・ピエール・ガトゥーゾは、さまざまな質問事項を用意して、海の酸性化の専門家五三人に海の酸性化が起きていると思うかどうかを問う調査を実施した。その結果、酸性化は確かに進んでいること、その進行を示す値はすでに出ていること、人間が排出する二酸化炭素が海にたまるのが原因であることは疑問の余地がないと、ほとんどの専門家が考えていることが明らかになった（沿岸海域では過剰な栄養塩などの汚染物質もpHの変化に関与していると指摘した専門家も数多くいた）。

科学者の常ながら、調査の質問項目に使われていた用語の問題点についての指摘も多かった。「〝ほとんど〟はどの程度を指すのか」、「〝石灰化に負の影響がある〟とはどういう意味か」といった具合である。

長期にわたる影響を調べた研究例が足りないことや、調査対象になった生物種が限られていることから、確信が持てないことをあらかじめ断って回答した研究者も多かった。もっと調べてデータを出さなければ、酸性化した海で食物連鎖と漁業が共存していけるのか確かなことを言うのは難しい。しかし、石灰質の骨格や殻をつくる石灰化生物がいちばん犠牲になりやすい海洋生物である、という点では意見が一致していた。

海洋と大気の相互作用には周期があるとの見解もおおよそ一致していた。たとえ二酸化炭素の排出が明日止められたとしても、これから数世紀のあいだは海の酸性化が進んでいく。

ある研究者は、「これは物理化学的な現象なのだ。（中略）対策の取りようがない」と述べている。ということは、「コスモス」のような海の酸性化の研究成果がどうであれ、あるいは人間がこれから数十年のあいだに何をしようと、地球自身が行なっている実験がどのように進行するかを単に予測するだけに終わるのだろうか。海の酸性化が避けては通れないもので、止められないものならば、実際にどれほどひどい事態になるのかをくよくよ考えるのは意味がないので、知らない方がよいということだろうか。

私はそうは思わない。海の酸性化やほかの気候変動の問題を制御する（事態が取り返しのつかないくらいひどくなるのを防ぐための）唯一の方法は、増えつつある二酸化炭素の排出量を大きく減らすこと、それも今すぐに減らすことだ。この、できれば目をそらしたい事実と正面から向き合わねばならない。

今、何が失われようとしていて、なぜ対策を取らなければならないかを知るためには、政策決定権を持つ人たちが、最新の科学が描く未来像を見据える必要がある。政策決定に直接かかわらない私たち自身も同じだ。多くの人にとって海洋は身近にある環境ではなく、海について考えることもほとんどない。しかし、姿勢を正して海について考え、生命力にあふれた見知らぬ世界について心配しなければいけない時期にきている。

## 人間の活動と海

海の蝶やほかのプランクトンが、私が見ていることに気づかずにガラスの容器の中で泳ぎまわるのを顕微鏡でのぞいて見たときには、私は何か特別な待遇を受けたような気分になった。海のいちばん大切な秘密を教えてもらったように感じたのに、このような海の世界はこれから先いつまで続くのだろうか。

温暖化、荒れる気象、生き物をむしばむ海という環境の中で行なわれる綱引きのような世界では、命を紡いでいる生き物のうち、あるものは勝ち組になり、あるものは負け組になるだろう。そしてさらに不気味なのは、海の問題は二酸化炭素の問題にとどまらない点にある。

漁業は、沖へ沖へと出かけて行って今までより深い海で操業するようになり、野生の生き物を略奪し、繊細な海の生息地のいたるところに破壊の爪痕を残してきた。生物がいない死の水域が増え、海底には人間の廃棄物が積み重なり、外海はプラスチックが漂う有毒なスープのようになってしまった。こうした事柄も含めてさまざまな問題が互いに関係し合いながら事態を悪化させている。ひどい状況に次々と遭遇すると、手の施しようがなくなり、打ちのめされた気分にもなる。

しかし、問題となるのはどれも他所《よそ》の世界の話ではなく、手に負えないことばかりでもない。何を食べるか、何を買うか、何を捨てるかといったことに私たち一人一人がどのように取り組んでいくかが問題になってくる。私たち人間には地球の青い海の負担を減らせる力がある。個々の問題をできるだけたくさん解決できれば、海は一息つくことができ、痛手から回復することができ、自分自身を修復していくことができる。そうすれば気候変動の影響にも対抗できるだろう。

今、私たちが動き出せば、これから先も豊かな海が残る。栄養豊かな貝汁にはじまって、身の締まった生ガキの山盛りまで、多くの人々に食材を提供できるだろう。眠っている魚に巻貝が忍び寄ったり、その巻貝が飛ばす唾から科学者が研究のヒントを得たりすることもできるだろう。オウムガイは、これまで何千万年も変わらずにしてきたように、これからも真っ暗闇の深みから毎晩浮かんでくるだろう。

小さな巻貝は広い海を泳ぎまわりながら餌を取るための網を広げ、殻を持たないほかの泳ぐ巻貝や殻を持つタコに追いまわされるだろう。そして砂浜にはこれからも美しい貝殻が打ち上げられ、それを見つけた人は、貝殻がどこから来たのか、どのようにしてつくられたのかといったことに思いを馳せるだろう。

# エピローグ

二〇一四年の夏に、フィリップ・ブシェが率いる調査隊は、パプアニューギニア沖のナゴという島へ軟体動物を探しに行った。この島は、太平洋とビスマルク海にはさまれた海域に点々と連なるサンゴ環礁の一つで、地球上のどこよりも海の生き物の種類が多いサンゴ三角海域の東の境界線近くにある。

　ブシェと仲間の研究者たちは、それまでにバヌアツ、マダガスカル、フィリピンなど数十の国々を訪れ、何年も野外調査をしながら採集テクニックを磨いてきた。夜に活動する種類を見落とさないように、昼夜を問わず海に潜った。森では木の高さによって生息している動物が異なることを参考にして、海でも採集機材をさまざまな深みへ下ろして採集する種類数を増やした。潮の干満も関係なく採集を続けた。棘皮《きょくひ》動物の体液を吸う寄生性の巻貝を見つけるために、ウニの棘《とげ》やヒトデの管足のあいだも調べた。遺伝子解析から動物種を同定するために体の一部を切り取ってDNAも保存し始めた。

　このようにじつに念入りな集め方をしたので、かつてないほど軟体動物の実態に切りこむことができた。とくに微小貝類は数えきれないくらい見つけた。小さな軟体動物は、まだ誰も知らない海の宝石なのだ。貝殻はゼリービーンズのつめ合わせのように彩《いろど》り豊かで、ネオンのような黄、紫、緑、赤とい

った派手な斑点や縞模様がある。触角がピンク色の小さな二枚貝がいるかと思えば、透明なガラスのような殻をもった巻貝は、万華鏡のような外套膜《がいとうまく》が透けて見えたりもする。二枚貝の中には、色とりどりの外套膜を殻の上に広げて足を出し、まるで腹足類《ふくそく》のように歩くものもいる（口絵㉝）。

こうした軟体動物については、何を食べるのか、何がそれらを食べるのか、何か未知の有用な物質を体にためこんでいるのか、どの系統に属するのかといったことはまだ何もわかっていない。微小貝類の専門家はほとんどいないので、ブシェの研究チームが見つけはしたものの、博物館で記録だけされて正確な同定はされずに、何年も棚に眠ったままになるかもしれない。このように放っておかれるものを分類学者は「孤児」と呼ぶ。軟体動物たちがひそんでいるような人目につかない海域にはもっと大きな謎が秘められているが、どのようにそれを解明したらよいのか誰にも手がかりがつかめていない。

ブシェの研究チームのダイバーは、ナゴ島の沖のビスマルク海の深さ一〇〇〇メートルにあるサンゴの切り立った断崖でも軟体動物を探した。その壁にはあばたのように洞窟があり、これまで知られていなかった貝殻がその中に一面に落ちているのを見つけた。大きさは一ミリから五ミリほどで、死んで貝殻になったものだけだった。どれほど注意深く探しても、この不可解な貝殻をつくったはずの生きた軟体動物は一匹も見つけられなかった。きっと、そびえたつ崖の奥深くで生活しているのだろう。海に潜った研究者が貝殻を拾ったというそのことだけが、その生き物が存在していることの証《あかし》なのだ。そう考えると、その崖の人の手の届かないところには、ほかにどのような生き物がいてもおかしくない。

手入れの行き届いた探索機材や特殊な装置を使って、専門家の集団が初めて見つける軟体動物がいることは確かなのだが、貝殻を持ったおもしろい生き物に出会うには、スキューバの潜水道具や顕微鏡や深海潜水艇は必要ない。今度砂浜へ行ったり海で泳いだりしたときには（海から遠く離れた場所で散歩をするときでもよい）、貝殻はどこにでもあるので探してみてほしい。貝殻を見れば、それをつくった生き物について知るための手がかりが何かあるはずだ。

拾った貝は、稚貝だったときにはどれくらいの大きさだったのだろう。巻貝の螺旋《らせん》を中心へとたどっていくと、いちばん内側の巻きの表面が滑らかな部分のまわりには線が入っていることが多い。この部分が、卵からかえった幼い巻貝が最初につくった殻なのだ。二枚貝でも内側を見ると、殻をつなぎ合わせている蝶番《ちょうつがい》のすぐわきに、なめらかな部分が見つかる。

その殻はどちら向きに巻いているだろうか。渦巻きの巻き始めを上にして手に持って殻口をのぞきこんだときに、螺旋の開口部が殻の右側にあれば、よくある右巻きだとわかる。それとも、めずらしい左巻きかもしれない。左巻きなら交尾がうまくできずに、つらい一生を送ったかもしれない。

殻の形、突起や襞《ひだ》、縁の波形、表面の筋、棘などを見れば、貝がどのような生活をしていたかわかる。平板なホタテガイのような殻ならば海底に横たわっていたかもしれないし、ネジのような形の巻貝ならば、砂に穴を掘っていたかもしれない。もし棘が一面に生えていたら、その棘は砂の中から波にさらわれないために使われていたかもしれない。

そして次は殻の模様をよく見てみよう。殻をどこまでつくったかを忘れないように、貝だけが解読できる記号が書いてある。規則正しい模様が乱れている部分はないだろうか。殻が欠けたときや攻撃を受けたときに乱れたのだろうか。それでも生き延びて成長を続けたのならば、模様や優美な形は、その後もとに戻っているだろうか。

その貝が生きていたとき、あるいは殻だけになってからでも、殻を別の動物が利用した痕跡はないだろうか。フジツボやコケムシがついていたり（以前はどちらも軟体動物だと考えられていた）、ヒドロ虫が小さなシダのように生えていたり、白いねじれた筒の中にゴカイが棲んでいることもある。

殻に細長い切れこみのある巻貝ならば、そこから長い水管をつき出して獲物がいないか探ったり、水をなめたりして調べていたかもしれない。これは狩りをしていた種類なのだが、餌食になった貝殻が転がっていることもある。きれいな丸い穴があいていれば、それは軟体動物が狩りをして食事をする独特の方法を進化させてきたことや、互いに食い合うということを平気でやってのけた証拠になる。また、穴があくところまではいかないけれど丸いくぼみが彫りこまれていたら、それは襲撃が途中で妨害されたことを意味する。


殻から貝の物語を読み取ったら、その貝殻は置いて帰ってもよいし、砂浜や森の散歩の思い出として持ち帰ってもよい。

運がよければ生きた貝と対面することもあるかもしれない。干潮のときには、ムシロガイの仲間が水を吸った米粒のような卵を石の下に産んでいることもある。磯の潮だまりならば、カサガイを攻撃しようとしているヒトデが貝の殻と岩のあいだに足をはさまれているところや、貝殻の奪い合いをしているヤドカリを見かけることもあるだろう。浅い海底ではホタテガイがカスタネットのようにパカパカと殻を開閉しながら泳いだかと思うと素早く砂に潜って隠れてしまう。

海の巻貝を見つけたら（淡水棲巻貝やカタツムリでもよいが）、しばらく手の上を這《は》わせて、銀色の道筋の上を小刻みに一本足を波打たせながら滑るように進むのを見てから、そっともとの場所に置いてやるといい。

# 貝の蒐集について

購入した貝殻がピカピカのきれいなものだったら、それは浜に打ち上げられて拾われた空っぽの貝殻ではないことを覚えておかなければいけない。

軟体動物が死ぬと（病気、捕食、寿命、そのほか理由は何でもよいが）、あとには貝殻が残されるが、こうした貝殻は、いつまでももとの美しさを保っているわけではない。波に洗われ、表面を覆ったり穴をあけたりするようなほかの生物が棲みつき、すぐに光沢が失われて販売できる状態ではなくなる。だからピカピカの貝殻だったら、生きたまま捕まえられた可能性が高い。捕まえて殺し、貝殻だけにして、誰でも買うことができるように貝の販売網に乗せたのだ。

人間が動物（とくに軟体動物）を殺すことは別に目新しいことではない。問題なのは、食用にする種類と比べて装飾用にされる軟体動物については、解明されていることがずっと少ないという点である。

サンゴ礁で捕獲できる大きな美しい貝、装飾用の小さな逸品の貝、真珠層を利用する貝などは世界中で大量に取引されている。毎年どれくらいの数の貝が取引されているのかは、取引量が記録されていなかったり、いい加減な記録しかなかったりするので、正確なところはわからない。

貝殻目あてに採集される種類は五〇〇〇種くらいにのぼると考えられているが、その量がどれくらい生息数に悪影響をおよぼすのかを知るための情報はほとんどない。しかし、貝の蒐集家や販売業者の話によれば、貝殻の取引が原因で悪影響を受けている生息地は多いという。ケニア、タンザニア、インド、フィリピンに生息する軟体動物は、かつてより殻が小さくなっている。これは事態があまり好ましい方へ向かっておらず、殻の大きな貝は採りつくされていることを示している。地元で採れる貝が少なくなり、業者はどこか別の場所から貝殻を調達しなければならなくなっている。休暇でハワイかフロリダへ行って貝殻を買うと、メキシコやアジアから持ちこまれたものである可能性が高い。

このような状況でも、殻を入手するために採集するだけならば、分布域が非常に限られた不運な種類でもなければ海棲の軟体動物が絶滅することはないだろう。しかし、分布域が広くても絶滅する地域が出てくる場合もある。シャコガイとホラガイはインド洋の一部ではまったくいなくなってしまった。フィリピンのヴィサヤ西部の島々では、海底をさらったり、かき取ったりするのに機械が使われるようになってから、マドガイがいないも同然になってしまった。フィリピンでマドガイを装飾品に仕立てる加工業者は、今はインドネシアからの輸入にたよっている。

装飾品としての貝の取引は、全体的な保全という観点からは、スープに使うフカヒレや漢方薬にするタツノオトシゴなど、ほかの海棲生物の世界規模の乱獲に比べると、それほど心配しなくてよい。

一九八〇年代には、貝殻の希少価値がますます上がるのは避けようがないとの見通しがあったことから、「希少貝投資サービス」という業者が出現した。「これから消滅していく希少な商品に投資すれば失敗はまずない」というのが会社のうたい文句だった。そして、蒐集家がほしがり続けるのに、これからは採集が非常に難しくなると推測される種類の貝に、お金をつぎこむよう投資家をうながした。「希少貝投資サービス」はもう営業していないようだが、今でも値段が上がる兆候のある貝殻もあれば、ウミノサカエイモガイのように、新たに貝殻が市場に出まわって値が下がることもある。

しかし、利益を追い求めるためではなく、自然環境に生息している貝を守るためということになると、どの種類に投資するのがよいかを知るのはとても難しい。

装飾用貝殻の取引は食用の貝類の取引と比べると規制がほとんどなく、取引量も少ない。数が少ない特定の種類を法律で保護している国もあるが、その法律がうまく機能しているとは限らない。装飾用の軟体動物を大々的に養殖しようという試みは、シャコガイ（水族館への販売とサンゴ礁へ戻すのが目的）を除いては見あたらない。シャコガイはすべての種類がワシントン条約（CITES）で国際取引が厳しく規制されているので、養殖したものを売っても厳密には天然のシャコガイに悪影響を与えることはないはずだ。だから、生きたものでも、貝殻だけでも、シャコガイを購入したいのなら、取引に必要な許可をすべて取ってあるかどうかを確認すればよい。

しかしオウムガイや大きな貝殻を持つ種類は、どんなものであっても決して買ってはいけない（一般に体が大きい動物ほど寿命が長く成長も遅いので、乱獲による弊害が大きい。オウムガイはこれにあてはまる）。

購入した貝殻の貝が、どこの海でどのように捕獲されたかを知るのは現実には不可能である。装飾用の貝には資源として持続可能な状況で採集されたことを保証するエコ表示がされていないからだ。市販されている貝を生活の中に持ちこむことの是非を深く考えているのでなければ、購入したいという衝動をおさえて買わずにいるのが無難だろう。

浜へ行って自分で貝を採るというのなら、もう少し融通がきく。その土地の決まりごとは必ず守り、地元の人にいろいろ教えてもらうのがよいだろう。一日に採ってよい貝の数や大きさが決まっているかもしれないし、種類によっては採集許可が必要な場合もある。自然公園や自然保護区では採集を禁止しているところが多い。

貝を集めるときには、環境破壊を最小限に抑える方法も覚えておきたい（当たり前のことばかりだが）。石の裏側を調べたあとは石をもとの状態に戻す。傷つきやすい生息地を踏み荒らさない。見つけたものをすべて持ち帰らない。生きた軟体動物は持ち帰らないというのも生態学的には意味がある。

そしてくれぐれもイモガイには、自分の身の安全のためにも気をつけよう。

# 用語解説

**アラゴナイト**――炭酸カルシウムの一種で、カルサイトの一・五倍くらい水に溶けやすい。軟体動物の成体の殻のほとんどはアラゴナイトでできている。カルサイトの殻もあり、両方でできている殻もある。

**アンモナイト**――絶滅した頭足類のグループで、多くは渦巻き形の殻を持ち、三畳紀、ジュラ紀、白亜紀に繁栄した。デボン紀に栄えたアンモノイドの一系統。化石は「蛇石《へびいし》」と呼ばれた。

**ウィワクシア**――およそ五億二〇〇〇万年前のカンブリア紀の生き物で、バージェス頁岩《けつがん》の中から見つかった。初期の軟体動物と考える学者もいる。貝殻は持たないが鱗《うろこ》や剛毛に覆われる。

**ウミウシ**――殻を持たない海洋性の腹足類の一群で、英語では「海ナメクジ」や「ヌディブランク（裸の鰓《えら》）」と呼ばれる。

**海の酸性化**――大気中の二酸化炭素が海水に溶けこむことで海のpHの平均値が下がること。ここ二〇〇年間で海は三〇パーセント酸性度を増した。

**遠洋性**――外洋という海域に属するもの。

**オウムガイ目**――貝殻を持つ頭足類の一系統で、およそ四億年前のデボン紀に出現した。現存する種類もいる。

**貝殻亜門《かいがらあもん》**――軟体動物のうち殻を持っているものを指す大きな分類群。腹足類、二枚貝類、頭足類、掘足類、単板類。

**外套膜《がいとうまく》**――多くの軟体動物の体を覆う柔らかい膜で、（殻がある種類ならば）貝殻をつくる成分を分泌する。

**貝類学**――軟体動物の貝殻の研究を行なう科学分野、あるいは貝殻の科学的蒐集のこと。

**殻皮《かくひ》**――軟体動物の体の外側にある殻を覆うタンパク質の層。

**カルサイト**――炭酸カルシウムの一種で、アラゴナイトより安定している。

**掘足類《くっそくるい》**――軟体動物の中の小さな分類綱で、ツノガイ類とも言われる。ゾウの鼻のミニチュアのような殻を持ち、ふつうは海底に埋もれて生活する。

**形態種**――見た目（形態学的特徴）が異なることから種類が違うと「考えられる」が、正確な同定結果が公式に発表されていない種類。

**溝腹類**《こうふく》――よくわかっていない軟体動物の分類綱。尾腔類と同じようにミミズのような形をしていて殻は持たない。泥の表面やサンゴの表面に生息する。

**骨片**《こっぺん》――一部の軟体動物に見られる剛毛。ヒザラガイ類、溝腹類、尾腔類、および絶滅してしまったウィワクシア（ウィワクシアが軟体動物かどうかは見解が分かれる）に見られる。

**歯舌**《しぜつ》――ほとんどの軟体動物が口の中に持つ器官。形も並び方もたいへん変化に富む。軟体動物が特定の餌を専門に食べるのを助ける。ふつうの藻類食から高度な狩りまで対応できる。

**鞘形亜綱**《しょうけいあこう》――軟体動物の一系統で、柔らかい体の頭足類（タコ、イカ、コウイカ、絶滅したベレムナイト）が含まれる。およそ四億年前のデボン紀に出現した。

**人為的**――人間が手を加えたりつくり出したりすること。人為的な気候変動など。

**真珠層**――軟体動物の殻のキラキラ光る層（殻の内面にある場合が多い）。英語では「真珠の母」という意味の用語は真珠層を指す。

**スパット**――着底して間もない二枚貝（とくにカキやイガイ）の稚貝を指すのによく使われる英語の用語。

**スポンディルス**――二枚貝の属の一つで、深紅、オレンジ、紫といった色の殻に多数の長い突起があり、その突起にさまざまな生物（カイメン、海藻など）が取りつく。英語では「棘《とげ》のあるカキ」、日本語では「海の菊」などとも呼ばれる。

**足糸**《そくし》――二枚貝類が岩や海底に固着するために足から分泌する繊維。伸縮性のある強靭なタンパク質で、一方の端に粘つく部分がある。一五世紀ごろから英語では「バイサス（byssus）」という語が使われるようになり、この語は海の絹を指す用語にもなっている。足糸をきれいに洗って梳《す》いて紡ぐと金色の糸になる。

**炭酸カルシウム**――カルシウム、炭素、酸素からできる白色の固体（$CaCO_3$）。軟体動物の殻は、カルサイトとアラゴナイトという二種類の炭酸カルシウムが主成分になっている。

**単板類**《たんばん》――深海に生息する小さな軟体動物の分類綱だが、詳細はわかっていない。すでに絶滅したと考えられていたが、一九五〇年代に生息が確認された。カサガイのような殻があり、体の形は放射状で、対《つい》になったいくつもの内臓がある。

**底生**――海底にいるもの、あるもののすべて。

**頭足類**《とうそく》――軟体動物の分類綱の一つで、タコ、イカ、コウイカ、アオイガイ、オウムガイなどが含まれる。殻を捨てたか縮小させたものが多い。

**軟体動物学**――動物学のうち軟体動物を扱う分野。

**二枚貝類**――貝殻が二つの部分（同じくらいの大きさ）に分かれている軟体動物の分類綱で、ハマグリ、イガイ、サルボウガイ、ホタテガイなどが含まれる。

**嚢舌類**《のうぜつ》――貝殻を持たないウミウシの一群で、藻類や植物の細胞液を吸うのに特化している。

**尾腔類**《びこう》――軟体動物の分類綱の一つだが、ふつうの軟体動物には見えない。ミミズのような形で殻を持たず、柔らかい海底に生息する。ケハダウミヒモ類とも呼ばれる。

**ヒザラガイ類**――軟体動物の分類綱の一つで、背中に殻が八枚並んでいる。ふつうは岩に固く貼りついて生活していて、身を守るときには丸まる。

**腹足類**《ふくそく》――軟体動物の分類綱の一つ。単殻類とも呼ばれるように、殻は一個で、多くは渦を巻く。巻貝や、殻を捨てたウミウシなどが含まれる。

**プランクトン**――顕微鏡でないと見えない水生の浮遊生物。植物プランクトン（植物と藻類）と動物プランクトン（動物）がある。

**分類学**――生きている生物を同定して名前をつけ、互いにどのような類縁関係があるかを調べる科学の一分野。

**ベレムナイト**――絶滅した頭足類のグループで、体の中に弾丸の形の殻がある。その化石はよく「雷石《かみなりいし》」と呼ばれた。

**門**《もん》――生物界の大きな分類区分。たとえば軟体動物門、節足動物門（カニ、エビなど）、環形動物門（体節のあるミミズのような動物）などがある。従来より、門に分けられた動物はさらに綱に分けられ、目、科、属、種と順次細かい分類群に分けられてきた。

**有害藻類ブルーム**――有害な毒素をつくる植物プランクトンが高密度で繁殖している水域。この水域の水を二枚貝が濾《こ》して餌を採り、その貝を人が食べると、さまざまな忌まわしい貝毒の症状を引き起こす（人が死亡することもある）。以前は赤潮と呼ばれていたが、実際は水が赤、緑、紫、茶色などに染まる。

**有棘類《ゆうきょく》**——軟体動物の一系統として提唱されたグループで、いわゆる貝殻と言われるひと続きの殻をつくらない分類群を含む。ヒザラガイ類、溝腹類、尾腔類など。

**翼足類《よくそく》**——腹足類の中の有殻《ゆうかく》翼足目（海の蝶）と裸殻《らかく》翼足目（海の天使）を英語ではまとめてプテロポッド（翼足類）と呼ぶ。これらは遠洋性の巻貝で、小さな羽で水中を「飛ぶ」。

# 謝辞

私は、あまり知られていない属に含まれる四〇種か五〇種くらいの生物だけを相手にしていたのに、数百、数千種類の世界に分布する寄せ集めのような動物門全体を扱うことにしたのは、いささか無謀だったかもしれない。貝や軟体動物について書くということは、タツノオトシゴの世界を探索するのとはまったく違った経験だった。しかし運のよいことにたくさんの人たちと出会うことができ、広く雑多な生き物が含まれる軟体動物の世界のことを教えてもらった。

軟体動物についての考え方や愛着を語り、私の質問に答えてくれて、本書の内容の間違いを減らす手助けをしてくれた以下の多くの研究者のみなさんには心からお礼申し上げる（本文にまだ間違いが残っていれば責任は私にある）。フィリップ・ブシェ、マーティン・スミス、ルーベン・クレメンツ、ソーセン・リュー、バート・エーメントラウト、ジョージ・オスター、ダン・ハリス、フィリーン・ツ・エルムガッセン、ピエロ・アディス、ヴィッキー・ペック、ニナ・ベドナーセック、ガレ・ローソン、ジュリアン・フィン、ケン・マクナマラ、バルドメロ・オリヴェラ。

本書が作家協会の作家基金からロジャー・ディーキン賞を授与されたことはほんとうに光栄に思う。この受賞がきっかけで、これまで接点がなかったネイチャーライターとのつながりができ、調査旅行が何度か実現した。アレサンドロ・スピガとシルビア・メッソラがいなかったら、サルディニアへ海の絹を探しに行くこともできなかっただろうし、あれほど楽しい体験もできなかった。二人は私を温かく家へ招いてくれて、シシリアタイラギをシュノーケリングで見るために連れ出してくれ、キアラ・ヴィゴに紹介してくれた。また、サンタンティオコの島民に紹介してくれたアンネリーゼ・ハガンとエレノラ・マンカ、私の探索に同行して通訳をしてくれたレベッカ・ルイス、そして仕事の内容を見せてくれたキアラにも感謝する。フィリチタス・マエダがサンタンティオコ島のアーケオツールなどのことをいろいろ教えてくれなければ海の絹の物語は書けなかった。イグナチオ・マーロク、ギウスティーノ・アルギオラス、パトリシア・ザーラ、そしてもちろん、家へ招き入れて海の絹を織るところを披露してくれたギウセピーナ・ペスとアスンティーナ・ペス姉妹にも感謝する。

私がグラン・カナリア島へ行ったときにウルフ・リーベセルは喜んで会ってくれた。そのほかの海洋酸性化研究チーム（BIOACID）は私をガンドー湾に連れて行って「コスモス」メソコズムを見学させてくれたり、研究室を見てまわったりするのを許してくれた。とくにシルケ・リシカは、超多忙な調査日程の合間をぬって、ほんとうなら休憩を取らなければならない時間に海の蝶を探すのを手伝ってくれて、この小さな生き物について熱く語ってくれた。

イギリス本土では海のトリトンのファン仲間のアンディ・ウールマーがマンブルズを案内してくれて、カキ、巻貝、サルボウガイ、イガイ、そのほかの貝（タマキビを初めて試食するように勧めてもくれた）についての思いを聞かせてくれた。ジョン・アブレットはロンドンの自然史博物館を案内してくれた。ピーター・ダンスはここ数年にわたって、ヒュー・カミングをめぐる話を聞かせてくれて、持っているカミングの資料を見せてくれたうえに、今まででいちばんおいしいタイ風貝料理をご馳走してくれた。ガンビアではファトゥ・ジャンハとトライ女性カキ漁業者協会の女性たちにお世話になった。もし読者がガンビアへ行く機会があれば、ぜひカキ料理を試してほしい。

ブルームスベリーのジム・マーティンは、願ってもないことに軟体動物に詳しい編集者で、彼がいなければこの本はできなかった。私が気の向くままに貝を追い求めるのにつきあってくれて、試食する軟体動物を前にしたときにはたいてい寛容に接してくれたことに感謝する。本の表紙（原著）と各章冒頭のイラストをどうするか迷っていたときに、私はアーロン・ジョン・グレゴリーのウェブサイトで美しいアオイガイの絵を見つけた。そしてアーロンが有能なアーティストであるだけでなく、私と同じような海洋オタクであることを知って、彼こそが探し求めている人であることに気づいた。手間がかかる作業を忍耐強くこなし、生き生きとした軟体動物を描いてくれたことに感謝する。

最後に、私が貝をめぐる冒険に出るのを送り出してくれて、原稿を読んでくれて、貝の話をするのを聞いてくれて、前へと進み続けるのを応援してくれた友人たちと家族に感謝する。とくに、アンナ・ペソリック、リアムサラ・クーヤカノン・クナップ、エリック・ドルーリー、マシュー・ウィルキンソン（この本と同時期に動物の運動についての本を著した）、リアとジェイク・スナドン（この本が出版される少し前に生まれる予定の赤ん坊スナドンには、そのうち貝を見せてあげるのを楽しみにしている）、ピーター・ウォザーズ、ユームット・ドゥルサン、コナー・ジェイメイソン、リアム・ドルー、ジョシュア・ドルー、ドルー・ベドヌスキー、メガン・ストロング、ケイト・ラッシュ（地球化学についての私の公式相談役）、そして両親のディナイとトム・ヘンドリーに感謝する。母は本の副題を考えてくれて、父は自分の学位論文の執筆をしなければならない時間に私の原稿を読みこんでくれた。そして私の人生の伴侶であるイヴァンは、私がくだらないジョークを思いつくよう仕向けてくれたり、おもしろい話の展開を考えてくれたり、魅力的な本にするのを手伝ってくれた。

# 訳者あとがき

著者のヘレン・スケールズ（Helen Scales）と同じように、私も子どものころから貝殻が好きだった。大人になって海のない長野県に長く住んだあと、太平洋に面した砂浜が広がる宮崎県に移り住んでから、また貝殻を集めるようになった。最初は割れていないものをいくつか拾ってきて眺めて楽しむだけだったが、だんだんと置き場に困るほど貝殻のコレクションが増えていった。そこで図鑑を手に入れた。名前を調べれば記録しておくことができ、いちばん良いものを残して、あとはほしい人にあげればよいと考えたのだ。採集日と採集場所も書きこんだ一覧表をつくってみたら、貝の種類は三〇〇を超えていた。

集めた貝殻を、友達へのプレゼントのためや、自分の楽しみのためだけにしまっておくのはもったいないので、どのように世に出そうかと考え始めていたとき、築地書館の橋本ひとみさんから電子メールが届いた。昨年（二〇一五年）イギリスで出版された“Spirals in Time”という貝の本を翻訳出版することになって翻訳者を探しているというのだ。私が砂浜や貝殻に興味を持っていることを知ったうえで連絡をくれたのだろう。お忙しいでしょうか、という橋本さんの遠慮がちな文面を見ながら、貝との運命的なつながりを感じて引き受けることにした。浜で拾った貝殻の名前を調べていたことが、本書に登場

するさまざまな貝を頭の中で思い描くのにも、英語名から和名を探し出すのにも、大いに役立った。

本書では、軟体動物についての研究業績や保全活動が次々と紹介される。貝と聞くと、食べておいしいかどうか、あるいは貝殻の色や形に目がいきがちだが、貝殻の役割や軟体動物の生きざまなど、もっと広い世界へいざなってくれる。

プロローグではスケールズ自身が海の世界に引きこまれていく過程が描かれる。そして第1章では、たくさんいる海の生き物のうち、軟体動物という動物群の特徴が解説される。二枚貝や巻貝だけでなく、イカやタコ、ウミウシやクリオネなども軟体動物に含まれる。貝殻をつくるという習性をうまく活用したものもいれば、つくるのをやめる方向に進化したものもいる。第2章は貝殻の形についての話題がほとんどを占める。貝殻がなぜあのように優美な形になるのかと不思議に思うのは私だけではないようだ。形の研究をもとに貝殻の形を表示させるコンピュータを自作したあげく、貝殻の仮想博物館までつくってしまった人もいる。

第3章では貝殻の利用の歴史が語られる。タカラガイが貨幣として使われていたことはよく知られている。しかし、世界規模の取引に使われていたことや、貨幣価値が暴落する前にインフレをきたしたことはあまり知られていないかもしれない。第4章では、貝を食用にしてきた世界の事例があげられる。カキを大量に食べるのは日本人だけではない。欧米でもアフリカでも、人はカキを好むらしい。生息域の保全や持続可能な採集方法を徹底させた結果、漁獲高を上げることに成功して、貝も人も安心して生活できるようになった事例もある。

そうした貝が死ぬと、殻は無機物の仲間入りをして、ほかの貝が生息する足場となる。第5章では、殻で海の中に大きな構造物をつくる貝や、貝殻をリフォームしながら代々利用するオカヤドカリの話が紹介される。大きな空っぽの貝殻が一つ見つかると、それを取得したヤドカリの使い古しの殻をもらおうとして、少し小さなヤドカリが順番待ちの列をつくる場面は想像するだけでも楽しい。人は貝の身を食べ、殻も利用するが、じつはそれだけではない。第6章では、貝がつくる金色の繊維で織った布の謎に迫る。実在する布や言葉の語源をたどっていくと、紀元前のアリストテレスの時代にまで探索がさかのぼる。

第7章では、殻の形がよく似たアンモナイトとアオイガイについて、学者が大まじめに類縁関係を議論した経緯が語られる。一九世紀の初めに一人の女性が、その学者たちの鼻をあかすようなアオイガイの研究をして事態が収拾する。第8章でも、学者ではない貝の蒐集家が、貝類学を塗りかえるような世界最大のコレクションを残した経緯が紹介される。たかが貝殻なのだが、ささやかなコレクションを持つ私には、そのロマンに満ちた人生がちょっぴりうらやましい。

第9章には、最近耳にするアンボイナという殺人貝が登場する。毒の研究は、貝毒に限らず人を魅了する研究テーマだが、毒素成分の解明だけで終わらず、神経科学の発展に寄与することになった。また、磯の岩に藻のようなヒゲでしっかり殻を固定するイガイ類の研究も、新薬や生物接着剤の開発につながった。

そして第10章では、海の酸性化がもたらす問題点が指摘される。海水に溶けこむ二酸化炭素の量が増えると、本当に海水は酸性化して貝殻は溶けてしまうのだろうか。海は広いので、現実に酸性化が問題になってくるのは五〇年、一〇〇年先のことかもしれないが、軟体動物が進化してきた数億年という年月から見ると、変化の速度が速すぎるのではないかと著者は考えている。陸上の限られた空間に居住する人間にとって海の出来事は遠い国の話のようだが、誰にも予測できないかたちで影響が忍び寄ってくるのかもしれない。

スケールズとは面識がなかったのだが、言いまわしなど、どうしても著者に直接尋ねたい箇所があった。インターネットで調べてみると、本書を紹介しているホームページにメールアドレスが書かれていたので、試しに連絡をとってみると、すぐに返事をくれて、質問を送ることになった。一〇項目ほどだったが、どれもていねいに説明してくれた。翻訳のおもしろいところは、西洋文化にもとづいて書かれた原著を、日本の読者にわかるような形で表現するところにある。たとえば、第8章に出てくる多様な生き物が生息するサンゴ三角海域については、古い地図なら「ここにたくさんいるぞ」と矢印がしてあるだろうというくだりがある。日本人にはなじみのない古い地図の話なので、少しでもわかりやすいように、古い地図の名前はわからないかと私が何度も問い合わせたので、スケールズも困ったことだろう。特定の古地図を指しているわけではないことをていねいに説明してくれて、ネット上に"Jishin no ben"という日本の地図が紹介されていて、そのようなイメージだと教えてくれた。調べてみたところ、龍の絵が描かれた「地震の弁」という地図は、一九世紀に日本で起きた地震を説明するものだったので、残念ながら訳文ではその地図には触れないことにした。

原著の言葉を追いながら訳文をつくっていると、英語の構文に引きずられたり、内容確認のために読んだ文献の文章の影響を受けたりして、自然な日本語の文章にするのは、なかなか難しい。何度も読みなおして推敲するのだが、自分一人で修正できるレベルには限界がある。義妹の林美紀には、読みやすい日本語にするのを手伝ってもらった。数百ページにわたる本の文章を細かく読んで、語順や、わかりにくい箇所を指摘してもらえたのはありがたかった。築地書館の橋本ひとみさんも本文をていねいに読んでくれて、日本の読者でもスムーズに読めるように解説を挿入するとよい箇所を指摘してくれたり、小見出しを考えてくれたり、そのほか、原著と翻訳版で情報の断絶が起きないような工夫をたくさんしてくれた。原著にはない地図も入れてくれたので、世界をまたにかけた貝の物語がとても理解しやすくなったと思う。

日本は海に囲まれた国なので、海産物としてハマグリやカキなどの二枚貝はなじみのあるものだが、軟体動物全般についての研究活動や保全活動、あるいは人の生活にもたらす食用以外の恩恵を一般の人に向けて発信している人は多くはない。海には、まだまだ人が知らないことがたくさんあるということを、少しでも多くの日本の読者に知ってもらえれば幸いである。

二〇一六年八月二五日

林 裕美子

## 本文に登場する書籍（原著名）の一覧

邦訳が出版されているものは［　　］内に主な出版社名を記した。

イギリスとアイルランドの食用軟体動物（調理法つき）　*Edible Molluscs of Great Britain and Ireland: With Recipes for Cooking Them,* Matilda Sophia Lovel

オウムガイについての覚え書き　*Memoir on the Pearly Nautilus,* Richard Owen

オデュッセイア〔岩波書店、グーテンベルク21ほか〕　*The Odyssey,* Homer

貝殻のアルゴリズムの美しさ　*The Algorithmic Beaut of Sea Shells,* Hans Meinhardt

海底二万里〔新潮社、創元社ほか〕　*Twenty Thousand Leagues Under the Sea,* Jules Verne

貝の博物誌　*A Natural History of Shells,* Geerat Vermeij

貝蒐集の歴史　*A History of Shell Collecting,* Peter Dance

牡蠣と紐育〔扶桑社〕　*The Big Oyster,* Mark Kurlansky

漁獲分布図　*Piscatorial Atlas,* Karl Möbius

コンコロジア・アイコニカ　*Conchologia Iconica,* Lovell Augustus Reeve

シーソーラス・コンシャイリオラム　*Thesaurus Conchyliorium,* J. B. Sowerby

自然の体系　*Systema Naturae,* Carl Linnaeus

島　*The Island,* Lord Byron

生物のかたち〔東京大学出版会〕　*On Growth and Form,* D'Arcy Wentworth Thompson

生物の多様性百科事典〔朝倉書店〕　*The Variety of Life,* Colin Tudge

動物誌〔岩波書店〕　*The History of Animals,* Aristotle

動物誌（翻訳）　*The History of Animals,* Theodorus Gaza

動物の解放〔人文書院、技術と人間〕　*Animal Libration,* Peter Singer

奴隷貿易で使われた貝殻貨幣　*The Shell Money of the Slave Trade,* Jan Hogendorn and Marion Johnson

蠅の王〔新潮社、集英社〕　*Lord of the Flies,* William Golding

ハリー・ポッター〔静山社〕　*Harry Potter,* J. K. Rowling

ピンナと絹のような髭：不適切引用の歴史への挑戦　*Pinna and her silken beard: a foray into historical misappropriations,* Daniel McKinley

蔓脚亜綱についての研究　*A Monograph on the Sub-class Cirripedia,* Charles Darwin

夢の解釈　*The Interpretation of Dreams*（Ancient Greek book）

ロビンソン・クルーソー〔集英社、中央公論新社ほか〕　*Robinson Crusoe,* Daniel Defoe

Li, L. & Ortiz, C. 2014. Pervasive nanoscale deformation twinning as a catalyst for efficient energy dissipation in a bioceramic armour. *Nature Materials* 13: 501–507.
Mirkhalaf, M., Dastjerdi, A. K. & Barthelat, F. 2014. Overcoming the brittleness of glass through bio-inspiration and micro-architecture. *Nature Communications* DOI: 10.1038/ncomms4166
Olivera, B. M. & Cruz, L. J. 2001. Conotoxins, in retrospect. *Toxicon* 39: 7–14.
Peters, H., O'Leary, B. C., Hawkins, J. P., Carpenter, K. E. & Roberts, C. M. 2013. *Conus*: first comprehensive conservation Red List assessment of a marine gastropod mollusc genus. *Plos ONE* 8: DOI: 10.1371/journal.pone.0083353
Seronay, R. A., Fedosov, A. E., Astilla, M. A., Watkins, M., Saguil, N., Heralde III, F. M., Tagaro, S., Poppe, G. T., Aliño, P. M., Oliverio, M., Kantor, Y. I., Concepción, G. P. & Olivera, B. M. 2010. Biodiverse lumun-lumun marine communities, an untapped biological and toxinological resource. *Toxicon* 56: 1257–1266.
Winter, A. G., Deits, R. L. H., Slocum, A. H. & Hosoi, A. E. 2014. Razor clam to RoboClam: burrowing drag reduction mechanisms and their robotic adaptation. *Bioinspiration & Biomimetics* 9.
Yao, H., Dao, M., Imholt, T., Huang, J., Wheeler, K., Bonilla, A., Suresh, S. & Ortiz, C. 2010. Protection mechanisms of the iron-plated armor of a deep-sea hydrothermal vent gastropod. *PNAS* 107: 987–992.

## Chapter 10

Bednarsek, N., Feely, R. A., Reum, J. C. P., Peterson, B., Menkel, J., Alin, S. R. & Hales, B. 2014. *Limacina helicina* shell dissolution as an indicator of declining habitat suitability owing to ocean acidification in the California Current Ecosystem. *Proceedings of the Royal Society B: Biological Sciences* 281.
Caldeira, K. & Wickett, M. E. 2003. Anthropogenic carbon and ocean pH. *Nature* 425: 365.
Comeau, S., Gorsky, G., Alliouane, S. & Gattuso, J.-P. 2010. Larvae of the pteropod *Cavolinia inflexa* exposed to aragonite undersaturation are viable but shell-less. *Marine Biology* 157: 2341–2345.
Gattuso, J.-P. & Hansson, L. 2011. *Ocean Acidification*. Oxford University Press, Oxford.
Gattuso, J.-P., Mach, K. M. & Morgan, G. 2013. Ocean acidification and its impacts: an expert survey. *Climatic Change* 117: 725–738.
Gazeau, F., Parker, L. M., Comeau, S., Gattuso, J.-P., O'Connor, W. A., Martin, S., Pörtner, H. & Ross, P. M. 2013. Impacts of ocean acidification on marine shelled molluscs. *Marine Biology* 160: 2207–2245.
Lalli, C. M. & Gilmer, R. W. 1989. *Pelagic Snails: The Biology of Holoplanktonic Gastropod Mollusks.* Stanford University Press, Stanford.
Lischka, S., Büdenbender, J., Boxhammer, T. & Riebesell, U. 2011. Impact of ocean acidification and elevated temperatures on early juveniles of the polar shelled pteropod *Limacina helicina*: mortality, shell degradation, and shell growth. *Biogeosciences* 8: 919–932.

## Chapter 6

Hendricks, I. E., Tenan, S., Tavecchia, G., Marbà, N., Jordà, G., Deudero, S., Álvarez, E. & Duarte, C. M. 2013. Boat anchoring impacts coastal populations of the pen shell, the largest bivalve in the Mediterranean. *Biological Conservation* 160: 105–113.

Maeder, F. 2008. Sea-silk in Aquincum: first production proof in antiquity. *Purpureae Vestes. II Symposium Internacional sobre Textiles y Tintes del Mediterráneo en el mundo antiguo* (eds C. Alfaro & L. Karali), pp. 109–118.

McKinley, D. 1998. Pinna and her silken beard: a foray into historical misappropriations. *Ars Textrina* 29: 9–223.

Project Sea-silk website: www.muschelseide.ch/en

## Chapter 7

Broderip, W. J. 1828. Observations on the animals hitherto found in the shells of the genus *Argonauta*. *The Zoological Journal* 4: 57–66.

Finn, J. K. & Norman, M. D. 2010. The argonaut shell: gas-mediated buoyancy control in a pelagic octopus. *Proceedings of the Royal Society B: Biological Sciences* 277: 2967–2971.

Hewitt, R. A. & Westermann, G. E. G. 2003. Recurrences of hypotheses about ammonites and argonauta. *Journal of Paleontology* 77: 792–795.

Kruta, I., Landman, N., Rouget, I., Cecca, F. & Tafforeau, P. 2011. The role of ammonites in the Mesozoic marine food web revealed by jaw preservation. *Science* 331: 70–72.

Landman, N. H., Goolaerts, S., Jagt, J. W. M., Jagt-Yazykova, E. A., Machalski, M. & Yacobucci, M. M. 2014. Ammonite extinction and nautilid survival at the end of the Cretaceous. *Geology* DOI: 10.1130/G35776.1

## Chapter 8

Barord, G. J., Dooley, F., Dunstan, A., Ilano, A., Keister, K. N., Neumeister, H., Preuss, T., Schoepfer, S. & Ward, P. D. 2014. Comparative population assessments of Nautilus sp. in the Philippines, Australia, Fiji, and American Samoa using baited remote underwater video systems. *Plos ONE* 9: DOI: 10.1371/journal.pone.0100799

Dance, S. P. 1986. *History of Shell Collecting.* E. J. Brill, Leiden.

De Angelis, P. 2012. Assessing the impact of international trade on chambered nautilus. *Geobios* 45: 5–11.

Reeve, L. A. & Sowerby, G. B. 1843–1878. *Conchologia Iconica, or Illustrations of Shells of Molluscous Animals.* Lovell Reeve, London.

## Chapter 9

Finnemour, A., Cunha, P., Shean, T., Vignolini, S., Guldin, S., Oyen, M. & Steiner, U. 2012. Biomimetic layer-by-layer assembly of artificial nacre. *Nature Communications* 3: DOI: 10.1038/ncomms 1970

Kohn, A. J. 1956. Piscivorous gastropods of the genus *Conus*. *Zoology* 42: 168–171.

Turner, E., Ward, S., Moutmir, A. & Stambouli, A. 2007. 82,000-year-old shell beads from North Africa and implications for the origins of modern human behavior. *PNAS* 104: 9964–9969.
Claassen, C. 1998. *Shells.* Cambridge University Press, Cambridge.
Gaydarska, B., Chapman, J.C., Angelova, I., Gurova, M. & Yanev, S. 2004. Breaking, making and trading: the Omurtag Eneolothis *Spondylus* hoard. *Archaeologia Bulgarica* 8: 11–33.
Hogendorn, J. & Johnson, M. 1986. *The Shell Money of the Slave Trade.* Cambridge University Press, Cambridge.

## Chapter 4

Diaz, R. J. & Rosenberg, R. 2008. Spreading dead zones and consequences for marine ecosystems. *Science* 321: 926–929.
Glibert, P. M., Anderson, D. M., Gentien, P., Granéli, E. & Sellner, K. G. 2005. The global, complex phenomenon of Harmful Algal Blooms. *Oceanography* 18: 136–147.
Potasman, I. & Odeh, M. 2002. Infectious outbreaks associated with bivalve shellfish consumption: a worldwide perspective. *Clinical Infectious Diseases* 35: 921–928.
Richter, C., Rao-Quiaoit, H., Jantzen, C., Al-Zibdah, M. & Kochzius, M. 2008. Collapse of a new living species of giant clam in the Red Sea. *Current Biology* 18: 1349–1354.
For online advice on making better seafood choices:
Monterey Bay Aquarium Seafood Watch, www.seafoodwatch.org
Marine Conservation Society Fishonline, www.fishonline.org
Australia's Sustainable Seafood Guide, www.sustainableseafood.org.au

## Chapter 5

Beck, M.W., Brumbaugh, R. D., Airoldi, L., Carranza, A., Coen, L. D., Crawford, C., Defeo, O., Edgar, G. J., Hancock, B., Kay, M. C., Lenihan, H. S., Luckenbach, M.W., Toropova, C. L., Zhang, G. & Guo, X. 2011. Oyster reefs at risk and recommendations for conservation, restoration, and management. *Bioscience* 61: 107–116.
zu Ermgassen, P. S. E., Spalding, M. D., Grizzle, R. E. & Brumbaugh, R. D. 2013. Quantifying the loss of a marine ecosystem service: filtration by the eastern oyster in US estuaries. *Estuaries and Coasts* 36: 36–43.
Haires, D. 2013. The flame shells of Kyle Akin. *Mollusc World* 32: 15–17.
Kirby, M. X. 2004. Fishing down the coast: historical expansion and collapse of oyster fisheries along continental margins. *PNAS* 101: 13096–13099.
Laidre, M. E., Patten, E. & Pruitt, L. 2012. Costs of a more spacious home after remodelling by hermit crabs. *Journal of Royal Society Interface* DOI: 10.1098.
Lewis, S. M. & Rotjan, R. 2009. Vacancy chains provide aggregate benefits to *Coenobita clypeatus* hermit crabs. *Ethology* 115: 356–365.

# 参考文献

## Chapter 1

Bouchet, P., Lozouet, P., Maestrati, P. & Heros, V. 2002. Assessing the magnitude of species richness in tropical marine environments: exceptionally high numbers of molluscs at a New Caledonia site. *Biological Journal of the Linnean Society* 75: 421–436.

Johnson, S. B., Warén, A., Tunnicliffe, V., Van Dover, C., Wheat, C. G., Schultz, T. F. & Vfrijenhoek, R. C. 2014. Molecular taxonomy and naming of five cryptic species of *Alviniconcha* snails (Gastropoda: Abyssochrysoidea) from hydrothermal vents. *Systematics and Biodiversity* 1–18.

Kocot, K. M. 2013. Recent advances and unanswered questions in deep molluscan phylogenetics. *American Malacological Bulletin* 31: 195–208.

Ponder, W. F. & Lindberg, D. R. R. 2008. *Phylogeny and Evolution of the Mollusca.* University of California Press, Berkeley.

Smith, M. R. 2014. Ontogeny, morphology and taxonomy of soft-bodied Cambrian 'Mollusc' *Wiwaxia. Palaeontology* 57: 215–229.

## Chapter 2

Boettiger, A., Ermentrout, B. & Oster, G. 2009. The neural origins of shell structure and pattern in aquatic mollusks. *PNAS* 106: 6837–6842.

Clements, R., Liew, T.-S., Vermeulen, J. J. & Schilthuizen, M. 2008. Further twists in gastropod evolution. *Biology Letters* 4: 179–182.

Gong, Z., Matzke, N. J., Ermentrout, B., Song, D., Vendetti, J. E., Slatkin, M. & Oster, G. 2012. Evolution of patterns on *Conus* shells. *PNAS Early Edition* DOI: 10.1073/pnas.1119859109

Hoso, M., Kameda, Y., Wu, S.-P., Asami, T., Kato, M. & Hori, M. 2010. A speciation gene for left–right reversal in snails results in anti-predator adaptation. *Nature Communications* DOI: 10.1038/ncomms1133

Meinhardt, H. 2009. *The Algorithmic Beauty of Seashells.* Springer, Dordrecht, Heidelberg, London & New York.

Raup, D. R. 1962. Computer as aid in describing form in gastropod shells. *Science* 138: 150–152.

Thompson, D'Arcy Wentworth. 1917. *On Growth and Form.* Cambridge University Press, Cambridge. Reprinted 1992.

Vermeij, G. J. 1995. *A Natural History of Shells.* Princeton University Press, Princeton.

## Chapter 3

Bouzzouggar, A., Barton, N., Vanhaeren, M., d'Errico, F., Collcutt, S., Higham, T., Hodge, E., Parfitt, S., Rhodes, E., Schwenninger, J.-L., Stringer, C.,

【ラ行】



【ワ行】

**【マ行】**



**【ヤ行】**

**【ハ行】**

## 【ナ行】

**【タ行】**

**【サ行】**

**【カ行】**

# 索引

## 【ア行】

著者紹介

## ヘレン・スケールズ（Helen Scales）

イギリス生まれ。海洋生物学者。

ケンブリッジを拠点に活動している。

学位論文は、巨大な絶滅危惧種の魚をボルネオで探すこと。

カリフォルニアでサメに標識をつけたこともあり、アンダマン海にある100の島々のまわりでとれる海の生き物のリストをつくるのに１年を費やしたこともある。

BBCラジオにたびたび出演し、サーフィンの科学、サメの頭脳の複雑さなどをテーマに、ドキュメンタリー番組を放送している。

王立地理学会の会員。ケンブリッジ大学で教鞭をとっている。

訳者紹介

## 林 裕美子（はやし・ゆみこ）

兵庫県生まれ。信州大学理学部生物学科卒業。同大学院理学専攻科修士課程修了。

おもに生命科学分野の英日・日英の技術翻訳を得意とする、HAYASHI英語サポート事務所を運営。

監訳書に『ダム湖の陸水学』（生物研究社）、『水の革命』（築地書館）、訳書に『砂――文明と自然』（築地書館）、『日本の木と伝統木工芸』（海青社）。

大学で学んだ生物学・生態学の知識を生かすために、さまざまな団体に所属して環境保全活動にも携わる。

宮崎野生動物研究会（アカウミガメ保護）、ひむかの砂浜復元ネットワーク（砂浜保全）、てるはの森の会（照葉樹林の保全）、信州ツキノワグマ研究会など。

# 貝と文明

螺旋の科学、新薬開発から足糸で織った絹の話まで

2016 年 11 月 30 日　初刷発行

著者　ヘレン・スケールズ
訳者　林裕美子
発行者　土井二郎
発行所　築地書館株式会社
〒 104-0045 東京都中央区築地 7-4-4-201
TEL.03-3542-3731　FAX.03-3541-5799
http://www.tsukiji-shokan.co.jp/
振替 00110-5-19057
印刷・製本　中央精版印刷株式会社
地図　長谷川貴子
デザイン　吉野愛